洪湖生态安全调查与评估（二期）

李兆华　王　敏　万家云 等　编著

环境保护部 2015 年洪湖水污染防治专项资金项目资助

科　学　出　版　社

北　京

内 容 简 介

　　本书通过对洪湖水环境现状、流域主要河渠湖库水环境质量、流域社会经济影响、流域生态系统状态、生态环境保护现状等进行深入调查和评价，系统研究洪湖生态系统状态与生态服务功能的本底、格局及其变化，建立洪湖资源环境本底数据库，揭示人类活动对洪湖生态环境的影响，可为洪湖水污染防治和生态环境项目实施与监管提供科学依据，也可为长江中下游平原湖泊的研究提供示范，还可为环保资金的使用决策提供案例支撑。

　　本书可为地方政府制定发展和保护规划提供决策参考依据，也可供高等院校、科研院所环境科学、水利工程、城乡规划等专业的高校师生和研究人员参考。

图书在版编目（CIP）数据

洪湖生态安全调查与评估. 二期/ 李兆华等编著. —北京：科学出版社，2020.6

　　ISBN 978-7-03-064394-0

　　Ⅰ. ①洪⋯　Ⅱ. ①李⋯　Ⅲ. ①洪湖—生态安全—调查方法　②洪湖—生态安全—评估方法　Ⅳ. ①X171.1

　　中国版本图书馆 CIP 数据核字（2020）第 022671 号

责任编辑：孙寓明 / 责任校对：高　嵘
责任印制：彭　超 / 封面设计：苏　波

科 学 出 版 社 出版
北京东黄城根北街 16 号
邮政编码：100717
http://www.sciencep.com

武汉中远印务有限公司印刷
科学出版社发行　各地新华书店经销
*

2020 年 6 月第 一 版　　开本：787×1092　1/16
2020 年 6 月第一次印刷　　印张：15
字数：356 000

定价：128.00 元
（如有印装质量问题，我社负责调换）

《洪湖生态安全调查与评估（二期）》编委会

主　编：李兆华

副主编：王　敏　万家云

编　委：（以姓氏笔划为序）

前　　言

  洪湖位于千湖之省湖北省的中南部，长江中游北岸，江汉平原东南端是湖北省第一大湖泊。洪湖为长江和汉江支流东荆河之间的大型浅水洼地壅塞湖，横跨洪湖市和监利县，是整个四湖（长湖、三湖、白露湖、洪湖）水系的水量调蓄湖泊和通江出入口。洪湖与其上下游的长湖、洞庭湖、横岭湖、鄱阳湖等湿地保护区共同构成我国长江中游重要的湿地自然保护区群，是众多湿地迁徙水禽的重要栖息地、越冬地，也是长江中游华中地区湿地物种"基因库"。洪湖具有调洪蓄水、物种保护、渔业养殖、农业灌溉、产品供给、旅游航运、水源保障、生物多样性保护、调节局部气候等多种功能，是长江中游地区天然蓄水库，是荆楚大地重要的生态屏障。

  2012 年，洪湖被纳入国家良好湖泊生态环境保护试点。2014 年，洪湖被列为国家级自然保护区。2015 年，洪湖试点项目二期工程正式开展，根据《江河湖泊生态环境保护项目资金管理办法》（财建〔2013〕788 号）和《江河湖泊生态环境保护项目资金绩效评价暂行办法》（财建〔2014〕650 号）的要求，试点湖泊必须与工程项目同期进行生态安全调查与评估。荆州市环境保护监测站与湖北大学共同对洪湖流域进行生态安全调查与评估。

  洪湖生态安全调查二期工程在一期调查评估成果的基础上，以洪湖流域为调查范围，严格按照（《关于印发江河湖泊生态环境保护系列技术指南的通知》（环办〔2014〕111 号）附件一的）相关要求，对洪湖流域社会经济影响、湖泊水质底泥及流域主要河渠湖库水环境质量、流域生态系统状态、湖泊生态服务功能、生态环境保护现状等进行深入调查，摸清洪湖生态安全存在的主要问题，构建指标体系，最终通过生态安全"4＋1"评估，对洪湖生态安全存在的问题进行诊断，为其生态环境保护提供理论依据和技术支持。本次生态安全调查的重点是识别人类活动影响评估单元，建立社会经济、土地利用、湖泊河流水质、水生生物等基础数据库，编制《洪湖生态安全调查与评估》，为洪湖水污染防治和生态环境项目实施与监管提供科学依据，为长江中下游平原湖泊的研究提供示范，为环保资金的使用决策提供案例支撑。

  本书第 1 章由李兆华编写；第 2 章、第 4 章、第 6 章由王敏编写；第 3 章、第 5 章由王思梦、陈帅编写；第 7 章由秦柳、万家云编写；梅新、王文荟负责制图；湖北大学何文杰、曹阳、染明奇、赵泉、程博闻、朱江龙、赵美玉，荆州市环境保护监测站杨立群、吴秋珍、吴芳、李佳、陈璇璇、杨阳、张强，洪湖市环境监测站朱正会等参与了资料收集、野外调查及部分文字工作。全书由李兆华统稿。

  由于作者水平有限，对本书存在的不足，恳请读者批评指正。

编委会

2019 年 12 月

目　　录

第 1 章 洪湖及洪湖流域基本概况

1.1 洪 湖 概 况

洪湖位于千湖之省——湖北省的中南部，长江中游北岸，江汉平原东南端，是湖北省第一大湖泊。洪湖为长江和汉江支流东荆河之间的大型浅水洼地壅塞湖，横跨荆州市洪湖市和监利县，是整个四湖（长湖、三湖、白露湖、洪湖）水系的水量调蓄湖泊和通江出入口。洪湖水域范围介于东经 113°12′～113°28′、北纬 29°41′～29°58′，湖心坐标为东经 113°20′13″、北纬 29°51′20″。

2014 年，国家环境保护部发布的环发〔2014〕138 号文件《关于印发水质较好湖泊生态环境保护总体规划（2013—2020 年）的通知》，核定洪湖水面面积为 348 km²。洪湖围堤全长 144.44 km，其中洪湖市辖 93.14 km，监利县辖 51.30 km。

据 2012 年实地测量，洪湖水域（扣除内垸）东西最大长度 23.4 km，南北最大宽度 20.8 km，岸线长 108.4 km。洪湖平面形态略呈三角形，分别以螺山干渠、四湖总干渠及与长江平行的湖岸为三边。洪湖湖岸平直，湖盆呈浅碟形，湖底平坦。根据荆州市水文局提供的数据，2015 年洪湖正常水位为 24.5 m，平均水深 1.16 m，丰水期水深 2.32 m，枯水期水深 0.76 m，平水期水深 1.3 m，最大水位变幅为 1.56 m。湖底高程为 23.38 m，底质以泥沙为主，平均泥深为 0.93 m。洪湖承雨面积为 5 980 km²，平均入湖流量为 100 m³/s，年最大流量为 566 m³/s，平均径流量 31.53×10⁸ m³，多年平均入湖水量 20.28×10⁸ m³，洪湖调蓄容量为 5.424×10⁸ m³。

20 世纪 50 年代，洪湖周边进行了大规模的水利建设。1955 年洪湖隔堤的修筑锁住了东荆河的洪水；1958 年新滩口大型节制闸的建成堵住了长江洪水倒灌，从此江湖一体的格局不复存在。1975 年洪湖北部四湖总干渠和西部螺山干渠的建成，辅以进出湖的福田寺闸、小港闸和洪湖围堤等的修建，使洪湖基本上变成了一个被人类控制的半封闭型的水体。虽然湖水也呈周期性涨落，但只有通过涵闸才能与四湖水系及长江相通。1956 年前洪湖属通江敞湖，上纳四湖水系来水，下通长江，与长江水有互补作用。1956 年后江湖分隔，水位下降，加之经历了三次围垦高潮，湖泊面积从原来的 653 km² 萎缩至 2012 年的 308 km²［《湖北省第一批湖泊保护名录》（鄂政办发〔2012〕81 号）］，通过近几年的生态修复工程，湖泊水面面积略有增加，2014 年湖泊面积为 348 km²。

作为长江中游地区重要湖泊，洪湖与其上下游的长湖、洞庭湖、横岭湖、鄱阳湖等湿地保护区共同构成我国长江中游重要的湿地自然保护区群。它是众多湿地迁徙水禽的重要栖息地、越冬地，也是长江中游华中地区湿地物种"基因库"。洪湖具有调洪蓄水、物种保护、渔业养殖、农业灌溉、产品供给、旅游航运、水源保障、生物多样性保护、调节局部气候等多种功能，是长江中游地区天然蓄水库，是荆楚大地重要的生态屏障。洪湖湿地保护区是湖北省首家湿地类型自然保护区，2008 年被列入《国际重要湿地名录》，2014 年被列为国家级湿地保护区。

这里曾经水域辽阔，水草丰茂，水质清澈，物产丰富，风景优美，自古享有"鱼米之乡""人间天堂"的美誉，孕育出独特的人文地理和洪湖文化，犹如湖北省版图上一颗耀眼的明珠。历史更迭，时至今日的洪湖，已然不同于往日。近四十年来，洪湖流域的人口急剧增长，经济与城镇化发展快速，工业、农业、旅游、养殖业、种植业、服务业等行业快速崛起，水资源、旅游资源开发利用无序，加之生活污染和生产污染趋于严重化与复杂化，在多重面源污染与点源污染的共同作用下，洪湖流域环境遭到严重破坏，水质恶化，生态退化。洪湖流域水文水系复杂、河网纵横密布，人口密集，污染范围较大，污染过程较为复杂，导致了洪湖流域污染恶化，严重制约了洪湖流域生态环境的良性发展和社会经济的可持续发展，同时也给当地经济社会带来了一定直接危害和潜在威胁，使保护"一湖清水"的压力越来越大。

1.2　洪湖历史环境演变

1.2.1　洪湖围垦演变

据地层考证，洪湖形成于约 2500 年前的春秋战国时期，为静水湖泊。有研究表明，900～2500 多年前，洪湖是两个分开的小湖泊。900～960 年前，洪湖普遍沼泽化（黄应生 等，2007），宋代文献记载洪湖呈"瑕苇弥望"的沼泽景象。400 年前，洪湖迅速扩展，洪湖东西两个湖泊连接成片（尹发能，2008）。19 世纪以前，洪湖的面积仅为现今的五分之一左右，19 世纪以后湖面迅速扩大。此后，由于人为和自然的因素，洪湖日渐缩小（陈萍，2004）。

1894 年洪湖的面积为 1 333 km²，1932 年实测绘制面积 1 064 km²，1950 年洪湖面积为 760 km²（吴后建 等，2006）。1950 年前，洪湖属于江湖一体阶段，为通江淌水湖，汛期江水倒灌，东荆河横流入湖。20 世纪 60 年代，电影《洪湖赤卫队》风靡一时，碧波荡漾、接天荷叶的洪湖美景让人心旌摇荡，《洪湖水浪打浪》的优美旋律让洪湖名扬天下。然而，伴随着洪湖名气的增长，人类对洪湖的干预也愈加严重。1950～1975 年，由于防洪需要，洪湖步入逐步阻隔阶段。1955 年修筑洪湖隔堤以锁住东荆河的水，1958 建成新滩口节制闸，1970 年修建新堤排水闸和螺山电排闸，堵住了长江洪水倒灌，限制了长江和洪湖的水体交换。水利工程虽为治水做出了积极贡献，但从此江湖一体的格局也不复存在。随即，1975 年洪湖北部的四湖总干渠、西部的螺山干渠建成，辅以进出湖的福田寺闸、小港闸的修建，使得湖泊与周边河流的自然联系开始受人为调控。至此，洪湖基本上变成了一个被人类控制的半封闭型水体（尹发能，2008）。江湖阻隔之前，洪湖水位随长江涨落。阻隔后，水位受人为调控：冬春季节开启闸门，力求将湖水排空，洪水季节则关闭闸门，利用腾出的湖容接纳湖周农田渍水和过境客水。

各大水利工程的修建，使得洪湖水位下降，沿湖露出大片浅水草滩，为围垦提供了条件。与此同时，中央政府"以粮为纲"的方针更是加速了洪湖的围垦。从 1955～1982 年，洪湖经历了三次大规模的围垦和开发。随后由于自然和人为因素，洪湖的面积一直略有变化，见表 1.1。

表 1.1　洪湖 1950～2015 年湖泊面积变化统计

时间/年	面积/km²	面积变化/km²	历年平均面积变化/(km²/a)	湖泊面积百分比/%
1950	760.00	—	—	100
1951～1958	736.56	−23.44	2.60	97
1959～1961	653.00	−83.56	27.90	86
1962～1964	554.70	−98.30	32.80	73
1965～1974	413.00	−141.70	14.20	54
1975～1976	402.00	−11.00	5.50	53
1977～1982	355.50	−46.50	7.80	47
1983～1993	355.00	−0.50	0.05	47
1994～1999	348.20	−6.80	1.10	46
2000～2002	344.00	−4.20	1.40	45
2003～2012	308.00	−36.00	3.60	41
2013～2015	348.00	+40.00	13.30	46

注："−"表示面积减少，"+"表示面积增加

　　20 世纪 80 年代以前，湖滨四周大片滩涂湿地被围垦并分割成 17 个子湖，洪湖养殖基本停留在子湖群和低洼地。90 年代初，在利益的驱动下，周围群众及社会团体纷纷下湖，开始进入大湖圈养阶段，洪湖大湖被竹竿渔网吞噬，且愈演愈烈。围网养殖面积由 90 年代初的 4 万亩①扩大为 1995 年的 10 万亩左右。90 年代末，渔民又开始大规模圈养螃蟹，螃蟹不仅吃水草，还能剪断草根，破坏性更大。2000 年以后，由于管理体制不顺，围网养殖处于失控状态，非法围网屡见不鲜，围网从湖边发展到湖中心，面积超过 20 万亩，占洪湖总面积近 1/2。到 2004 年洪湖大湖养殖面积达 37.65 万亩，占湖泊总面积的 80%左右（卢山，2009），大大超过了法定养殖面积和湖泊自身的承载能力。有报道称围网养殖使湖底河床在十多年间抬高了 20 cm，整体水质下降到Ⅳ～Ⅴ类。养殖区湖水恶化甚至变臭，渔业资源严重衰退。2004 年成为洪湖近年来生态破坏最严重的一年，绝大部分水体呈昏暗色，湖滩成了片片耕地，浅水区围出了块块鱼塘，湖面被密密麻麻的竹竿和纵横交错的围网分割成无数各自独立的"格子"，"竿打竿"取代了"浪打浪"，昔日烟波浩渺的辽阔与荷叶芦苇连天的壮丽风光不复存在。

1.2.2　三次"大拆围"行动

　　洪湖面积的萎缩和围网养殖的扩大导致湖体生态系统和水质恶化愈发明显，这逐渐引起了社会各界的关注，为保护洪湖，政府部门开始采取行动。1996 年 5 月，荆州市人民政府批准成立洪湖湿地保护委员会；同年 6 月，洪湖市设立了湖北省内第一个湿地自然保护区——湖北洪湖湿地自然保护区。2000 年，湖北省人民政府批准其成为省级湿地保护区。2003 年湖北省林业局启动实施了"洪湖湿地保护与恢复示范工程"，并得到了世界自然基金会（World Wide

---

① 1 亩≈666.66 m²

Fund For Nature，WWF）的合作和部分资金支持，拉开了"洪湖生物多样性保护与重建江湖联系"项目的序幕。2004 年 11 月 29 日，湖北省委员会、湖北省人民政府在洪湖市召开加强洪湖生态建设和湿地保护现场办公会，本着对流域生态危机高度负责的态度，从保障人民的根本利益出发，会议确定洪湖治理目标为对洪湖实施抢救性保护与治理措施，通过五年的努力，实施包括安置渔民、拆除围网、实施生态修复等一系列重要举措，把洪湖建设成为风景优美、生态良好的湿地自然保护区。2005 年 3 月 1 日，成立了"荆州市洪湖湿地自然保护区管理局"，全面负责洪湖湿地保护和科学利用工作，承担洪湖范围内的湿地保护、渔业、开发、旅游、航运等方面的管理职能。

2005 年 3 月 22 日，荆州市委员会、荆州市人民政府在洪湖市专题部署洪湖综合治理工作，拉开了洪湖综合治理的序幕。一是在东港子河口至新堤排水闸河口沿湖岸线以及杨柴湖等湖区移栽芦苇、莲藕、野菰等挺水植物，面积达万亩以上。二是开启洪湖历史上一次大规模"拆围"行动。2005 年 7 月 16 日，洪湖拆围工作正式启动。同年，洪湖湿地开始申报国家级自然保护区。到 2005 年底，洪湖核心保护区的 12.88 万亩围网拆除完毕。与此同时，洪湖湿地保护区还采取一系列综合治理措施，恢复生态，让其休养生息，如封湖蓄禁，灌江纳苗，投放淡水鱼苗、蟹苗，恢复鱼类种群，划定禁采区等。2006 年起每年四至七月，洪湖实行封湖禁渔，保护生态；在长江渔汛期引进天然优良鱼苗，保证灌江纳苗时间不少于 30 天。2006 年 11 月 2 日，在第十一届世界生命湖泊大会上，洪湖与鄱阳湖被授予"生命湖泊最佳保护实践奖"，这是我国首次获此殊荣，也是全世界对洪湖人民保护自己母亲湖行为的礼赞。

2006 年 12 月，湖北省荆州市人民政府印发〔2006〕85 号文件《关于印发洪湖湿地保护区拆围渔民安置方案的通知》，文件规定对愿意离湖上岸自主择业的安置对象给予一定补偿，但其离湖后不得再下湖从事养殖和其他渔业生产活动；对不愿或不能离湖的安置对象，可到荆州市洪湖湿地自然保护区管理局指定的区域内从事养殖生产，每户安排 20 亩养殖水面（不含生活区）。

2007 年 1 月，洪湖湖区 37.7 万亩围网全部拆除。围网拆除后，按《关于印发洪湖湿地保护区拆围渔民安置方案的通知》（荆政办发〔2006〕85 号）文件的政策给每户渔民重新划分 20 亩养殖水域。至此，洪湖大湖的围网养殖得到有效治理和控制。随着洪湖湿地生态环境进一步修复和改善，湿地植被逐步恢复，水质逐步好转。2008 年 2 月 2 日，在第 12 个"世界湿地日"这个特殊的日子里，经国际湿地公约局批准，洪湖湿地正式列入《国际重要湿地名录》，成为湖北省第一个录入成员，也是 WWF 确定的全球最重要的 238 个生态区之一，被誉为"中南之肾"。这意味着洪湖湿地保护工作从此走出国门，融入世界自然保护联盟。可见经过 2005～2007 年三年的抢救性保护和治理，洪湖生态环境得到很大改善。与此同时，洪湖湿地申报国家级自然保护区开始进入中期阶段。

2009 年初，水花生、水葫芦等外来物种突然暴发，最高时候面积一度达 3 万亩，保护区不惜一切代价及时筹款购置除草船，清理水花生、水葫芦近 1 万亩，有效遏制了外来物种入侵。

经过 2005 年的"大拆围"行动，洪湖劫后重生，水质逐步好转，生态环境逐步恢复。适逢土地二轮延包，地方政府拿不出多余土地安置渔民，只好让渔民保留一部分面积在湖上养鱼。按照《关于印发洪湖湿地保护区拆围渔民安置方案的通知》（荆政办发〔2006〕85 号）文件的政策，不愿离湖的每户渔民可分得 20 亩政策性安置养殖水面。但 20 亩水面难以满足一家生计需求，渔民纷纷偷偷外扩养殖面积，将公共水域据为己有，非法围网年年拆年年反弹，侵蚀着 2005 年大拆围成果，围网养殖慢慢崛起。2011 年夏天，70 年一遇的大旱灾袭击荆州，洪湖湿地充当了"天然蓄水池"，为沿岸 60 多万人提供饮用水源、农业生产灌溉用水，有力缓解了灾情。但因此造成的进一步生态失衡问题也让洪湖湖域干涸见底，鱼类绝收，水草枯死，洪湖受到的威胁愈发严重。

2012 年 10 月 1 日生效的《湖北省湖泊保护条例》第四十条第二款明确规定：禁止在湖泊水域围网、围栏养殖；本条例实施前已经围网、围栏的，由县级以上人民政府限期拆除。在 2013 年省人大开展的执法大检查中，洪湖拆围被省政府列为第一号任务。从 2013 年开始，湖北省人民代表大会常务委员会每年都到洪湖进行督办，围网养殖的趋势得到一定控制，但问题并没有得到根本性解决。通过一年多的筹划，2014 年，当地政府开始了继 2005 年之后的第二次拆围行动。此时洪湖围网养殖面积已达到 15.5 万亩。与此同时，国家住建部等四部委也启动渔民上岸安居工程。2014 年 12 月 9 日，国务院发来喜报，国办发〔2014〕61 号文件《国务院办公厅关于公布内蒙古毕拉河等 21 处新建国家级自然保护区名单的通知》，公布洪湖湿地被正式确定为洪湖国家级自然保护区，这是对各级政府部门、社会各界以及洪湖湿地全体干部职工历时十年的努力的肯定，也标志着洪湖国家级自然保护区的建设和管理水平的提升。

2015 年，荆州市政府把拆围力度重点放在长湖拆围上，在组织洪湖拆围行动上，想引进社会资本整体打包洪湖旅游开发，由企业来安置一部分渔民。因投资过大，工作任务重，最终不了了之。这次行动持续一年后夭折，洪湖仅拆除围网 4.5 万亩。由于拆围力度不够，渔民向外扩大养殖面积的行为没有得到遏制，围网面积仍在扩大。2015 年省政府召开专题协调会，就洪湖拆围面临的困难进行专题研究，将以船为家的渔民全部纳入精准扶贫范围，这充分体现了湖北省领导对洪湖的关心和支持，也为第三次"大拆围"的顺利进行奠定了坚实的群众基础。

2016 年 6 月底至 7 月中旬，洪湖连续遭受大暴雨袭击，携带大量泥沙和污染物的洪水不断涌入洪湖，湖泊水位猛涨，湖水变浑浊，许多养殖水域连成一片，水位持续超出保证水位。在当地政府的帮助下，渔民纷纷上岸避灾。在各级政府和防洪指挥中心的指导下，军民一心，共抗洪水，洪湖取得了 2016 年防汛抗洪的胜利，也为紧接着的"渔民上岸"行动建立了一架信任的桥梁。

2016 年 9 月 1 日，荆州市政府在洪湖市召开拆除洪湖国家级自然保护区渔业养殖围网设施工作动员会，标志着洪湖保护区新一轮的"大拆围"工作正式启动。涉及洪湖市、监利县 11 个乡镇 67 个村、3 512 户，其中以湖为家渔民 1 634 户，以湖为生渔民 1 878 户，共计 12 259人。11 月 15 日洪湖全面启动大湖养殖围网拆除专项行动。截至 2017 年 2 月 11 日，洪湖完成拆围面积 171 314.9 亩，占拆围任务的 99.5%。按照规定，从 2017 年元月开始，洪湖禁止任何形式的渔业围网养殖行为，实现洪湖保护区"围网拆除一亩不留，渔民上岸一户不漏，设施撤离一处不剩"。至此，洪湖开始进入休养生息的阶段。

1.3　洪湖流域概况

1.3.1　洪湖流域范围

洪湖流域是指长江荆州段长江干堤以北、太湖港—长湖围堤—田关河—东荆河以南、仙洪公路以西的地区。

荆州区，位于湖北省中南部，江汉平原腹地，荆州市市区西端，面积 1 043 km²，是荆州市三个中心城区之一，比邻长江，属亚热带季风气候区，是荆州地区重要的粮食生产基地。

沙市区为荆州市城区主体。位于荆州城区东部，长江荆江段北岸。东接潜江市，南靠长江，与公安县隔江相望，西依荆州古城，北邻荆门市沙洋县，距省会武汉市 237 km。沙市区形成于长江古河漫滩，地势平坦，西南高，东北低。一般海拔高度在 32～36 m。最高点在柳林洲，海拔高度为 40 m；最低点在宿驾场，海拔高度为 27.6 m。全境跨东经 112°13′～112°31′，北纬 30°12′～30°25′，土地面积 469 km²，其中建成区面积 38 km²，为荆州市区建成区面积 63%。市区沿长江自西向东呈带状分布，为长江中游良港。荆州市城区工业、商业、交通、邮政、电信、金融的主体分布在沙市区，是荆州市人流、物流和信息的中心。

荆州开发区，是荆州经济技术开发区和荆州高新技术产业园区的规范化简称，由原沙市玉桥经济技术开发区发展而来。2000 年 7 月，市政府的派出机构成立荆州开发区管委会，为正县级单位，行使市级行政经济管理权限，负责对开发区实行统一领导，统一管理。2011 年 6 月，荆州开发区晋升为国家级荆州经济技术开发区。现下辖联合街办、滩桥镇、沙市农场、岑河农场，区域人口 18 万。荆州开发区土地面积小，《荆州市统计年鉴》的县市区国民经济基本情况未将经济开发区单独列出进行统计，而是并入沙市区统计，故本书遵从该原则，不单独进行该区的统计及分析。

江陵县，因"地临江""近州无高山，所有皆陵阜"而得名，位于湖北省中南部、长江荆江段左岸。江陵县是古老的，公元前 278 年秦将白起拔郢始置江陵县，迄今已有约 2300 年的置县历史。江陵县又是年轻的，1994 年，荆州、沙市地市合并，设立江陵区，1998 年重置县治。全县土地面积 1 049 km²。

监利县，位于江汉平原南端、洞庭湖北面。南枕长江，与湖南省岳阳市一桥相连；跨东经 112.35°～113.19°，北纬 29.26°～30.12°；北依东荆河，与仙桃、潜江相邻；西带白鹭湖，接壤江陵县、石首市；东襟洪湖，与洪湖市共享天然湖区。因公元 222 年，吴国设卡派官在此"监收鱼稻之利"而得县名，全县土地面积 3 201 km²，辖 21 个乡镇、2 个管理区，638 个行政村，总人口约 154.91 万人。

洪湖市地理坐标为东经 113°07′～114°05′，北纬 29°38′～30°12′，全境东西长 94 km，南北宽 62 km。东南临长江，与湖南省的临湘市、岳阳市和湖北省的赤壁市、嘉鱼县隔长江相望；北邻东荆河和仙桃市，与武汉市蔡甸区一衣带水；西与监利县水陆交界，市域面积 2 444 km²，截至 2016 年，洪湖市辖 2 个街道，14 个镇，1 个乡，户籍人口约 93.19 万人。洪湖市地势平坦，河湖密布，有"水乡泽国地，江汉鱼米乡"的美称。

潜江市地处湖北省中南部，位于东经 112°29′～113°01′，北纬 30°04′～30°38′，东西横跨 50 km，南北纵长 63 km，呈不规则形状，全市土地面积 1 993 km²，户籍人口 101.77 万，境内有全国十大油田之一的江汉油田，辖 1 个省级经济开发区、6 个街道办、6 个管理区，10 个建制镇，346 个行政村，素有"曹禺故里、江汉油城、水乡园林、龙虾之乡"的美誉，先后荣获全国文明城市提名城市、国家园林城市、全国绿化模范城市、全国民生改善十佳典范城市、中国十大最具幸福感城市、全国文化先进县市、全国文化体制改革先进地区、全国平安建设先进县市、全国科技进步考核先进县市、全国义务教育发展基本均衡示范市等称号。其中熊口镇、周矶管理区、老新镇、浩口镇、张金镇、龙湾镇、熊口管理区、后湖管理区、白鹭湖管理区、运粮湖管理区等 10 个乡镇、街道办、管理区属洪湖流域范围。流域内的潜江人口约为 35 万人，其中城镇人口约为 8 万人，农村人口约为 27 万人，土地面积为 950.288 km^2。

洪湖流域分布现状见附图 1，洪湖流域各地区及辖区（乡、镇）情况见表 1.2。

表 1.2　洪湖流域各地区及辖区（乡、镇）情况

地区	辖区（乡、镇、管理区、街道办事处）	管理区数量/个	土地面积/km^2
荆州区	西城街道办事处、东城街道办事处、城南街道办事处、李埠镇	4	118.932
沙市区	立新乡、解放路、崇文街办、中山路街道办事处、胜利街道办事处、朝阳路街道办事处、联合乡、关沮乡、锣场镇、观音垱镇、岑河镇	11	405.861
江陵县	资市镇、马家寨乡、熊河镇、白马寺镇、郝穴镇、沙岗镇、普济镇、秦市乡、三湖管理区、滩桥镇、江北农场、六合垸管理区	12	967.958
监利县	容城镇、朱河镇、新沟镇、龚场镇、周老嘴镇、黄歇口镇、汪桥镇、程集镇、分盐镇、毛市镇、福田寺镇、上车湾镇、汴河镇、尺八镇、白螺镇、网市镇、桥市镇、红城乡、棋盘乡、柘木乡、荒湖农场	21	2 525.801
洪湖市	新堤街道办事处、滨湖街道办事处、螺山镇、峰口镇、曹市镇、府场镇、戴家场镇、瞿家湾镇、沙口镇、万全镇、汊河镇、小港管理区	12	1 370.899
潜江市	熊口镇、周矶管理区、老新镇、浩口镇、张金镇、龙湾镇、熊口管理区、后湖管理区、白鹭湖管理区、运粮湖管理区	10	950.288
合计		70	6 339.739

1.3.2　社会经济

洪湖流域包括荆州区沮漳河和太湖港之间的部分、沙市区全部、江陵县全部，监利县 21 个乡镇（除去长江围堤以南的三洲镇和大垸农场），洪湖市 12 个乡镇，潜江市 10 个乡镇（以《2016 年潜江市统计年鉴》统计口径划分，含街道办、管理区），详见表 1.2。2015 年，流域范围内总户籍人口为 357.20 万人，常住人口为 329.32 万人，其中农村人口为 167.85 万人，占比为 51%，城镇人口为 161.47 万人，占比为 49%，平均人口密度为 563 人/km^2，洪湖流域面积为 6 339.739 km^2，具体见表 1.3。

表 1.3　2015 年洪湖流域内各行政区基本概况

地区	乡镇（街道办、管理区、农场）	居委会和村委会个数	户籍人口/（万人）	常住人口/（万人）	城镇人口/（万人）	农村人口/（万人）	平均人口密度/（人/km^2）	土地面积/（km^2）
荆州区	4	14	23.72	30.34	26.84	3.50	1 994	118.932
沙市区	11	135	53.55	65.48	56.01	9.47	1 319	405.861
江陵县	12	219	39.44	33.16	11.95	21.21	407	967.958

续表

地区	乡镇（街道办、管理区、农场）	居委会和村委会个数	户籍人口/（万人）	常住人口/（万人）	城镇人口/（万人）	农村人口/（万人）	平均人口密度/（人/km²）	土地面积/（km²）
监利县	21	680	144.76	106.99	43.30	63.69	573	2 525.801
洪湖市	12	262	60.54	58.21	15.14	43.07	442	1 370.899
潜江市	10	185	35.19	35.14	8.23	26.91	370	950.288
合计	70	1 495	357.20	329.32	161.47	167.85	563	6 339.739

注：数据来源于《2016 年荆州统计年鉴》《2016 年潜江统计年鉴》

2015 年，洪湖流域涉及的 2 个区（荆州区、沙市区）、2 个县（江陵县、监利县）、2 个市（洪湖市、潜江市）的地区生产总值总额为 906.28 亿元，其中第一、二、三产业产值分别占 21.0%、42.8%、36.2%，详见表 1.4。2015 年，流域地区人均年产值为 20 603~53 274 元，人均年可支配收入为 15 608~26 546 元，其中城镇居民人均可支配收入为 22 579~28 565 元，农村常住居民人均年可支配收入为 12 244~15 510 元，详见表 1.5。

表 1.4　2015 年洪湖流域内各县（市、区）经济状况调查表

地区	GDP/（亿元）	第一产业总产值/（万元）	第二产业总产值/（万元）	第三产业总产值/（万元）
荆州区	93.75	145 789	447 155	344 525
沙市区	298.39	161 800	1 636 300	1 185 800
江陵县	68.32	210 400	235 900	236 900
监利县	229.33	899 500	715 300	678 400
洪湖市	139.55	331 663	501 444	562 398
潜江市	76.94	154 400	344 700	270 300
合计	906.28	1 903 552	3 880 799	3 278 323

表 1.5　2015 年洪湖流域内各县（市、区）收入情况

地区	人均年产值/元	人均年可支配收入/元	城镇常住居民人均可支配收入/元	农村常住居民人均可支配收入/元
荆州区	39 565	25 074	28 397	15 431
沙市区	53 274	26 546	28 565	15 510
江陵县	20 603	15 608	22 652	12 244
监利县	21 435	16 341	22 579	13 327
洪湖市	23 002	17 772	23 630	13 400
潜江市	21 864	16 690	24 574	14 277

1.3.3　气候气象

洪湖流域内设有荆州、监利、洪湖、潜江气象站，主要观测：气压、气温、降水、湿度、

风向风速、地温、蒸发、日照等。洪湖流域属亚热带季风湿润区，近地层为季风环境控制，雨热同季，四季分明。冬季寒冷干燥，夏季炎热多雨，春秋两季气候宜人，且冬夏长，春秋短。洪湖流域雨量充沛，多集中于春夏，阳光充足，热量丰富，无霜期长，时有旱涝、寒潮、大风、冰雹等灾害天气发生，其中洪涝灾害较多。

据气象局提供的资料，洪湖流域多年平均年降水量为 900～1 350 mm，2015 年流域平均年降水量为 1 348.6 mm，整体属偏丰水年份，丰水期 4～9 月降水 943.0 mm，占全年降水量的 69.9%，洪湖流域降水最多的月份是 7 月，为 278.9 mm；枯水期 1～3 月和 10～12 月降水量 439.9 mm，占全年降水量的 32.6%；降水最少的月份是 1 月，为 19.5 mm。空间分布上，年降水量由东南向西北逐渐减少，主要高值区出现在监利县朱河及洪湖市螺山一带，低值区出现在北部习家口—川店一带。荆州市各县（市、区）及洪湖流域 2012～2015 年年降水量见表 1.6。

表 1.6　荆州市各县（市、区）及洪湖流域 2012～2015 年年降水量统计表　　（单位：mm）

年份	荆州区	沙市区	荆州开发区	江陵县	监利县	洪湖市	潜江市	洪湖流域
2012 年	980.8	998.9	999.9	1 074.9	1 233.8	1 344.0	1 114.2	1 106.6
2013 年	1 070.6	1 168.4	1 149.2	1 175.3	1 169.4	1 142.3	1 238.9	1 159.2
2014 年	844.5	860.5	891.8	1 050.7	1 229.3	1 226.9	948.6	1 007.5
2015 年	1 119.8	1 245.1	1 320.7	1 409.0	1 522.2	1 489.0	1 334.4	1 348.6

注：数据来源于 2012～2015 年荆州、潜江《水资源公报》

流域多年平均气温为 16～19℃，7 月气温最高，平均气温 27～29℃，历史记载的极端高温达 41℃，1 月温度最低，平均气温 0～4℃，极端低温达 –16.5℃。夏季多东南风，冬季多西北风，平均风速 2.5 m/s。据统计，2015 年流域最高气温 36.6℃，最低气温为 –3.1℃，平均气温为 17.1～17.9℃。年日照时间在 1 428～2 000 h，无霜期在 230～270 天，年蒸发量 767～1 724 mm。2015 年洪湖流域各气象站气象特征统计见表 1.7。

表 1.7　2015 年洪湖流域各气象站气象特征统计

气象要素	站名			
	荆州站	监利站	洪湖站	潜江站
年降水量/mm	1 278.7	1 522.2	1 489.0	1 334.4
降水量丰枯评定	偏丰	丰水	偏丰	偏丰
平均气温/℃	17.1	17.9	17.8	17.1
极端最高气温/℃	36.2	36.3	36.6	35.5
极端最低气温/℃	–2.4	–2.0	–2.0	–3.1
平均相对湿度/%	79	75	82	79
年日照时间/h	1 642.0	1 428.4	1 729.7	1 560.4
平均风速/(m/s)	1.9	1.7	1.7	1.1
最大风速/(m/s)	9.0	8.1	7.6	8.4
主导风向	NNE	NE	NE	NE

1.3.4　地形地貌

洪湖流域地处江汉平原沉降带的低洼地区，东边、南边滨长江，北临汉江及东荆河，西北与宜漳山区接壤，构造格局呈西北—东南向，区内地势西北高而东南低，周边高而中间低，四湖总干渠纵贯中间低洼地带。南北为呈带状的沿江（河）高亢平原，沿江（河）与高地之间为一巨大的河间槽形洼地，由西至东为低山丘陵向岗地、平原逐渐过渡。流域河渠纵横交织，湖泊星罗棋布，垸田广布，是江汉平原有名的"水袋子"。

荆州区地势以古城为界，北部多丘陵，南部多平原。沙市区市区沿长江自西向东呈带状分布，为长江中游良港。江陵县位于扬子准地台江汉沉降区江汉盆地西南部的凹陷构造带，地势平坦，其地貌有洲滩平地、淤沙平地、中间平地、低湿平地四类，海拔 25.3～40 m，相对高差 14.7 m。监利县地势平坦，海拔 23.5～30.5 m。南部长江沿岸、北部东荆河沿岸和西部较高，中间和东部较低，自然形成撮箕形。洪湖全境历史上属云梦泽东部的长江泛滥平原，地势自西北向东南呈缓倾斜，形成南北高、中间低，广阔而平坦的地势，平均坡度约为 0.3%，地基承受力约为 6～10 t/m^2，属典型的平原地型。海拔大多在 23～28 m，最高点是螺山主峰，海拔 60.48 m；最低点是沙套湖湖底，海拔只有 17.9 m。洪湖流域内的潜江市部分属冲积河湖平原，境内无山也无丘陵，地势低平，北高南低，河渠交织，以东荆河为脊略向东西两侧倾斜，自然坡降四千分之一。平原是洪湖流域最主要的地貌类型，海拔多在 20.0～50 m，地面坡度小于 1°。又由于河流冲击作用和人类活动的影响，众多湖垸密布，内部形成"蜂窝状""盆碟式"的微地貌特征。

由于洪湖流域地势低洼，每逢暴雨便"汪洋一片"，渍水形成涝灾，若遇暴雨与洪水同期，通常长江水位高于地面 5～8 m，造成外洪内涝。该流域地下水位偏高，离地面仅 0.5 m，极有利于钉螺滋生。汛期时，因长江常处于高水位，自排的机会少，提排是治涝的重要手段。当水位不稳定，数旬不降水，特别是盛夏数日不降水，沟渠干涸，形成旱灾，必须引江河湖水灌溉。

1.3.5　地质背景

洪湖流域所在的四湖地区地质构造属于扬子准地台中部，属新华夏系第二沉降带晚近期构造带，处于中国地势第三级阶梯的西部边缘，由燕山运动开始形成的内陆断陷盆地。整个构造体系由断块凹陷和几条相互平行的断裂带所组成，其构造格局受 NW、NNW 和 NNE 向构造线所控制，地震烈度为 6 级。燕山运动以来，四湖地区以西黄陵背斜进一步上升，同时受西北向秦岭断裂带和东北偏北向郯庐断裂带的影响，形成区域内 WNW—WN—NWN—NEN—ENE 两组基岩断裂，基岩断裂构成了盆地和凹陷的边界，并将边界切成许多块断体，从而控制上覆地层的发育。前第四系地层洼地接受了由四周隆起的高处冲刷下来的碎屑沉积和河湖相沉积，是一个巨大深厚的山麓相沉积和河湖相沉积。全新统以来，由于长江和汉水的多次决口分流，在江汉平原上形成了若干个河流洼地，其中之一就是长江和东荆河之间的河间洼地，即今天的四湖（长湖、白露湖、三湖和洪湖）地区。由于江汉平原的构造线呈 NW—SE 向，因而控制了平原上的水系发育，长江和汉水流经平原的流向大体与这组构造线一致，所形成的河间洼地也呈 WN—ES 向。在洼地中，两侧为河流沉积物、天然堤或人工堆积，中间洼地处若潜水不畅，就易于形成壅塞。

沙市区地质结构属新华夏系第二沉降带江汉沉降区的江陵凹陷。区域构造主要受五里铺至将台的南北向断裂影响，挽近期构造运动为江汉盆地周缘逐渐上升，邻区八岭山曾在新近纪喜山运动期构造运动活跃，并有火山喷发，而江汉沉降区继续下沉，延续至第四纪仍以沉降为主，发育了一系列河湖相沉积。沙市区第四系地层由卵石、沙、黏性土等层组成松散沉积，较为深厚，一般为 100～131 m，其中北部厚 70～80 m，基底由杂色黏土岩组成，黏土岩内夹砂岩、粉砂岩等。沙市区地形受荆江河道变迁和泥沙淤积影响，呈西南高、东北低之势。可分为三级地形面，排列有序，即堤内平原（I 级面）、填土台地（II 级面）、堤外高滩（III 级面）。沙市区地貌形态及其组合可分为河流阶地、冲湖平原、冲积平原、湖沼、荆江水道 5 个类型。

1.3.6　土壤条件

洪湖流域地区系河湖冲积、淤积物组成的低洼地与沼泽。流域内 60% 以上的地形属平原，为主要的农产区，自然植被较少，丘陵区林草覆盖较好，总体来说林草覆盖率在 11% 以上，流域内主要土壤类型为水稻土、黄棕壤土、潮土、沼泽土等，而在湖洲滩地有少量面积的草甸土分布。水稻土是现代沼泽化土经过自然演化和围垦在长期水耕熟化过程中发育起来的，主要有潜育型水稻土和沼泽型水稻土，这两种土壤的形成主要受洪湖地下水位起落的影响，土壤剖面构型多呈 AG 型和 APG 型。黄棕壤土发育于亚热带常绿阔叶与落叶阔叶混交林下的土壤，其主要特征是：剖面中有棕色或红棕色的 B 层，即含黏粒量较多的黏化层；土体内有铁锰结核。潮土类主要分布在洪湖和长江之间的地势较高地带，是在长期旱耕熟化过程中发育起来的，水稻土土质肥沃，80% 以上的土壤耕层有机质含量介于 2%～3.5%。沼泽土是发育于长期积水并生长喜湿植物的低洼地土壤，其表层积聚大量分解程度低的有机质或泥炭，土壤呈微酸性至酸性反应，大都分布在低洼地区，具有季节性或长年的停滞性积水，地下水位都在 1 m 以上，并具有沼生植物的生长和有机质的嫌气分解而形成潜育化过程的生物化学过程。在表层水稻土和潮土之下第二层为粉质黏土，为褐黄色，呈可塑状态，厚度在 5.9～8.1 m，较均匀。第三层为粉质土，厚度为 2.8 m，第四层为粉细砂，松散状，厚度为 0.3～1.6 m。该层具有较高的承载力。其中，荆州区土壤肥沃，土壤西北黏、西南砂，有水稻土、潮土、黄棕壤土 3 个土类，自然肥力较好。

1.3.7　土地利用状况

荆州区土地面积为 104 321.91 hm²。农用地为 57 810.59 hm²，占荆州区土地面积（下同）的 55.41%。其中，耕地（含水田、旱地、菜地）52 450.93 hm²，占 50.27%；园地 1 172.72 hm²，占 1.12%；林地 4 093.00 hm²，占 3.92%；牧草地 93.94 hm²，占 0.09%。建设用地为 46 025.48 hm²，占 44.12%。其中，交通运输用地 3 106.00 hm²，占 2.98%；居民及工矿用地 13 025.96 hm²，占 12.49%；水域及水利设施用地 29 893.52 hm²，占 28.66%。其他用地为 485.84 hm²，占 0.47%。

沙市区（含荆州开发区）土地面积为 52 275.38 hm²。农用地为 21 286.75 hm²，占沙市区土地面积（下同）的 40.72%。其中，耕地（含水田、旱地、菜地）20 824.64 hm² ，占 39.84%；园地 266.22 hm² ，占 0.51%；林地 180.34 hm² ，占 0.34%；牧草地 15.55 hm² ，占 0.03%。建设用地为 30 858.10 hm² ，占 59.03%。其中，交通运输用地 1 930.77 hm² ，占 3.69%；居民及工矿用地 10 662.60 hm² ，占 20.40%；水域及水利设施用地 18 264.73 hm² ，占 34.94%。其他用地为 130.53 hm² ，占 0.25%。

江陵县土地总面积为 104 873.52 hm² 。农用地为 70 022.37 hm² ，占江陵县土地总面积的 66.77%（下同）。其中，耕地（含水田、旱地、菜地）68 320.18 hm² ，占 65.15%；园地 269.55 hm² ，占 0.26%；林地 1 427.97 hm² ，占 1.36%；牧草地 4.67 hm² ，占 0.45‰。建设用地为 34 777.05 hm² ，占 33.16%。其中，居民及工矿用地 10 914.63 hm² ，占 10.41%；交通运输用地 3 011.63 hm² ，占 2.87%；水域及水利设施用地 20 850.79 hm² ，占 19.88%。其他用地为 74.10 hm² ，占 0.07%。

监利县土地总面积为 320 076.72 hm² 。农用地为 176 963.12 hm² ，占监利县土地总面积的 55.29%（下同）。其中，耕地（含水田、旱地、菜地）68 320.18 hm² ，占 55.23%；园地 268.59 hm² ，占 0.08%；林地 4 310.71 hm² ，占 1.35%；牧草地 35.49 hm² ，占 0.02%。建设用地为 138 609.39 hm² ，占 43.31%。其中，居民及工矿用地 30 950.85 hm² ，占 9.67%；交通运输用地 7 183.59 hm² ，占 2.24%；水域及水利设施用地 100 474.95 hm² ，占 31.39%。其他用地为 269.42 hm² ，占 0.08%。

洪湖市土地面积为 244 357.25 hm² 。农用地为 80 425.31 hm² ，占洪湖市土地面积（下同）的 32.91%。其中，耕地（含水田、旱地、菜地）76 332.89 hm² ，占 31.24%；园地 154.19 hm² ，占 0.063%；林地 3 938.23 hm² ，占 1.61%。建设用地为 163 686 hm² ，占 66.97%。其中，交通运输用地 5 412.26 hm² ，占 2.21%；居民及工矿用地 17 690.12 hm² ，占 7.24%；水域及水利设施用地 140 583.62 hm² ，占 57.53%。其他用地为 245.94 hm² ，占 0.10%。

潜江市土地总面积为 199 314.36 hm² 。农用地为 166 036.10 hm² ，占潜江市土地总面积的 83.3%。耕地（含水田、旱地、菜地）123 085.58 hm² ，占农用地面积的 61.75%；园地 808.75 hm² ，占 0.41%；林地 6 361.45 hm² ，占 3.19%；其他农用地 35 779.77 hm² ，占 17.95%。建设用地为 26 493.73 hm² ，占 13.29%。其中，居民及工矿用地 19 872.5 hm² ，占 9.97%；交通运输用地 1 469.75 hm² ，点 0.74%；水域及水利设施用地 5 151.48 hm² ，占 2.58%。其地用地为 6 784.53 hm² ，占 3.4%。

2015 年洪湖流域土地利用现状见表 1.8。

表 1.8　2015 年洪湖流域土地利用现状　　　　　　（单位：hm² ）

土地类型		荆州区	沙市区	监利县	江陵县	洪湖市	潜江市
合计		104 321.91	52 275.38	320 076.72	104 873.52	244 357.25	199 314.36
农用地	小计	57 810.59	21 286.75	181 397.91	70 022.37	80 425.31	166 036.10
	耕地	52 450.93	20 824.64	68 320.18	68 320.18	76 332.89	123 085.58
	园地	1 172.72	266.22	268.59	269.55	154.19	808.75
	牧草地	93.94	15.55	35.49	4.67	—	0.55
	林地	4 093.00	180.34	4 130.71	1 427.97	3 938.23	6 361.45
	其他农用地	—	—	—	—	—	35 779.77

续表

	土地类型		荆州区	沙市区	监利县	江陵县	洪湖市	潜江市
建设用地	小计		46 025.48	30 858.10	138 609.39	34 777.05	163 686.00	26 493.73
	居民及工矿用地		13 025.96	10 662.60	30 950.85	10 914.63	17 690.12	19 872.5
		城市	3 050.75	4 518.22	—		1 480.12	4 257.24
		建制镇	1 879.33	3 651.44	4 095.60	2 273.10	2 811.21	2 673.2
		农居点	7 157.23	2 361.39	25 925.09	8 079.80	12 633.61	11 869.16
		独立工矿	589.44	6.44	463.20	119.78	421.38	807.32
		特殊用地	349.21	125.11	466.96	441.95	343.80	265.58
	交通运输用地		3 106.00	1 930.77	7 183.59	3 011.63	5 412.26	1 469.75
	水域及水利设施用地		29 893.52	18 264.73	100 474.95	20 850.79	140 583.62	5 151.48
		河流水面	1 996.09	807.24	11 686.75	3 278.22	13 679.93	—
		湖泊水面	2 839.79	4 274.21	10 585.63		25 497.93	
		水库水面	2 061.77	—				
		坑塘水面	15 079.97	10 188.58	39 381.26	6 865.80	71 815.90	
		内陆滩涂	1 723.81	30.97	9 278.70	580.02	9 007.61	
		沟渠	3 991.51	2 793.74	25 070.37	9 055.89	16 301.62	
		水工建筑用地	2 200.58	169.99	4 472.24	1 070.86	4 280.63	
其地用地	小计		485.84	130.53	269.42	74.10	245.94	6 784.53
	未利用土地		—	—	—	—	—	
	其他用地		485.84	130.53	269.42	—	245.94	

注：荆州市各县市区土地利用数据来自《荆州市统计年鉴 2016》；潜江市土地利用数据来源：潜江市城市化进程中土地资源配置研究（邱先俊，2016）

1.3.8　植被状况

洪湖流域区域属北亚热带落叶—阔叶—常绿阔叶混交林带，江汉平原栽培植被—水生湿地植被和沉水植被区。由于长期人类活动作用和境内水灾、旱灾频繁影响，原生森林植被早已遭破坏，各种覆盖草植被亦所剩无几，但水生植被及次生植被资源较为丰富，水生植被主要分布在湖泊、沟渠，次生森林植被主要分布在居民的房前屋后，江河两岸及滩地、沟渠道两旁，树种主要有马尾松、杉树、水杉、泡桐、杨树等。

据调查，洪湖市主要乔灌树种共 195 种，其中用材林树种 26 科 55 种，经济林树种 12 科 24 种；观赏树种及乔灌花卉有 114 种。用材林树种有：池杉、水杉、杉木、落羽杉、柳杉、垂枝杉、马尾松、湿地松、加拿大杨、小叶杨、意杨、杞柳、旱柳、亚柳、川楝、苦楝、香椿，臭椿、悬玲木、重阳木、泡桐、白蜡树、白榆、榔榆、朴树、构树、枫杨、樟树、刺槐、国槐、黄檀、冬青、楸树、梓树、桉树、柘树、丝棉木、盐肤木、喜树、女贞等。灌木类有：黄杨木、芙蓉、夹竹桃、紫穗槐、紫荆、石榴等。经济类有：梨、桃、桔、柑、李、杏、橙、枣、柿、葡萄、苹果、拐枣、棠梨、枸桔、油桐、乌桕、油橄榄、棕榈、杜仲、银杏等。竹类有：桂竹、水竹、楠竹、金竹、窝竹、罗汉竹等。观赏树种及乔灌花卉有：雪松、千头柏、侧柏、园柏、刺柏、龙柏、花柏、川柏、塔柏、笔柏、洒金柏、大叶黄杨、小叶女贞、海桐、米兰、檫木、紫藤、金钱桔、八月桂、广玉兰、白玉兰、紫玉兰、合欢、紫薇、玫瑰、杜鹃、栀子花、茉莉、月季等。

1.3.9　自然资源

洪湖流域自然物产资源丰富，生物种类聚多。盛产粮食（水稻、麦、豆等）、棉花、油菜、花生、芝麻、蔬菜、瓜果、林木、药材，以及优质猪、鱼、鸡、鹅等。流域内生物资源十分丰富，具有种类多、分布广、南北兼备的特点，栽培作物品种千余种，还有不少地方良种，浮游生物、维管束植物和鱼类资源是流域内的一大优势。流域内地表水、地下水资源丰富。已探明的矿产资源有石油、盐、膨润土和矿棉石等。除盐外，均已部分开采。荆州市全市已发现矿产 35 种，其中探明有一定工业储量的 13 种，已开采利用的 20 种。主要能源矿产有石油、煤炭；化学矿产有岩盐、卤水、芒硝、硫铁矿、重晶石；建材矿种有大理石、花岗石、石灰石、黏土、河道砂、卵石；冶金辅助材料有白云岩、优质硅石、耐火黏土；新型矿种有膨润土。此外还有砂金、脉金等。潜江市蕴藏着丰富的石油、天然气、卤水、岩盐、石膏等矿产资源。流域地质构造单一，矿床赋有条件好，围岩性质稳定，除石油、煤炭外，非金属矿产绝大部分裸露地表，便于露天开采。矿产分布集中，大多矿产资源分布在低山丘陵地区，散布在城镇周边，交通便利，矿产开发外部条件优越。流域内水域面积大，以洲滩、湖泊为主的湿地资源独具地域特色。

1.3.10　旅游资源

洪湖流域以其独有的地理优势，拥有丰富的自然资源。而荆州市作为洪湖流域内重要的城市，尤以其得天独厚的自然旅游资源而闻名。历史文化名城荆州有着悠久的历史、灿烂的文化，其文化特色和文化价值不仅在于有楚文化、三国文化，而且因地处水泽密布的江汉平原，从而与水文化也息息相关。

1. 洪湖湿地自然保护区

洪湖湿地自然保护区，以洪湖为主要保护区域，成立于 1996 年，2014 年列为国家级自然保护区，总面积 41 412 hm²，核心区面积 12 851 hm²、缓冲区面积为 4 336 hm²，实验区面积 24 225 hm²。湿地以水生和陆生生物及其生境共同组成的湖泊湿地生态系统、未受污染的淡水资源以及湿地生物多样性为主要保护对象。洪湖湿地的恢复和重建已被列入"中国湿地保护行动计划优先项目"和国际湿地公约局数据库。据调查，洪湖湿地保护区内现有各种植物 472 种，21 变种，1 变形种，隶属于 116 科、303 属。列入《国家保护的有益的或者有重要经济、科学研究价值的陆生野生动物名录》物种 131 种。保护区是各种水鸟重要的越冬地和迁徒"驿站"，每年来此越冬的雁鸭类等水禽都在百万只以上，已知有各种水鸟 8 目、13 科、65 种。列入《中华人民共和国政府和日本国政府保护候鸟及其栖息环境协定》（简称《中日候鸟协定》）的物种 69 种；列入《中华人民共和国政府和澳大利亚政府保护候鸟及其栖息环境的协定》(简称《中澳候鸟协定》)的物种 16 种(兼属《中日候鸟协定》和《中澳候鸟协定》的物种有 12 种)。

2. 华容古道

华容古道在监利县城西南 12 km,即曹桥至毛家口的一条湖区小路,长 7.5 km。监利古称华容,原县城位于今县城北 30 km。《资治通鉴》注:"从此道可至华容县也",故名。据载:东汉建安十三年(公元 208 年),曹操兵败赤壁走此,遇泥陷,急令军士负草填之,赢者饥乏倒地,多被人马践踏而死。强行间,又被关羽堵截,后被放行,因有"关云长义释曹操"故事传闻,并有诗云:"曹瞒兵败走华容,正与关公狭路逢。只为当初恩义重,放开金锁走蛟龙。"现在古道旁,阡陌纵横,公路交错,城镇与水乡连在一起,一改昔日崎岖荒凉面貌。

3. 湘鄂西苏区革命烈士陵园

湘鄂西苏区革命烈士陵园(简称烈士陵园),亦称湘鄂西苏区革命烈士纪念馆,坐落在洪湖市城区南郊,离市中心约 1.5 km,占地面积 40 hm²。1978 年 10 月,湖北省委员会为纪念贺龙、周逸群、段德昌等老一辈无产阶级革命家和在湘鄂西苏区牺牲的革命烈土决定建园,1984 年 11 月 10 日落成。烈士陵园临江望湖,绿阴掩堤,天高水清,相映成趣。1986 年 10 月国务院批准为"全国重点烈士纪念建筑物保护单位"。1959 年 3 月湖北省政府批准为"全省青少年爱国主义传统教育基地"。近期开辟望江亭、水禽宫、喷水池等 17 处游览景点。陵园西滨洪湖,可乘小艇一览湖光水色;南依长江,上与岳阳楼、群山遥遥相望;下与赤壁,乌林三国古战场一脉相连。

4. 洪湖蓝田生态旅游风景区

洪湖蓝田生态旅游风景区为国家 4A 级旅游风景区、全国农业旅游示范点、全国百家红色旅游经典景区,位于湖北荆州市洪湖市瞿家湾镇。风景区陆路四通八达,距宜黄高速公路 58 km,东接武汉,距武汉市 170 km,西挽荆州。洪湖蓝田旅游风景区是以洪湖自然风貌和人文景观为依托的风景区,具有古(明清文化)、老(革命老区)、水(水乡特色)、新(全国农业产业化示范区)等特点,属湖泊型自然风景区。

5. 返湾湖风景区

返湾湖风景区位于潜江市中部,后湖管理区境内。是集旅游、度假、休闲、垂钓、观赏于一体的具有水乡园林特色的旅游风景区。返湾湖风景区面积 2 万亩。其中最具特色的景观是 1 万余亩的天然湖泊,名返湾湖。湖泊中央有湖中园,建有避暑水寨、芙蓉岛、百鸟洲、接官厅、将军厅、返湾厅、度假村等景点。湖中园四面环水,绿树成荫,水天一色,再加上美丽动人的蒋娘娘传说,令人心旷神怡,浮想联翩。还有素享盛誉的水乡"六绝"佳肴,让人回味无穷。

6. 章华台遗址群

章华台,又称章华宫,位于潜江市龙湾镇,是公元前 540～535 年,楚灵王举全国之力历时六年修建的离宫,后毁于秦统一战乱。史载章华台"台高十丈,基广十五丈",曲栏拾级而上，中途需休息三次才能到达顶点，又称"三休台"。在台周围修建了大量亭台楼榭，极尽精美。又因楚灵王特别喜欢细腰女子在宫内轻歌曼舞，不少宫女为求媚于王，少食忍饿，以求细腰，故亦称"细腰宫"。章华台以其建筑规模之大、规格之高，开创了中国帝王园林化宫殿建筑之先河，也是庞大的人工自然园林的鼻祖。它代表着当时土木建筑的较高水平，对同时代的层台建筑及后世的园林建筑影响极为深远，东周时期即被诸侯列国称为"天下第一台"。

7. 田关水利休闲度假区

田关水利休闲度假区由湖北省田关水利工程管理处招商引资开发建设。度假区由一河（田关河）两岛（田关岛、刘岭岛）组成，俯瞰恰似"一龙戏二珠"。田关河全长 30 km，贯通长湖和东荆河。两岸翠绿，碧水清幽，蜿蜒伸展，形如蛟龙；田关岛位居龙头，直插东荆河，占地 500 余亩，四面环水，绿树成荫，空气新鲜，鸟语花香；刘岭岛地处龙尾，濒临长湖，占地 600 余亩，碧波荡漾，辉映蓝天，古樟挺拔，浓荫蔽日。其过河索道、人工水杉林等构成独特的河滩风景。

1.4　流域水利建设

1949 年以来，荆州市大兴水利，四湖水系水利工程包括：长湖、洪湖；六大干渠：四湖总干渠、西干渠、东干渠、田关河、洪排河、螺山干渠；八座统排泵站：高潭口泵站、新滩口泵站、老新泵站、新沟泵站、半路堤泵站、杨林山泵站、螺山泵站、南套沟泵站；十一座控制性涵闸：习家口节制闸、彭家河滩闸、福田寺闸、小港湖闸、子贝渊闸、下新河闸、张大口闸、新堤大闸、新滩口排水闸、桐梓湖排水闸、幺河口排水闸。总共建成的堤、库、闸、站、渠等水利工程数量多且规模大，防洪、排涝、抗旱等水利工程体系具有一定规模。全市主要堤防共长 3 738.73 km，包括一级堤防 269.17 km（荆江大堤、南线大堤、洪湖分蓄洪区主隔堤），二级堤防 995.44 km（包括长江干流堤防、松滋江堤、东荆河堤、荆南四河主要地方、分蓄洪区围堤和安全区堤、荆州市城市防洪湖渠堤），三级堤防 754.81 km 和四、五级堤防 1 719.31 km。全市建有包括荆江分蓄洪区，洪湖分蓄洪区在内的国家分蓄洪区 5 处，总面积 4 227 km²，有效蓄洪容积 240.6 亿 m³。全市已建成大中小型泵站 13 726 处，总容量 69.10 万 kW，总设计流量 6 691.97 m³/s。全市建成大中小型水库 119 座，总蓄水能力 8.36 亿 m³。全市建有灌区 208 处，有效灌溉面积 877.87 万亩。

荆州市水利建设大致可分为五个阶段。第一阶段（1949～1956 年）：以筑堤防洪、关好大门为主，兼顾农田水利，针对江河堤防抗洪能力弱，洪灾频繁的特点制定防洪标准，修缮加固荆江大堤、长江干堤、东荆河堤等，并于 1952 年兴建了荆江分洪工程。第二阶段（1957～1966 年）：在继续建设防洪工程，保证江河堤防安全的基础上，全面开展以自排、自灌为主的农田水利建设，先后开挖了四湖总干渠、东干渠、西干渠等骨干排水河道，兴建了新滩口、观音寺、西门渊等大型排灌涵闸，修建了以滮水为代表的大中型水库。第三阶段（1967～1980 年）：全面提高防洪、排涝、抗旱标准，大力发展电力排灌。建成了高潭口、南套沟、螺山、新沟、大港口等一大批大型电力排（灌）水站，1972 年开始动工兴建洪湖分蓄洪区工程。第四阶段（1981～1997 年）：加强经营管理，配套挖潜，防洪工程由"治标"转向"治本"，开展了堤防、泵站、涵闸、水库、渠道等各类水利工程的达标活动，又相继兴建新滩口、田关、冯家潭二站以及荆南公安闸口二站等沿江一级大型电排站,并对治理地下水,改造低产田进行了试点。1987 年,《中华人民共和国水法》颁布,水利事业进入了依法治水,依法管水的新时期。第五阶段(1998 年以后):蓬勃发展的新时期。1998 年长江发生大洪水,根据党中央、国务院的统一部署,实施了荆江大堤、洪湖监利长江干堤、荆南长江干堤、荆南四河部分堤防、南线大堤、松滋江堤等整险加固工程,完成投资 60 多亿元。“十一五”期间,重点实施了水库除险加固、大型泵站更新改造、大型灌区续建配套及节水改造、农村饮水安全工程、水利血防综合治理、中小河流治理、城市防洪工程等项目,启动了荆南四河堤防加固、四湖流域综合治理等工程建设,总投资 47 亿元。

潜江因水而名。清朝潜江知县史致谟在重刻康熙三十三年(1694 年)《潜江县志》序中称:“潜邑以水得名,俗称芦茯河者,即潜水也。”1958~1960 年,潜江大兴水利建设,将西荆河东段进行裁弯取直和扩挖,并连通东荆河,形成了一条联结长湖与东荆河的河道,取名为田关河,即洪湖流域在潜江板块上的分界线之一。为解决长湖地区排水问题,1959 年冬至 1960 年春,潜江县政府(1988 年撤县建市)组织在田关河与东荆河交汇点修建了一座设计流量 180 m³/s 的排水闸,命名为“红军闸”。

1.5　流域水文水系

1.5.1　水资源概况

洪湖流域地处江汉平原腹地,水资源十分丰富,乃水乡泽国。河渠纵横交错,大小湖泊星罗棋布,西北有长湖,东有洪湖,南临长江,北有东荆河,水资源质量较好,自然水面覆盖面较大,各水体使用功能明显。

根据荆州市水资源公报,洪湖流域 2015 年的水资源总量为 49.328 3 亿 m³,其中地下水资源量 8.176 2 亿 m³,地表水资源量 45.682 1 亿 m³,流域产水系数 0.486,产水模数为 66.4 万 m³/km²,见表 1.9,2012~2015 年洪湖流域各地区水资源总量情况见图 1.1。

表 1.9　洪湖流域 2015 年水资源总量表

地区	地表水资源量/亿 m³	地下水资源量/亿 m³	水资源总量/亿 m³	产水系数	产水模数/(万 m³/km²)
荆州区	0.479 1	0.148 6	0.543 0	0.408	45.7
沙市区	1.340 5	0.400 7	1.587 7	0.415	51.7
荆州开发区	0.782 7	0.241 3	0.910 3	0.394	52.0
江陵县	4.931 2	1.404 9	5.474 1	0.420	59.1
监利县	20.626 2	3.380 4	21.847 7	0.631	96.1
洪湖市	11.523 4	1.569 8	12.250 4	0.600	89.4
潜江市	5.998 9	1.030 5	6.715 2	0.531	70.8
流域	45.682 1	8.176 2	49.328 3	0.486	66.4

注:数据来源于 2015 年荆州水资源公报、2015 年潜江水资源公报

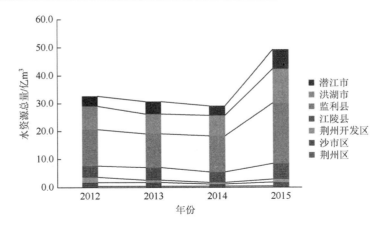

图 1.1　2012～2015 年洪湖流域各地区水资源总量

2012 年荆州市"一湖一勘"外业调查最终确定全市湖泊共 184 个，湖泊总面积 706 km²，其中属于洪湖流域的湖泊 48 个，洪湖流域中列入湖北省第一批湖泊保护名录的有 19 个，列入第二批湖泊保护名录的有 29 个，总面积为 458.448 km²。洪湖流域内潜江市部分列入湖北省第一批湖泊保护名录的有 3 个，列入第二批湖泊保护名录的有 3 个，总面积为 10.276 km²。流域内，列入湖北省湖泊保护名录的湖泊总数为 54 个，总面积为 468.724 km²，入选湖北省湖泊保护名录洪湖流域湖泊汇总见表 1.10。

表 1.10　入选湖北省湖泊保护名录洪湖流域湖泊汇总

地区	入选第一批湖泊保护名录	个数	入选第二批湖泊保护名录	个数	总数	总面积/km²
荆州区	九龙渊、北湖、龙王潭、西湖、洗马池	5	字纸篓	1	6	0.808
沙市区	长湖、内泊湖、江津湖、张李家渊、文湖、太师渊	6	—	0	6	132.61
荆州开发区	—	0	范家渊	1	1	0.16
江陵县	龙渊湖、文村渊	2	背时渊、车渊、观曲渊、黑狗渊、江北渊、平家渊、石子渊、瓦台垸、熊家渊、月亮湾、赵家渊	11	13	4.12
监利县	东港湖、赤射垸、周城垸	3	曾家垸、邓兰渊、堤套湖、高小渊、郝家潭子、刘董垸、梅兰渊、上倒口潭、塘子河渊、铁子渊、下倒口潭、渔栏渊	12	15	11.08
洪湖市	洪湖、施墩河湖、周家沟湖	3	撮箕湖、南凹湖、太马湖、土地湖	4	7	309.67
潜江市	冯家湖、返湾湖、郑家湖	3	杨林垸、鲁家垸、青年庵垸	3	6	10.276
合计		22	合计	32	54	468.724

洪湖流域各地区流域面积为 100 km² 以上的河流共有 58 条，全长 1 832.314 km。排除潜江市的排灌渠道，共有排灌渠道 11 725 条，其中排渠 2 191 条、灌渠 1 466 条、排灌结合渠道 8 068 条。排灌渠总长（排除潜江市）27 811.05 km。排灌渠统计情况表 1.11。

表 1.11　洪湖流域各地区排灌渠汇总

地区	排渠/条	灌渠/条	排灌结合/条	合计/条	总长度/km
荆州区	365	160	258	783	2 535.23
沙市区	512	362	495	1 369	2 178.01
江陵县	476	421	379	1 276	4 888.06
监利县	474	421	4 552	5 447	11 671.77
洪湖市	364	102	2 384	2 850	6 537.98
潜江市	—	—	—	—	6 276.00
合计	2 191	1 466	8 068	11 725	34 087.05

荆州市全市现有 119 座水库，总库容 83 592.25 亿 m³，全部集中在荆州区和长江以南的区域。洪湖流域内无大中型水库工程。

1.5.2　主要河流

（1）四湖总干渠。四湖总干渠为四湖水系主体工程，也是洪湖流域内最大的人工河渠，形成于 20 世纪 60 年代，是洪湖流域生产生活用水及洪水的主要干渠和水运通道。《湖北省水功能区划》（鄂政函〔2003〕101 号）划定四湖总干渠的总长度为 191 km，系内荆河水系，水质管理目标为Ⅲ类。四湖总干渠横贯整个荆州区长江以北的区域，其中沙市区区域内 1 km，潜江市市内 32 km，潜江市和沙市区共同流经段为 8 km，潜江市和江陵县共同流经段为 9 km，监利县县内 52 km，洪湖市市内 89 km。沿途接纳两岸来水，经过洪湖北岸汇至长江。四湖总干渠起自荆州市西北部的长湖水域，经习家口闸先自西北往东南穿过沙市区、潜江市和江陵县，后于监利县的福田寺闸与洪排河交汇后改变流向为自西向东，再沿洪湖北岸流至小港改向为微向东北方向，最后与原内荆河贯通经洪湖市新滩口闸汇入长江。监利县和洪湖市境内四湖总干渠占全渠总长的 73.82%，由原内荆河裁弯取直，破湖破垸修建而成，设计流量 238 m³/s，设计水位 26.5 m。枯水期为 12 月～次年 2 月，流量 110 m³/s，丰水期为 7～8 月，流量 310 m³/s。其中，小港闸至新滩口也称为下内荆河，全长 58 km。《湖北省地表水环境功能区类别》（鄂政办发〔2000〕10）和《湖北省水功能区划》（鄂政函〔2003〕101 号）规定四湖总干渠的主要使用功能为集中式生活饮用水地表水源地二级保护区，一般鱼类保护区，其水质管理目标为 Ⅲ 类。但实际上，根据荆州市环保局公布的《荆州市环境保护"十二五"规划》，四湖总干渠除沙市区习家口—监利县周家沟段为饮用水水源地保护区执行 Ⅲ 类标准外，其他河段均为工业用水区，执行 Ⅳ 类水标准。

（2）西干渠。西干渠是四湖防洪排涝工程的六大排水干渠之一，处于四湖总干渠西侧，修建于 1959～1960 年，起于沙市区雷家垱，由资市镇进入江陵县，再由程集镇进入监利县，于监利县的周家沟镇汇入四湖总干渠，全长 90.65 km（沙市区 23.35 km，江陵县 36.30 km，监利县 31.00 km），渠底宽 22～46 m，渠底高程 22.15～24.15 m，设计排水流量 15～163 m³/s，水面面积为 50.4 hm²，汇流面积为 809.35 km²，保护目标为 V 类水质。西干渠荆州城区段已成为市区污水排污水渠，沙市区大部分工业和生活污水排入西干渠后进入豉湖渠。

（3）东干渠。处于总干渠东侧，1955 年与总干渠同时开工，1960 年春按规划要求基本开通，是四湖地区排水工程的第二大干渠。根据水利部门提供的数据，东干渠起于荆门市李市，止于潜江市冉家集，全长 60.256 km，承雨面积为 335.4 km²。1989 年 11 月进行疏洗扩挖，其底宽已达到设计要求（5.0～35.6 m），是几大干渠中尾欠工程量最少的一个。东干渠与田关河相交于高场，受高场南闸和北闸控制。东干渠在高场被田关河分为上下两段，高场以北干流约 25 km，流域面积 213.6 km，高场以南干渠长约 35 km，流域面积 121.8 km，上下两段由高场倒虹吸管连接。

（4）豉湖渠。豉湖渠是四湖防洪排涝工程的主要排水支渠之一，20 世纪 60 年代初，起于荆州市江津路与豉湖路交叉处，自西南向东北流至朱郭台，然后折向正东，经沙市区岑河、观音垱，经锣场东港湖，在何家桥附近汇入总干渠，全长 24.01 km。豉湖渠目前是沙市区的主要排污渠道，无天然源头，主要靠降水和城市污水补给，河底宽 40～70 m，设计流量 85～240 m³/s。

（5）太湖港渠。太湖港渠西起荆州市太湖农场，东止于长湖，由西向东流入长湖，全长 68.14 km，为荆州城区北侧排涝灌溉渠，设计正常水位 27.50 m，洪水位 28.50 m，流量 155 m³/s。为解除长湖洪水对荆州城的威胁，1986 年对太湖港总渠实施改造工程，将太湖港与护城河分家。现上游来水可通过调节闸由沮漳河和太湖港水库补给。现在荆州城区部分工业污水和生活污水排入该渠。

（6）洪排河（排涝河）。人工开挖河道，西起监利县的半路堤，由瞿家湾镇屯小村入境，流经沙口、万全等地后通过洪湖市高潭口电排站汇入东荆河，长 64.52 km。洪湖市境内长度约 37.5 km，约占该河道总长的 58%。

（7）螺山干渠。螺山干渠位于监利县境内，起自瞿家湾与周河乡分界，自北向南与洪湖西部边界平行，南抵长江干堤螺山电排站，全长 32.33 km，流域面积 259.2 km²，渠底宽 50～100 m。途中接纳沙湖干渠、前进河、新汴河、朱河、桥市河、木长河等十余条河流沟渠的水流，于螺山泵站汇入长江，设计流量 120 m³/s，丰水期最大流量为 300 m³/s，枯水期最小流量为 2.45 m³/s。螺山干渠通过监利县桐梓湖闸、幺河口闸以及沿途各电排站（张家湖站、棋盘站、桥市站等）与洪湖水进行人为控制的互补。沿渠汇流主要干渠 14 条，建有幺河口、庄河口、桐梓湖、贾家堰、张家湖 5 座涵闸。

（8）下内荆河。下内荆河起自洪湖小港湖闸，止于新滩口闸，全长 59 km，过流量 200 m³/s，是四湖中下区渍水自排出长江的主要通道，枯水期 12 月～次年 3 月，流量 50 m³/s，丰水期 6～9 月，流量 80 m³/s，丰水期最大流量 407 m³/s。

（9）东荆河。东荆河因其流经荆北水系东侧，故称东荆河。串联汉水、长江，系汉江下游南岸的一条分流河道。1949 年以前，干流全长 249 km。1949 年后，对东荆河进行了全面治理，干流缩短为今天的 173 km。东荆河起于潜江市泽口龙头拐，于武汉市汉南区三合垸汇入长江。河道内主要有天星洲、联合大垸、四丰垸、王小垸、天合垸共五个大的洲滩围垸。东荆河由监利县的陈家湾入境，东流经郭口、施家港、朱市、白庙后，折向东南而行，到小长河口水分两支，北支入仙桃境内东去，东支注入长江。荆州市市内东荆河长 126.37 km，为该河总长度的 73.05%，其中监利县 37.37 km，洪湖市 89.0 km；潜江市境内东荆河长 34.44 km。该河水文参数的季节性变化大，河面宽度一般为 500 m，最窄处为 280 m，断面水深一般为 11～13 m，枯水严重时水深 0.7～1.5 m。据陶朱埠水位站记载，东荆河多年平均年输沙量为 9.85 万 t。

（10）田关河。起源于长湖库堤上的刘岭闸，下至东荆河右堤上的田关闸，全长 30.46 km。1959 年动工兴建田关河，1970 年冬～1971 年春，扩挖田关河，将河底由 54 m 扩宽到 84 m。1995 年再次扩挖、疏浚田关河，使之与上区排涝要求和田关泵站相匹配，但仍未达设计要求。沿田关河的其他工程设施还包括高场北闸和南闸等。田关河的主要作用是排湖和排田，汇入田关河有上西荆河、荆幺河、上东干渠、借粮湖、长湖等，承雨面积 3 180 km²。其中长湖来水面积为 2 265 km²，田关河南堤以北丘陵及平原湖区来水面积为 975 km²（现状情况下仍有 153 km² 排入中区）。田关河在洪湖流域内的长度为 29.572 km。

（11）荆州护城河。荆州护城河是环绕荆州古城墙的一条古人工河，全长 10.8 km，水面面积为 60.7 hm²，现为荆州城内外工业废水和居民生活污水的主要纳污水体。河内积水定期由城北的堤排站排入太湖港流入长湖，设计常水位 28.71 m，洪水位 30.21 m，河底宽 25～50 m，河面宽 25～60 m，排水量 11 m³/s。

（12）荆沙河。荆沙河位于荆州城区荆沙路南侧，由东南向西北与荆州护城河相通，全长 23.5 km，水面面积 12 hm²，底宽 31～51 m，边坡比 1∶2，设计常水位 28.50 m，洪水位 29.50 m，无天然源头。20 世纪 50 年代前荆沙两城之间的交通主要靠此河，50 年代后陆路交通发展，于 60 年代后期逐段堵截养鱼。自 1984 年起，沙市市政府逐段疏浚，现为荆沙城区排水要道，承接两岸部分工业和生活污水。

（13）西荆河。发源有二：一支发源于荆门市沙洋县高阳镇双石村的坡子湾；另一支发源于沙洋县古汉津的踏平湖。在大路港河、卷桥与第一支汇合后，由此向南流经沙洋县官垱镇的江家集、牛棚桥，沙洋县李市镇邓甲洲，至李市镇桥梁村的胥家台进入潜江市境内，穿过田关河后向南，汇入四湖总干渠。西荆河在洪湖流域内的长度为 24.50 km。

1.5.3　主要湖泊

（1）洪湖。湖北省第一大淡水湖，为通江湖泊，位于洪湖市和监利县之间，是四湖排水工程体系的重要组成部分。根据荆州市水文站提供的数据，2015 年湖泊现有面积 348 km²，东西长约 28 km，南北最宽处约 44.6 km。湖面跨东经 113°12′～113°40′，北纬 29°40′～29°58′，承雨面积 5 980 km²。洪湖围堤从福田寺起沿洪湖北岸到小港折向西南到螺山，再从螺山起，经过幺河口、桐梓湖、三敦、周河口到宦子口，再从宦子口西折抵福田寺，闭合一周，全长 149.125 km，其中洪湖市 93.14 km，监利县 55.985 km。现有湖泊面积若以沿湖围堤为限，为 402.16 km²。湖底高程 22～22.5 m，自西向东略有倾斜，西浅东深。正常蓄水情况下，洪湖平均水深约 1.5 m，最大水深约 5.0 m。洪湖市多年平均地表径流量 12.96 亿 m³，径流深 515 mm，其空间分布与降水基本一致，由西北向东南逐渐增加。年径流的年内分配很不均匀，主要集中在汛期（4～9 月），占全年总径流的 67%。根据湖北省水文水资源局，洪湖设防水位为 25.8 m，警戒水位为 26.2 m，最高水位 27.19 m，保证水位 26.97 m。洪湖水位消涨直接受上游来水影响，一般规律是，4 月起降水增加，流域来水量增加，湖水位逐渐上升；5 月长江进入汛期，湖水位加快上涨，7～8 月出现最高水位；9～10 月为平水季节，10 月外江水消退，内湖开闸排水，水位迅速下降，直至次年 3 月，整体表现为冬排夏蓄。根据洪湖水利局提供的资料，洪湖水位、容积、面积的关系见表 1.12 和图 1.2。

表 1.12　洪湖水位、容积、面积关系表

水位/m	面积/km²	累计容积/(万 m³)	水位/m	面积/km²	累计容积/(万 m³)
22.6	14.26	71	24.6	348.4	52 701
23.0	189.62	3 483	25.0	348.4	66 637
23.4	286.78	12 944	25.4	348.4	80 573
23.8	332.06	25 309	25.8	348.4	94 509
24.2	345.48	38 809	26.5	348.4	118 897
24.4	347.58	45 740	27.0	348.4	136 317
24.5	347.99	49 221			

注：数据来源于《荆州市水利工作手册》

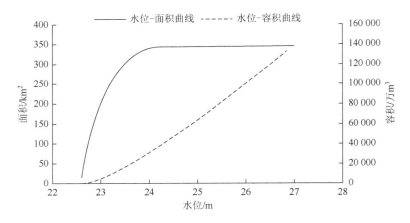

图 1.2　洪湖水位、容积、面积关系图

注：数据来源于《荆州市水利工作手册》

（2）长湖。位于荆州市、荆门市、潜江市交界处，为四湖中区主要调蓄湖泊之一，是湖北省第三大湖泊，属岗边湖类型，西起荆州区龙会桥，北至荆门市沙洋县后港镇，东至沙洋县毛李镇的蝴蝶嘴，南抵沙市区观音垱镇。地理位置在东经 112°19′～112°31′，北纬 30°25′～30°31′。2012 年荆州市"一湖一勘"确定长湖面积 131 km²，周边长 180 km，东西长约 30 km，南北最宽处为 18 km，上承拾回桥河、后港河、太湖港渠、龙会桥诸水，承雨面积 226 km²。1955 年后综合治理，建成 57 km 长湖库堤，湖汊多围垦，湖面缩小，正常水位为 30.00～30.20 m，最低水位 27.20 m，最高水位 33.38 m，常水位 28.49 m，洪水位 31.52 m，警戒水位 32.50 m，平均水深 2.25 m，保证水位 33.0 m。根据洪湖水利局提供的资料，长湖水位、容积面积的关系见表 1.13 和图 1.3。

表 1.13　长湖水位、容积、面积关系表

水位/m	面积/km²	容积/(万 m³)	水位/m	面积/km²	容积/(万 m³)
29.0	98.81	9 820	32.0	143.6	46 887
29.5	111.0	15 000	33.0	157.5	61 800
30.5	122.5	27 100	33.5	164.2	69 700
31.0	129.7	33 400			

注：数据来源于《荆州市水利工作手册》

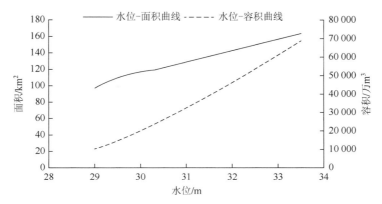

图 1.3　长湖水位、容积、面积关系图

注：数据来源于《荆州市水利工作手册》

（3）白露湖。位于潜江市、江陵县、监利县三地交界处，为四湖中区主要调蓄湖泊之一。清朝时期白露湖面积 215 km²，后因汉江堤防频繁溃决，荆江堤防溃口较少，白露湖形成西北高东南低的状态，湖面逐渐缩小。1954 年，湖面仅存 78.8 km²，当水位为 28.00 m 时，容积 1.56 亿 m³。1960 年，破湖开渠（四湖总干渠），潜江市、监利县、江陵县立即开始了围湖造田，先后建起西大垸农场和白露湖农场；1963 年春，两场合并，改为国营西大垸农场，围垦面积 61 km²。1966 年，江陵县跨湖开挖五岔河，湖面再次缩小。共修建排水渠 57 条，修建排水闸 23 座，涵洞 86 处，电力排灌站 9 处。20 世纪 80 年代，白露湖仅存的水面改造成精养鱼塘，2012 年调查时，原有的白露湖已基本围垦完毕。

（4）三湖。三湖位于江陵县东南部，地跨江陵、潜江两县市，乃四湖水系的四大湖泊之一。昔日，三湖属过水型湖泊，呈北窄南宽状。中华人民共和国成立之初，当水位为 29.50 m 时，湖水面积为 88 km²，相应容积为 1.67 亿 m³。1960 年四湖总干渠破三湖而过，同年，创建三湖农场，在湖内挖渠、建闸、兴建电力排水站。随着水利设施的逐步完善，陆续开垦农田 6 万亩，三湖变为农场。低洼处成为精养鱼池，三湖水面完全消失。

1.6　流域水功能区划

根据《湖北省地表水环境功能类别》（鄂政办发〔2000〕10 号）、《2015 年荆州市地表水环境质量公报》和《2015 年潜江市地表水环境质量公报》，洪湖流域地表水水质监测断面示意图见附图 2，洪湖流域主体水体水环境功能区划示意图见附图 3。

1.7 洪湖生态环境保护项目

江河湖泊生态环境保护项目是国家为保护湖泊生态环境而设置的，旨在改善湖泊水质，促进社会经济可持续发展，避免走"先污染、后治理"的老路。项目由财政部、原环境保护部共同开展，重点在于湖泊水质保护和生态功能的保护及恢复，兼顾流域污染综合防治和入湖污染源的削减。根据总体方案和年度方案，到 2016 年（实施方案期末年份），新建项目总数为 25 个。截至 2016 年 3 月，开工项目个数为 25 个，开工比例为 100%，实际完成项目个数为 15 个，项目实际完成比例为 60%。

洪湖流域 2012～2015 年度江河湖泊生态环境保护项目基本情况及进展见表 1.14。

表 1.14　洪湖 2012～2015 年度江河湖泊生态环境保护项目基本情况及进展

序号	项目名称	项目类型	地理位置		隶属	项目进度	备注
			经度/(°)	纬度/(°)			
1	丰收河环境综合治理项目	流域污染源治理	113.213 8	29.781 7	监利县	完成预验收	工程类
2	西干渠（荆州开发区段）水环境综合整治项目	生态修复与保护	112.333 4	30.271 9	荆州开发区	完成预验收	工程类
3	西干渠水环境综合整治工程-荆州开发区污水排江一期工程	流域污染源治理	112.333 4	30.271 9	荆州开发区	完成预验收	工程类
4	洪湖湿地底泥疏浚及湖滨生态修复一期工程	生态修复与保护	113.393 8	29.808 5	洪湖市	完成预验收	工程类
5	汊河镇污水处理厂及污水管网建设工程	流域污染源治理	113.090 6	29.811 3	监利县	完成预验收	工程类
6	洪湖湿地保护区生态及动植物监测能力建设	环境监管能力建设	113.24	29.5	洪湖市	完成预验收	非工程类
7	洪湖生态安全调查	江河湖泊生态安全调查与评估	—	—	荆州市	完工	非工程类
8	水质自动监测站建设项目	环境监管能力建设	29.899 4	113.249 4	监利县	完成预验收	非工程类
9	荆州市张家湾畜牧有限公司大型沼气工程项目	流域污染源治理	30.076 8	112.423 6	江陵县	完工	工程类
10	荆州市污泥无害化处置（一期）项目	流域污染源治理	30.244 4	112.331 4	荆州开发区	完工	工程类
11	长湖沿湖生态修复一期工程	生态修复与保护	30.378 1	112.304 8	荆州市	完工	工程类
12	荆州市焕发金属表面处理有限公司废水处理项目	流域污染源治理	111	29	沙市区	完工	工程类
13	汞污染综合治理项目	流域污染源治理	112.337 3	30.302 8	荆州开发区	完工	工程类
14	洪湖湿地底泥疏浚及湖滨生态修复二期工程（一标段）	生态修复与保护	113.393 8	29.808 5	洪湖市	在建	工程类
15	洪湖湿地生态修复（一期）工程（一标段）	生态修复与保护	113.388 7	29.828 6	荆州市	在建	工程类

续表

序号	项目名称	项目类型	地理位置		隶属	项目进度	备注
			经度/(°)	纬度/(°)			
16	西荆河流域生态修复和水环境综合整治（一期）	生态修复与保护	112.641 0	30.381 9	潜江市	在建	工程类
17	护城河水污染综合治理项目（一期）	生态修复与保护	112.181 0	30.352 0	荆州市	在建	工程类
18	内荆河水环境治理一期（一标段）	生态修复与保护	112.420 0	30.039 4	江陵县	完工	工程类
19	棋盘、桥市、汴河乡镇河道水环境综合治理示范项目（棋盘乡段）	生态修复与保护	113.162 1	29.745 7	监利县	完工	工程类
20	洪湖生态安全调查与评估（二期）及绩效评价	江河湖泊生态安全调查与评估	113.393 8	29.808 5	洪湖市	在研	非工程类
21	洪湖湿地底泥疏浚及湖滨生态修复第三期工程（一标段）	生态修复与保护	113.377 7	29.806 0	洪湖市	前期	工程类
22	洪湖湿地生态修复（一期）工程（二标段）	生态修复与保护	113.260 3	29.853 7	洪湖市	在建	工程类
23	西干渠（荆州开发区段）水环境综合整治项目（二期工程一标段）	生态修复与保护	112.331 2	30.272 6	荆州开发区	在建	工程类
24	白螺、柘木乡镇河道水环境综合治理示范项目	生态修复与保护	113.151 3	29.576 8	监利县	在建	工程类
25	环境监测站日常监测及水生监测能力建设项目	环境监管能力建设	113.388 7	29.828 6	洪湖市	前期	非工程类

第 2 章　洪湖水环境质量调查与分析

2.1　洪湖水质调查内容

2.1.1　水质调查、采样点定位、水质监测分析及评价标准

水质调查：采用资料收集、现场测定和实验室分析相结合的方法进行水质调查。操作依据为《湖泊调查技术规程》《水质　湖泊和水库采样技术指导》（GB/T 14581—1993）。

采样点定位：利用 GPS（global position system，全球定位系统）对覆盖全湖的具有代表性的约 50 个监测点位精准定位，使其基本能够反映全湖的水质状况。

水质监测分析：《水与废水监测分析方法（第四版）》。

水质标准：根据湖北省人民政府办公厅文件《关于湖北省地表水环境功能类别的通知》（鄂政办发〔2000〕10 号），洪湖作为珍贵鱼类保护区，执行《地表水环境质量标准》（GB 3838—2002）Ⅱ类标准。

水质评价：《地表水环境质量评价办法（试行）》（2011）。

2.1.2　水质指标的选择

总氮（total nitrogen，TN）、总磷（total phosphorus，TP）是衡量湖泊水质情况尤其是营养状态的重要指标。氨氮（NH_3-N）在水中以游离氨和铵盐形式存在，在好氧环境中，硝化细菌消耗水中溶解氧（dissolved oxggen，DO）将氨氮转化为亚硝酸盐氮，进而转化为硝酸盐氮。由于这个过程属于耗氧反应，因此氨氮在一定程度上可以反映水体受污染后的自净情况，在水质评价中有着重要的作用，如果氨氮浓度过高，则水体发臭，水的生态健康受到威胁。化学需氧量（chemical oxygen demand，COD）和高锰酸盐指数（COD_{Mn}）均可以反映水中还原性物质污染程度，COD 是指示水体受有机物污染的首选指标，高锰酸盐指数是进行水体营养状态评价的 5 项基本指标之一。

因此，水质分析选取了包括 TN 浓度、TP 浓度、NH_3-N 浓度、COD 浓度、COD_{Mn} 浓度、水深、水温、pH、透明度（SD）、溶解氧浓度、电导率共 11 项水质指标。其中水深、水温、pH、透明度、DO 浓度、电导率 6 项指标在现场测定。

2.1.3　监测点位的布设与采样情况

洪湖水质是由水体的物理、化学和生物诸因素共同决定的，是反映水体质量状况的指标，其内容包括各种水体中的天然本底值、河流挟带的悬浮物、水中污染物等的含量和成分及其时空变化。水质数据是否具有代表性，是否能够真实地反映湖泊的水质状况，很大程度上取

决于监测点位的选择。因此科学合理的选择监测点位及其数量是十分重要的,既要保证所选点位能客观真实地反映全湖水体水质,又要保证监测工作量的合理。

洪湖为浅水草型湖泊,根据洪湖大湖的湖形来看,可将其看作两个部分,即南边和北边。采样路线由一般的整体拉网式布点调整为网格法布设采样点。同时根据《湖泊调查技术规程》《水质 湖泊和水库采样技术指导》(GB/T 14581—1993)并结合采样时不同月份的实际情况,确定了其他多个监测点。采样时准确记录采样点位置及相关信息。

2.1.4 监测内容

由于一般监测点水深均未超过 5 m,故采集水面以下 0.5 m 处的水样。采集的水样按照《水质采样 样品的保存和管理技术规定》(GB/T 12999—1991)存于 1.5 L 聚乙烯瓶,鉴于监测项目包括溶解氧、有机物等指标,采样时水样必须注满容器,并放置于 4℃冰箱内保存待测。监测项目共有 11 项水质指标。现场测定指标包含水深、SD、DO 浓度、水温、pH、电导率 6 项指标。后在实验室进行 5 项水质指标监测,包括 TP 浓度、TN 浓度、NH_3-N 浓度、COD_{Mn} 浓度、COD 浓度。

采用测深杆现场测水深,塞氏盘现场测 SD,水温、pH、DO、电导率采用便携式水质多参数监测仪现场测定。其余水质指标在实验室根据《水和废水监测分析方法(第四版)》进行分析。监测项目及监测方法或仪器见表 2.1。

表 2.1 监测项目及其监测方法

序号	监测项目	方法/仪器
1	水深	测深杆
2	SD	塞氏盘
3	DO 浓度	
4	水温	德国 WTW Multi 3620 SET G 便携式水质多参数监测仪
5	pH	
6	电导率	
7	TP 浓度	过硫酸钾消解法-紫外分光光度法
8	TN 浓度	碱性过硫酸钾消解-紫外分光光度法
9	NH_3-N 浓度	纳氏试剂分光光度法
10	COD_{Mn} 浓度	标准高锰酸钾法(水浴加热装置)
11	COD 浓度	重铬酸钾消解回流法(HCA-100 标准 COD 消解器)

2.2 洪湖 2016 年不同水期水质调查分析

2.2.1 洪湖 2016 年枯水期 3 月水质调查分析

洪湖 2016 年枯水期 3 月水质监测点位布设见图 2.1。采样时间为 2016 年 3 月下旬,根据水文数据，这段时间洪湖属于枯水期，水深普遍较浅，除 22 号点位采上（水面以下 0.5 m）、中（水面以下 5 m）、下（水面以下 9 m）三个水样和 32 号点位采上（水面以下 0.5 m）、下（水面以下 2.5 m）两个水样外，其他点位均采一个水样。采集的水样按照《水质采样 样品的保存和管理技术规定》（GB/T 12999—1991）处理，存于 1.5 L 聚乙烯瓶中并放置于 4℃冰箱内储存待测。

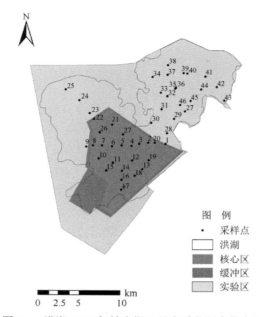

图 2.1　洪湖 2016 年枯水期 3 月水质监测点位布设

根据《地表水环境质量评价办法（试行）》（2011 年），当一个湖泊、水库有多个监测点位时，计算多个点位各评价指标浓度算术平均值，再按照单因子评价法评价湖泊、水库水质。本书将先单独分析各水质指标的污染现状，再运用单因子评价法对洪湖整体水质现状进行定性分级。水质定性评价分级对应关系见表 2.2。

表 2.2　水质定性评价

水质类别	水质状况	水质类别	水质状况
I～II 类水质	优	V 类水质	中度污染
III 类水质	良	劣 V 类水质	重度污染
IV 类水质	轻度污染		

洪湖 2016 年枯水期 3 月水质状况如下。

1）COD

洪湖 2016 年枯水期 3 月 COD 浓度监测结果如图 2.2 所示。2016 年枯水期 3 月的监测结果显示洪湖 COD 浓度为 17.6～34.3 mg/L，平均值为 24.6 mg/L，平均值显示整体水质为IV类，水质状况为轻度污染。由洪湖 2016 年枯水期 3 月水质指标空间分布特征［附图 4（a）］可知，该月洪湖水体普遍受 COD 污染，部分点位污染严重，仅 11%的点位 COD 满足 III 类水质标准，绝大部分水体属于 IV 类水质（83%），小部分水体属于 V 类水质（6%）。四湖总干渠来水对洪湖 COD

浓度无明显影响，且全湖 V 类水体分布极少，主要分布在渔民集中区域（东北部、西部）。

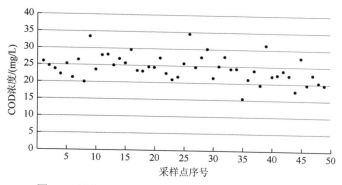

图2.2　洪湖 2016 年枯水期 3 月 COD 浓度监测结果

2）COD_Mn

洪湖 2016 年枯水期 3 月 COD_{Mn} 浓度监测结果如图 2.3 所示。洪湖 2016 年枯水期 3 月 COD_{Mn} 浓度为 4.0～8.5 mg/L，平均值为 5.5 mg/L，平均值显示整体水质为Ⅲ类，水质状况为良。由洪湖 2016 年枯水期 3 月水质指标空间分布特征［附图 4（b）］可知，全湖 COD_{Mn} 达到或优于Ⅲ类水质标准的水体占 80%，有少数点位存在轻度污染，主要分布在北部、中南部部分区域。污染物主要分布在中部和东北角。

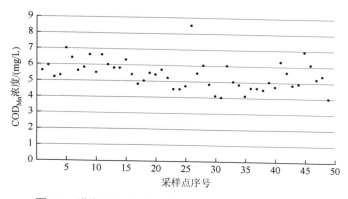

图2.3　洪湖 2016 年枯水期 3 月 COD_{Mn} 浓度监测结果

3）TN

洪湖 2016 年枯水期 3 月 TN 浓度监测结果如图 2.4 所示。2016 年 3 月 TN 的浓度为 0.47～5.92 mg/L，平均值为 1.05 mg/L，平均值显示整体水质为 IV 类，水质状况为轻度污染。由洪湖 2016 年枯水期 3 月水质指标空间分布特征［附图 4（c）］可知，全湖有 80% 区域 TN 达到Ⅲ类及以上水质标准，局部区域如西部和北部部分区域 TN 污染较重，属于劣 V 类水质。总体上，南部和东部区域水质优于北部和西部区域。四湖总干渠是主要入湖河流，由于四湖总干渠携带大量上游工业废水、生活污水和农田灌溉尾水、养殖废水，水中氮元素含量高，导致洪湖北部 TN 污染最为严重。但随着水体在洪湖内由西北向东南迁移，水质在水体自净作用下逐渐好转，呈现明显梯度，但 II 类水体占比极小，未达到水质管理目标。可见，枯水期洪湖主要的污染源为四湖总干渠携带的来水。

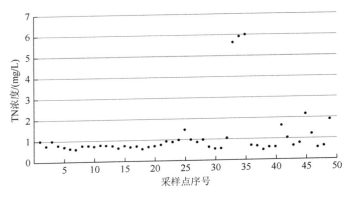

图 2.4 洪湖 2016 年枯水期 3 月 TN 浓度监测结果

4）NH₃-N

洪湖 2016 年枯水期 3 月 NH₃-N 浓度监测结果如图 2.5 所示。洪湖 2016 年枯水期 3 月 NH₃-N 浓度为 0.21～2.72 mg/L，平均值为 0.455 mg/L，达到 II 类水质标准，水质状况为优。由洪湖 2016 年枯水期 3 月水质指标空间分布特征［附图 4（d）］可知，全湖有 81% 的区域 NH₃-N 达到 II 类水质标准，92% 的区域达到或优于 III 类水质标准。洪湖南部和东部大部分区域 NH₃-N 满足 II 类水体要求，但西部部分点位污染居高不下，劣于 V 类，威胁着洪湖生态安全。NH₃-N 空间分布特征与 TN 有显著相似性，由西北向东南呈现明显水质好转梯度。由于洪湖 92% 的水体 NH₃-N 达到 III 类水质标准，因而此时洪湖 NH₃-N 污染轻，湖体具有较强的自净能力。

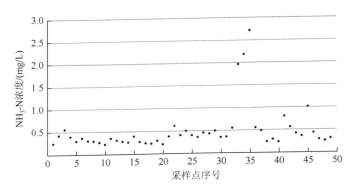

图 2.5 洪湖 2016 年枯水期 3 月 NH₃-N 监测结果

5）TP

洪湖 2016 年枯水期 3 月 TP 浓度监测结果如图 2.6 所示。洪湖 2016 年枯水期 3 月 TP 浓度为 0.021～0.276 mg/L，平均值为 0.056 mg/L，整体水质为 IV 类，水质状况为良。由洪湖 2016 年枯水期 3 月水质指标空间分布特征［附图 4（e）］可知，全湖有 65% 区域 TP 达到 III 类及以上水质标准，其中北部和西部大部分区域属于 IV 类水体及以上，东南部有小部分区域达到 II 类水体要求。整体上，南部和部分中部区域的水质要优于北部和西部。四湖总干渠携带大量污染物汇入洪湖，是西北区域水质劣于东南区域水质的主要原因。

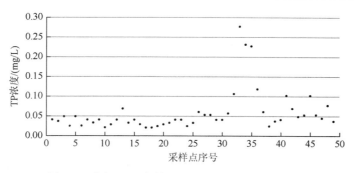

图 2.6　洪湖 2016 年枯水期 3 月 TP 浓度监测结果

6）pH

洪湖 2016 年枯水期 3 月 pH 监测结果如图 2.7 所示，洪湖 2016 年枯水期 3 月 pH 空间分布特征见附图 4（f）。根据《地表水环境质量标准》（GB 3838—2002），对水体的要求为 pH 应为 6.00～9.00。2016 年枯水期 3 月，洪湖全湖 pH 最低值为 7.52，平均值为 8.54。有 4 处水体 pH 超过限值 9.00，有 5 处水体 pH 接近限值 9.00，局部地区水体碱度较高。资料显示洪湖湖水属重碳酸盐类钙组第一型（Cl-Ca），部分区域 pH 较高属于自然现象。

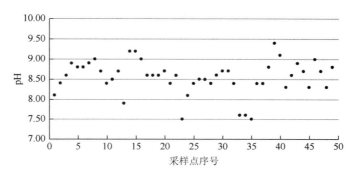

图 2.7　洪湖 2016 年枯水期 3 月 pH 监测结果

7）DO

洪湖 2016 年枯水期 3 月 DO 浓度监测结果如图 2.8 所示，洪湖 2016 年枯水期 3 月 DO 空间分布特征见附图 4（g）。

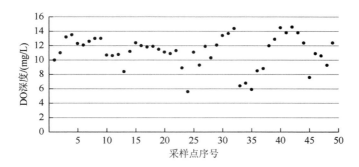

图 2.8　洪湖 2016 年枯水期 3 月 DO 浓度监测结果

8）SD

洪湖 2016 年枯水期 3 月 SD 监测结果如图 2.9 所示，洪湖 2016 年枯水期 3 月 SD 空间分布特征见附图 4（h）。

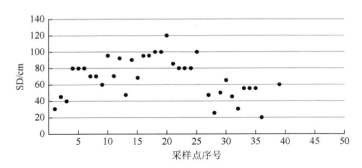

图 2.9　洪湖 2016 年枯水期 3 月 SD 监测结果

2014 年洪湖被列为国家级自然保护区，SD 的大小直接影响着水体的感官效果。2016 年枯水期 3 月的监测结果显示：SD 为 20～120 cm，平均值为 68 cm，大部分水体 SD 都在 50 cm 以上，可见水体 SD 较高。采样过程，发现部分点位清澈见底，水生植物多。排水闸区 SD 最低，湖心区域 SD 最高；整体上，洪湖西边 SD 低于东边。

9）水温、水深、电导率

洪湖 2016 年枯水期 3 月水温、水深、电导率监测结果如图 2.10～图 2.12 所示。

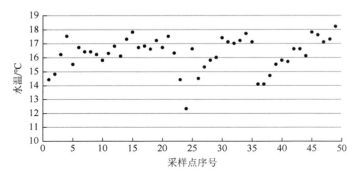

图 2.10　洪湖 2016 年枯水期 3 月水温监测结果

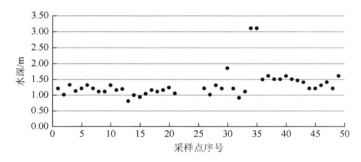

图 2.11　洪湖 2016 年枯水期 3 月水深监测结果

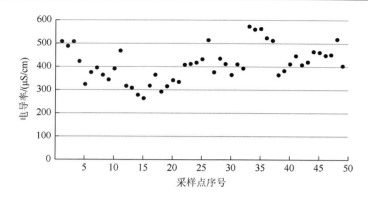

图 2.12　洪湖 2016 年枯水期 3 月电导率监测结果

洪湖 2016 年枯水期 3 月 46 个点位温度为 14.5～18.2℃，平均水温为 16.27℃；水深为 0.6～3.1 m，平均水深为 1.23 m；电导率为 263～572 μS/cm，平均电导率为 412 μS/cm。

以本次监测所得 NH$_3$-N、TN、TP、COD$_{Mn}$、COD 五项水质指标的算数平均值作为该月份该评价指标的浓度，再运用单因子评价法对上述五项指标进行水质评价得到其综合水质类别。洪湖 2016 年 3 月的整体水质为 IV 类，属于轻度污染。3 月水质监测结果及单因子评价结果见表 2.3。

表 2.3　洪湖 2016 年枯水期 3 月水质监测结果及单因子评价结果

指标	TP	TN	NH$_3$-N	COD$_{Mn}$	COD	单因子评价结果	水质状况
浓度/(mg/L)	0.056	1.05	0.46	5.5	24.6	IV	轻度污染
水质类别	IV	IV	III	III	IV		

2.2.2　洪湖 2016 年丰水期水质调查分析

1. 洪湖 2016 年丰水期 6 月水质调查分析

根据水文数据，6～9 月期间洪湖属于丰水期，洪湖 2016 年丰水期 6 月水质监测点位布设见图 2.13。采集的水样置于 1.5 L 聚乙烯瓶，放置于 4℃冰箱内储存待测。

洪湖 2016 年丰水期 6 月水质调查结果如下。

1）COD

洪湖 2016 年丰水期 6 月 COD 浓度监测结果如图 2.14 所示。2016 年丰水期 6 月洪湖 COD 浓度为 17.5～44 mg/L，平均值为 25.6 mg/L，平均值显示水体属于 IV 类，属于轻度污染。全湖达到地表水 III 类标准的水体占 15%，达到 IV 类标准占 72%，故整个湖体以 IV 类水体为主，局部区域达到 V 类水体，仅一个点位为劣 V 类水体。洪湖 2016 年丰水期 6 月 COD 空间分布特征见附图 5（a）。水质良的区域主要为四湖总干渠入湖口和洪湖南部。污染较严重的的区域零星分布于全部区域，但整体上均靠近居民活动区，如茶坛岛西边水域、八卦洲附近、湖心渔民聚集区、小港农场附近。湖体普遍受有机物轻度污染，主要原因：一是围网养殖产生的鱼类粪便和未被利用的饲料残渣溶于水体中，导致湖水 COD 升高；二是湖上居民生活污水的排入也使附近区域湖水 COD 升高。

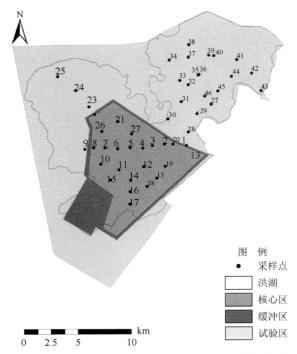

图 2.13 洪湖 2016 年丰水期 6 月水质监测点位布设

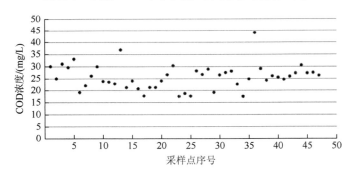

图 2.14 洪湖 2016 年丰水期 6 月 COD 浓度监测结果

2）COD_{Mn}

洪湖 2016 年丰水期 6 月 COD_{Mn} 浓度监测结果如图 2.15 所示，洪湖 2016 年丰水期 6 月

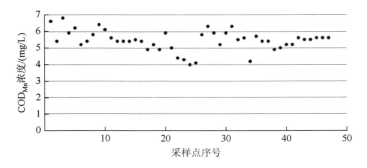

图 2.15 洪湖 2016 年丰水期 6 月 COD_{Mn} 浓度监测结果

COD$_{Mn}$ 空间分布特征见附图 5（b）。洪湖 2016 年丰水期 6 月 COD$_{Mn}$ 浓度为 4~6.8 mg/L，平均值为 5.4 mg/L，平均值显示整体水质为 III 类，水质状况为良。全湖 COD$_{Mn}$ 达到 III 类水质标准的水体占 83%，15% 的区域属于 IV 类水体，其中 IV 类水体主要分布在茶坛岛附近，这与岛上居民生活污水和养殖废水的排入有关。

3）TN

洪湖 2016 年丰水期 6 月 TN 浓度监测结果如图 2.16 所示，洪湖 2016 年丰水期 6 月 TN 空间分布特征见附图 5（c）。洪湖 2016 年丰水期 6 月 TN 浓度为 0.78~3.42 mg/L，平均值为 1.6 mg/L，平均值显示水体属于 V 类，水质状况为中度污染。全湖达到 III 类水质标准的水体占 6%，62% 水体属于 IV 类，11% 水体属于 V 类，21% 水体劣于 IV 类，水体水质状况较差，局部区域水质污染严重。污染严重点位主要集中在西北部和西部区域，水质属于劣 V 类。同时，V 类水体也占据部分区域。图 2.4 与 2.16 显示 6 月 TN 浓度显著高于 3 月，且依然呈由西北向东南水质逐级变好的趋势。2016 年 6 月洪湖流域雨量增多，四湖总干渠携带大量污染物汇入洪湖，是洪湖 TN 污染加重的主要原因。

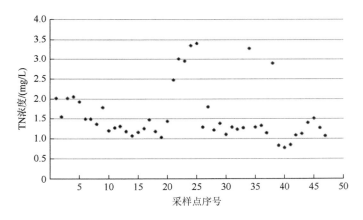

图 2.16　洪湖 2016 年丰水期 6 月 TN 浓度监测结果

4）NH$_3$-N

洪湖 2016 年丰水期 6 月 NH$_3$-N 浓度监测结果如下图 2.17 所示。洪湖 2016 年丰水期 6 月 NH$_3$-N 浓度为 0.32~1.47 mg/L，平均值为 0.63 mg/L，达到 III 类水质标准，水质状况为良。

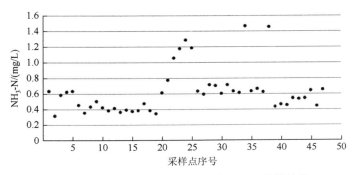

图 2.17　洪湖 2016 年丰水期 6 月 NH$_3$-N 监测结果

全湖有 38%的区域达到 II 类水质标准，49%区域达到III类水质标准。从洪湖 2016 年丰水期 6 月 NH₃-N 空间分布特征［附图 5（d）］可看出，洪湖的西北部和西部的水质较差，南部水质较好。由附图 4 与附图 5 知，NH₃-N 空间分布特征与 TN 空间分布特征基本相似，但与 2016 年 3 月相比，6 月 NH₃-N 浓度整体上升。

5）TP

洪湖 2016 年丰水期 6 月 TP 浓度监测结果如图 2.18 所示，洪湖 2016 年丰水期 6 月 TP 空间分布特征见附图 5（e）。洪湖 2016 年丰水期 6 月 TP 浓度为 0.059～0.266 mg/L，平均值为 0.122 mg/L，平均值显示整体水质为Ⅴ类，洪湖水质处于中度污染状况。全湖 TP 主要以Ⅴ类水体占比最多，为 51%，劣Ⅴ类水质占 9%，只有部分点位达到III类要求，无 II 类水质。整体水质不容乐观。TP 和 TN 污染一样，污染主要来源于四湖总干渠。对比 3 月的数据发现洪湖丰水期 P 元素污染较枯水期严重，外源污染影响程度高于内源污染。

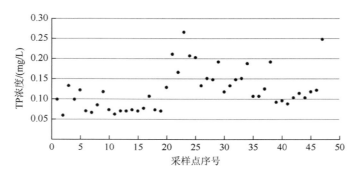

图 2.18　洪湖 2016 年丰水期 6 月 TP 浓度监测结果

6）pH

洪湖 2016 年丰水期 6 月 pH 监测结果如图 2.19 所示，洪湖 2016 年丰水期 6 月 pH 空间分布特征见附图 5（f）。洪湖 2016 年丰水期 6 月 pH 为 7.33～9.81，平均值为 8.80，全湖大部分区域 pH 满足水体要求，但位于洪湖的东北部以及中部有部分区域超过 9.00，且超过 9.00 的范围大于 3 月。洪湖属于 pH 本底值较高的浅水湖泊，6 月大量客水的冲击，使得湖泊底质搅动，湖水和底质之间的 pH 相互影响，导致洪湖湖水部分点位 pH 值超过 9.00。

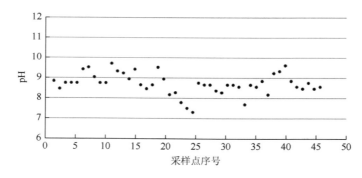

图 2.19　洪湖 2016 年丰水期 6 月 pH 监测结果

7）DO

洪湖 2016 年丰水期 6 月 DO 浓度监测结果如图 2.20 所示，洪湖 2016 年丰水期 6 月 DO 空间分布特征见附图 5（g）。洪湖 2016 年丰水期 6 月 DO 浓度为 3.43～14.08 mg/L，平均值为 9.59 mg/L。全湖大部分区域 DO 满足Ⅰ类水体要求，少部分区域 DO 达到Ⅱ类、Ⅲ类水质要求，西部有部分区域仅能满足Ⅳ类水质标准，DO 总体呈现中部、南部、东北部区域水质要优于西部和偏北部区域的趋势。因西北处有洪湖的一个主要入湖口，携带有大量污染物的四湖总干渠的水体在该位置流入洪湖，消耗水中 DO，使洪湖水体中的 DO 浓度降低，但随着水体流入湖心，水体的自净能力和大气复氧作用使水中 DO 逐渐恢复到原始状态。附图 5（g）也从侧面说明，洪湖的主要污染为四湖总干渠的来水。

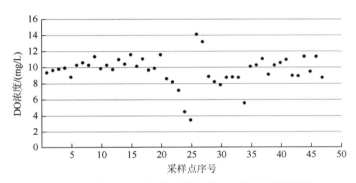

图 2.20　洪湖 2016 年丰水期 6 月 DO 浓度监测结果

8）SD

洪湖 2016 年丰水期 6 月 SD 监测结果如图 2.21 所示，洪湖 2016 年丰水期 6 月 SD 空间分布特征见附图 5（h）。洪湖 2016 年丰水期 6 月 SD 为 15～130 cm，平均值为 55 cm，水体 SD 相差明显，SD 明显呈现由北向南逐渐变好的趋势。根据附图 5（h），洪湖南部的 SD 均显著高于其他区域，最直接的原因是该区域水生植物丰盛，水体自净能力强。靠近四湖总干渠区域的水体的 SD 最低，与四湖总干渠的高浓度污水的汇入有直接关系，污水汇入导致水体污染负荷增大，水体 SD 显著低于离四湖总干渠远的区域。

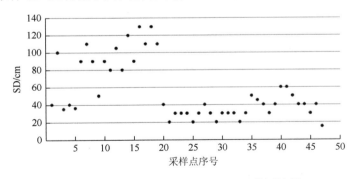

图 2.21　洪湖 2016 年丰水期 6 月 SD 监测结果

9）水温、水深、电导率

洪湖 2016 年丰水期 6 月水温、水深、电导率监测结果如图 2.22～图 2.24 所示。

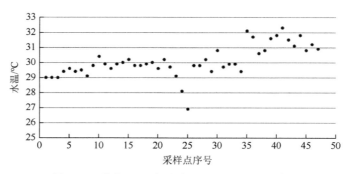

图 2.22　洪湖 2016 年丰水期 6 月水温监测结果

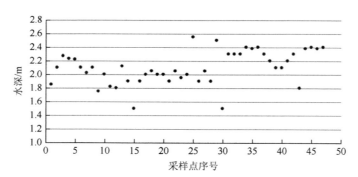

图 2.23　洪湖 2016 年丰水期 6 月水深监测结果

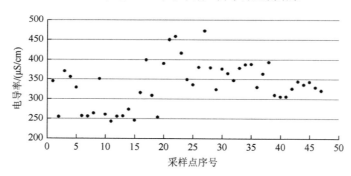

图 2.24　洪湖 2016 年丰水期 6 月电导率监测结果

洪湖 2016 年丰水期 6 月 47 个点位温度为 26.9～32.3℃，平均水温为 30.1℃；水深为 1.5～2.55 m，平均水深为 2.1 m；电导率为 242～472 μS/cm，平均电导率为 335 μS/cm。

以本次监测所得 $NH_3\text{-}N$、TN、TP、COD_{Mn}、COD 五项水质指标的算数平均值作为该月评价指标的浓度，再运用单因子评价法对上述五项指标进行水质评价得到其综合水质类别。洪湖 2016 年丰水期 6 月的整体水质为 V 类，属于中度污染。评价结果见表 2.4。

表 2.4　洪湖 2016 年丰水期 6 月水质监测结果及单因子评价结果

指标	TP	TN	$NH_3\text{-}N$	COD_{Mn}	COD	单因子评价结果	水质状况
浓度/(mg/L)	0.122	1.60	0.63	5.4	25.6	V	中度污染
水质类别	V	V	III	III	IV		

2. 洪湖 2016 年丰水期 8 月水质调查分析

根据洪湖市监测站提供的水文数据，1～3 月和 12 月为枯水期，4～5 月和 10～11 月为平水期，6～9 月为丰水期。2016 年 7 月湖北省各地暴雨连连，由于受到强降雨影响，洪湖水位一直处于超警戒状态，洪湖监利段的部分子堤甚至出现漫堤，洪湖全面禁航。本次采样时间为 8 月中旬，洪湖 2016 年丰水期 8 月水质监测点位布设见图 2.25。

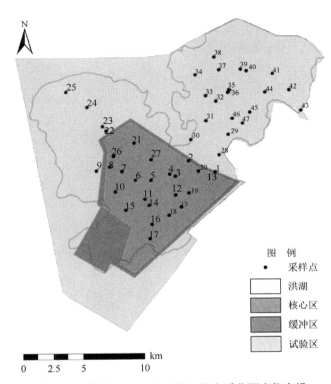

图 2.25　洪湖 2016 年丰水期 8 月水质监测点位布设

洪湖 2016 年丰水期 8 月水质调查结果如下。

1）COD

洪湖 2016 年丰水期 8 月 COD 浓度监测结果如图 2.26 所示，洪湖 2016 年丰水期 8 月 COD 空间分布特征见附图 6（a）。洪湖 2016 年丰水期 8 月的 COD 浓度为 14.2～37.4 mg/L，平均值为 22 mg/L，平均值显示洪湖整体水域为Ⅳ类水体，水质状况属于轻度污染。全湖达到Ⅳ类水质标准的区域占 40%，只有 9%的区域达到Ⅰ～Ⅱ类水质标准，中重污染区域主要位于洪湖的东南部，为Ⅴ类水体（15%），全湖不存在劣Ⅴ类水质。整体来看，南部的水质要劣于北部的水质。7 月洪湖流域连续降下暴雨到大暴雨，洪湖发生重大洪灾，平均水深由 6 月的 2.03 m加深到 2.92 m。来自四面八方的地表径流汇入洪湖，使洪湖 COD 空间分布特征发生巨大变化，由附图 5（a）与附图 6（a）可知，暴雨后的洪湖 COD 变化趋势正好与 6 月相反，即由西北向东南呈现水质逐渐变好的趋势，这是由于大量雨水汇入四湖总干渠，稀释了四湖总干渠各污染物的浓度。总干渠的水体在汇入洪湖后，进一步稀释洪湖各水质指标的浓度，由入湖口向湖心，呈现浓度由低到高的趋势。总的来说，大量较为干净的来水汇入洪湖，使得全湖 COD 浓度下降，水质略微好转。

2）COD$_{Mn}$

洪湖 2016 年丰水期 8 月 COD$_{Mn}$ 浓度监测结果如图 2.27 所示，洪湖 2016 年丰水期 8 月 COD$_{Mn}$ 空间分布特征见附图 6（b）。洪湖 2016 年丰水期 8 月的 COD$_{Mn}$ 浓度为 4.8～7.2 mg/L，平均值为 5.5 mg/L，平均值显示整体水质为Ⅲ类。全湖 81%的点位达到Ⅲ类水体标准，19%的点位能达到Ⅳ类水体标准。整体上，南部水质要劣于北部水质。COD$_{Mn}$ 污染分布与 COD 基本一致，造成该现象的可能原因是大量雨水稀释了四湖总干渠中污染物的浓度，进入随着总干渠的水汇入洪湖，逐渐稀释湖体污染物浓度，使全湖 COD$_{Mn}$ 下降，水质略微好转。

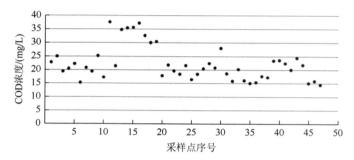

图 2.26　洪湖 2016 年丰水期 8 月 COD 浓度监测结果

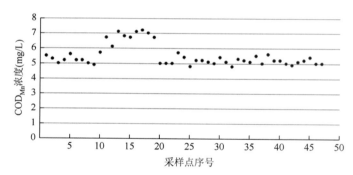

图 2.27　洪湖 2016 年丰水期 8 月 COD$_{Mn}$ 浓度监测结果

3）TN

洪湖 2016 年丰水期 8 月 TN 浓度监测结果如图 2.28 所示，洪湖 2016 年丰水期 8 月 TN 空间分布特征见附图 6（c）。洪湖 2016 年丰水期 8 月的 TN 的浓度为 0.92～1.76 mg/L，平均值为 1.31 mg/L，为Ⅳ类水体，属轻度污染。全湖不存在劣Ⅴ类水体，以Ⅳ类水体为主（75%），东北部和西部有极小区域呈Ⅲ类水体，南部和中部存在Ⅴ类水体，总体呈现北部区域水质优于南部区域的趋势。总的来说，大量较为干净的来水汇入洪湖，使得全湖 TN 浓度下降，水质较 6 月略有好转。受大量来水的冲击，全湖 TN 浓度趋于一致，空间差异性降低。

4）NH$_3$-N

洪湖 2016 年丰水期 8 月 NH$_3$-N 浓度监测结果如图 2.29 所示，洪湖 2016 年丰水期 8 月 NH$_3$-N 空间分布特征见附图 6（d）。洪湖 2016 年丰水期 8 月的 NH$_3$-N 浓度为 0.43～1.08 mg/L，变化范围较大，平均值为 0.63 mg/L，属良好水质。洪湖整体 NH$_3$-N 浓度达到Ⅲ类水质标准

（77%），北部和中部小部分区域达到Ⅱ类水质标准（17%），但西部区域仍仅能达到Ⅳ类水质标准（6%）。大量来水的冲击使 NH$_3$-N 的空间差异性也下降了许多，整体水质略有好转，大部分水质属于良好，但仍未达到Ⅱ类水质管理目标。

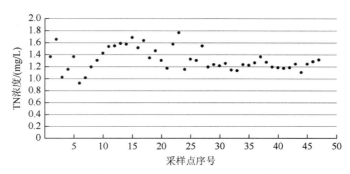

图 2.28　洪湖 2016 年丰水期 8 月 TN 浓度监测结果

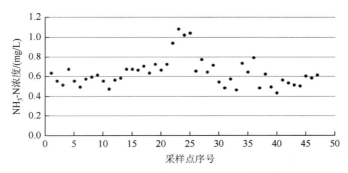

图 2.29　洪湖 2016 年丰水期 8 月 NH$_3$-N 浓度监测结果

5）TP

洪湖 2016 年丰水期 8 月 TP 浓度监测结果如图 2.30 所示，洪湖 2016 年丰水期 8 月 TP 空间分布特征见附图 6（e）。洪湖 2016 年丰水期 8 月 TP 浓度为 0.026～0.141 mg/L，平均值为 0.06 mg/L，整体水质为Ⅳ类，水质状况属轻度污染。TP 达到Ⅳ类水质标准的点位占 40%，主要集中在洪湖北部；西部区域污染较严重，仅能达到Ⅴ类水体标准；同时，南部的水质要优于北部区域的水质，南部水质基本上能达到Ⅲ类水体标准，北部区域仅能达到Ⅳ类或Ⅴ类水质标准。洪湖 8 月 TP 变化梯度明显，整体来看，洪湖水质呈现西北—东南向逐渐好转趋势。

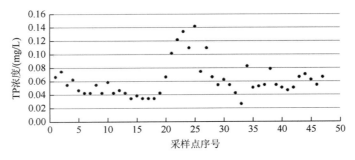

图 2.30　洪湖 2016 年丰水期 8 月 TP 浓度监测结果

6）pH

洪湖 2016 年丰水期 8 月 pH 监测结果如图 2.31 所示，洪湖 2016 年丰水期 8 月 pH 空间分布特征见附图 6（f）。洪湖 2016 年丰水期 8 月整体的 pH 并无较大变化，pH 在 7.6～9.2，平均值为 8.7，湖水偏碱性，整个湖面基本满足地表水要求，但在湖面中部和西部有小部分区域碱度较高，超过 9.0，这与洪湖 pH 本底值较高有直接关系，大量雨水的汇入，使得洪湖水体 pH 最大值下降，超过 9.0 的水域面积减小。

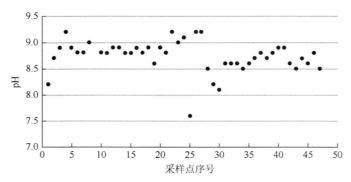

图 2.31　洪湖 2016 年丰水期 8 月 pH 监测结果

7）DO

洪湖 2016 年丰水期 8 月 DO 浓度监测结果如图 2.32 所示，洪湖 2016 年丰水期 8 月 DO 空间分布特征见附图 6（g）。洪湖 2016 年丰水期 8 月 DO 浓度为 6.6～12 mg/L，平均值为 9.4 mg/L，其值均满足Ⅱ类水质要求。洪湖的 DO 充足，主要以Ⅰ类水质为主，水体自净能力较强。洪湖湖面开阔，湖水在风浪的作用下，能迅速补充 DO；另外，洪湖四周的河渠之间的水体流动在一定程度上促进了水体交换和物质循环。

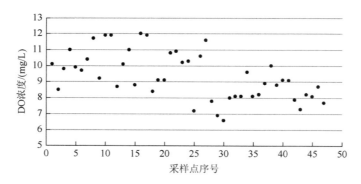

图 2.32　洪湖 2016 年丰水期 8 月 DO 浓度监测结果

8）SD

洪湖 2016 年丰水期 8 月 SD 监测结果如图 2.33 所示，洪湖 2016 年丰水期 8 月 SD 空间分布特征见附图 6（h）。经历过 7 月特大洪灾后，洪湖 8 月水体 SD 为 30～65 cm，平均值为 41 cm，总体上看，洪湖大湖南边水体 SD 略高于北边，但南北水体 SD 相差不如 6 月显著。根据调查经验，水体 SD 与水草有显著相关关系，调查过程中，除了极少数漂浮在水面的浮叶水生植物外，很难发现生长在水底的沉水植物。7 月含有污染物质和大量泥沙的洪水汇入洪湖，使整个湖面上升，水体变浑浊，且水流会引起底泥上浮，进一步导致 SD 下降，南北 SD 均下降明显，差异性也相应降低；另外，沉水植物由于无法吸收自然光进行光合作用而大量腐烂于湖底，形成二次污染，进而造成水体自净能力下降，内源污染加重。

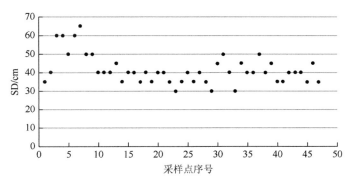

图 2.33　洪湖 2016 年丰水期 8 月 SD 监测结果

9）水温、水深、电导率

洪湖 2016 年丰水期 8 月水温、水深、电导率监测结果如图 2.34～图 2.36 所示。洪湖 2016 年丰水期 8 月 47 个点位温度为 30.7～33.7℃，平均水温为 32.3℃；水深为 2.3～4.8 m，平均水深为 2.9 m；电导率为 236～402 μS/cm，平均电导率为 277 μS/cm。

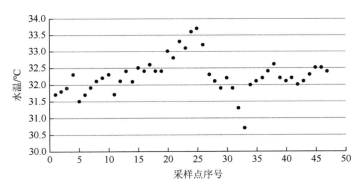

图 2.34　洪湖 2016 年丰水期 8 月水温监测结果

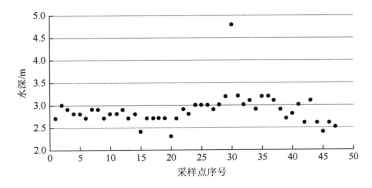

图 2.35　洪湖 2016 年丰水期 8 月水深监测结果

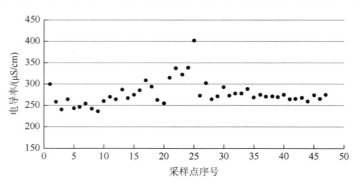

图 2.36　洪湖 2016 年丰水期 8 月电导率监测结果

　　以本次监测所得 NH$_3$-N、TN、TP、COD$_{Mn}$、COD 5 项水质指标进行单因子评价法，得到其综合水质类别。洪湖 2016 年丰水期 8 月的整体水质为Ⅳ类，属于轻度污染。评价结果见表 2.5。

表 2.5　洪湖 2016 年丰水期 8 月水质监测结果及单因子评价结果

指标	TP	TN	NH$_3$-N	COD$_{Mn}$	COD	单因子评价结果	水质状况
浓度/(mg/L)	0.061	1.31	0.63	5.5	22.0	Ⅳ	轻度污染
水质类别	Ⅳ	Ⅳ	Ⅲ	Ⅲ	Ⅳ		

2.2.3　洪湖 2016 年平水期 11 月水质调查分析

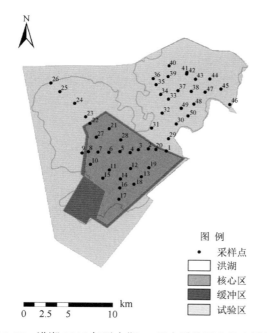

图 2.37　洪湖 2016 年平水期 11 月水质监测点位布设图

　　本次采样时间为 2016 年 11 月上旬，全湖最大水深在 5 m 以下，故只需采集水面以下 0.5 m 处水样。洪湖 2016 年平水期 11 月水质监测点位布设见图 2.37。

　　洪湖 2016 年平水期 11 月水质调查结果如下。

　　1）COD

　　洪湖 2016 年平水期 11 月 COD 浓度监测结果如图 2.38 所示，洪湖 2016 年平水期 11 月 COD 空间分布见附图 7（a）。监测结果显示：洪湖 COD 浓度为 14.3～46.3 mg/L，平均值为 22.3 mg/L，整体达到Ⅳ类水质标准，水质状况为轻度污染。其中达到Ⅲ类水质标准的水体占 32%，其余多半水体属于Ⅳ类水质（60%），劣Ⅴ类有 2 个点位，约占总量的 4%。洪湖 COD 浓度变化范围较大，为Ⅱ～劣Ⅴ类水体，水体大部分区域受 COD 轻度污染，湖体的南部区域污染较严重，北部区域水质优于南部区域。

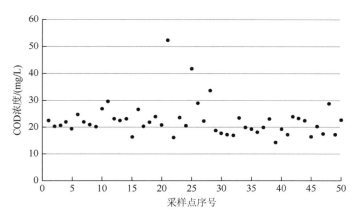

图 2.38　洪湖 2016 年平水期 11 月 COD 浓度监测结果

2）COD_{Mn}

洪湖 2016 年平水期 11 月 COD_{Mn} 浓度监测结果如图 2.39 所示，洪湖 2016 年平水期 11 月 COD_{Mn} 空间分布特征见附图 7（b）。

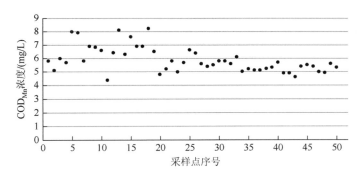

图 2.39　洪湖 2016 年平水期 11 月 COD_{Mn} 浓度监测结果

洪湖 2016 年平水期 11 月各点位 COD_{Mn} 浓度为 4.4~8.2 mg/L，平均值为 5.9 mg/L，平均值显示整体水质为Ⅲ类，为良好状态。全湖一半以上属于Ⅲ类水体，部分水体存在轻度有机物污染。从东西方向来看，洪湖西部污染较东部严重；从东西向来看，西部污染较东部严重。造成这种现象的原因可能是受到 7~8 月影响，较干净的来水将污染严重的湖水冲入南部，使南部水质劣于北部，10 月开始，洪湖进入平水期，四湖总干渠的来水污染物浓度逐渐上升，缩小了南北污染物浓度的差异性。从 COD_{Mn} 看，不存在Ⅴ类及以下水体，这一点有别于 TP、TN、NH₃-N。

3）TN

洪湖 2016 年平水期 11 月 TN 浓度监测结果如图 2.40 所示，洪湖 2016 年平水期 11 月 TN 空间分布特征见附图 7（c）。洪湖 2016 年平水期 11 月 TN 浓度为 1.0~4.61 mg/L，平均值为 2.18 mg/L，为劣Ⅴ类水体，水质状况为重度污染。TN 属于劣Ⅴ类水体的点位多数聚集在靠近四湖总干渠的一侧。从附图 7（c）可以看出，全湖无Ⅱ类水质。全湖近一半的区域 TN 劣于Ⅴ类水体标准（46%），可见水体污染严重，TN污染成明显梯度，水质较3、6、8月恶化。整体上，污染呈现由西北向东南逐渐恶化的趋势，7～8月携带大量污染物质的地表径流的汇入，和洪湖大量水生植被的死亡，是洪湖11月TN超标严重的重要原因。

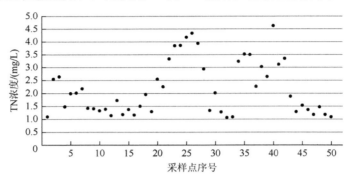

图2.40　洪湖2016年平水期11月TN浓度监测结果

4）NH₃-N

洪湖2016年平水期11月NH₃-N浓度监测结果如图2.41所示，洪湖2016年平水期11月NH₃-N空间分布特征见附图7（d）。洪湖2016年平水期11月各点位NH₃-N浓度为0.27～1.84 mg/L，平均值为0.81 mg/L，平均值显示整体水质为Ⅲ类，水质状况为良好。NH₃-N浓度呈现由西北向东南逐渐递减的趋势，变化趋势与TN基本一致。全湖42%点位达到Ⅱ类水体标准，Ⅲ类为26%，Ⅳ类水体占18%，Ⅴ类水体占14%，水质良好水体占一半以上。NH₃-N浓度较高区域，表明其在水体中不能及时被硝化细菌氧化为硝态氮或亚硝态氮，如其他条件适宜，湖体有富营养化的趋势。

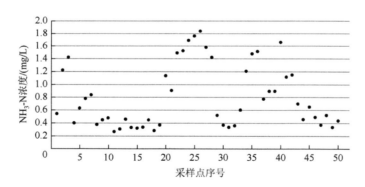

图2.41　洪湖2016年平水期11月NH₃-N浓度监测结果

5）TP

洪湖2016年平水期11月TP浓度监测结果如图2.42所示，洪湖2016年平水期11月TP空间分布特征见附图7（e）。洪湖2016年平水期11月各点位TP浓度为0.05～0.199 mg/L，平均值为0.08 mg/L，平均值显示整体水质为Ⅳ类，水质状况为轻度污染。超标严重区域集中靠近四湖总干渠区域，最大超标（Ⅱ类）倍数为7。整体上，属于Ⅳ类水质占比最多，为78%，远高于Ⅲ类水体的4%，Ⅴ类水体达18%，不存在劣Ⅴ类水体。平均值显示水体为Ⅳ类水体，虽然未出现劣 V 类水体，但 TP 污染较 3 月、8 月严重，较 6 月轻，但污染现状仍不容乐观。总体来看，洪湖西北部的水质要劣于东南部。

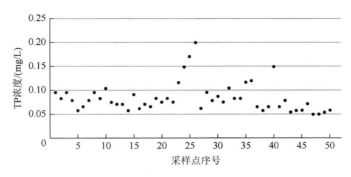

图 2.42　洪湖 2016 年平水期 11 月 TP 浓度监测结果

6）pH

洪湖 2016 年平水期 11 月 pH 监测结果如图 2.43 所示，洪湖 2016 年平水期 11 月 pH 空间分布特征见附图 7（f）。pH 指示的是水体是否受到酸碱污染。《地表水环境质量标准》（GB 3838—2002）对水体的要求为 pH 应为 6.00～9.00。监测结果显示，2016 年 11 月全湖 pH 最低值为 7.90，平均值为 8.48，最大值为 8.84，由此得知湖区水体未受到酸碱污染。

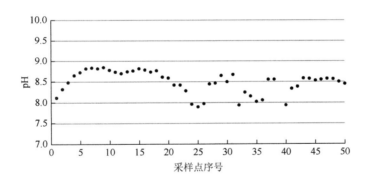

图 2.43　洪湖 2016 年平水期 11 月 pH 监测结果

7）DO

洪湖 2016 年平水期 11 月 DO 浓度监测结果如图 2.44 所示，洪湖 2016 年平水期 11 月 DO 空间分布特征见附图 7（g）。洪湖 2016 年平水期 11 月 DO 浓度最大值为 12.35 mg/L，最小值为 6.22 mg/L，DO 最低区域基本与 3、6、8 月点位一致。DO 平均值为 10.78 mg/L。绝大部分点位的 DO 达到 I 类水质标准。洪湖水体 DO 常常出现过饱和现象，主要原因是洪湖面积大，湖区风大，表面形成"浪打浪"的景象，故而大气复氧效率极高，一般不存在 DO 不足的情况。

8）SD

洪湖 2016 年平水期 11 月 SD 监测结果如图 2.45 所示，洪湖 2016 年平水期 11 月 SD 空间分布特征见附图 7（h）。洪湖 2016 年平水期 11 月 SD 为 20～50 cm，平均值为 30 cm，水

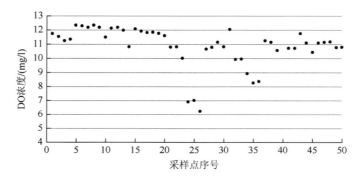

图 2.44　洪湖 2016 年平水期 11 月 DO 浓度监测结果

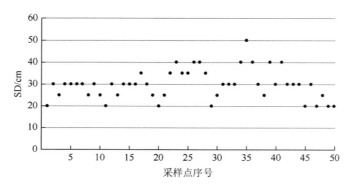

图 2.45　洪湖 2016 年平水期 11 月 SD 监测结果

体 SD 差异不大。根据图 2.45，50 cm 的 SD 点位有且仅有一处，多数为 30 cm，从 7、8 月洪湖雨量大增后，地表径流携带大量泥沙和水体污染物流入洪湖，导致 SD 急剧下降，水草难以进行光合作用，进而削弱了水体自净能力，最终引起 SD 较往年下降；洪湖湖面的风浪会将底泥扰动致其上浮至水体，也是 SD 下降的一个原因。

9）水温、水深、电导率

洪湖 2016 年平水期 11 月水温、水深、电导率监测结果如图 2.46～图 2.48。洪湖 2016 年平水期 11 月 50 个点位温度为 11.8～14.3℃，平均水温为 13.2℃；水深为 1.4～2.3 m，平均水深为 1.8 m；电导率为 298～642 μS/cm，平均电导率为 432 μS/cm。

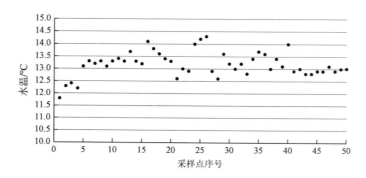

图 2.46　洪湖 2016 年平水期 11 月水温监测结果

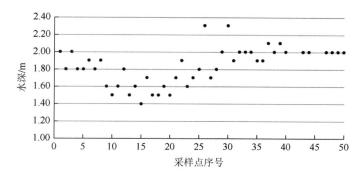

图 2.47 洪湖 2016 年平水期 11 月水深监测结果

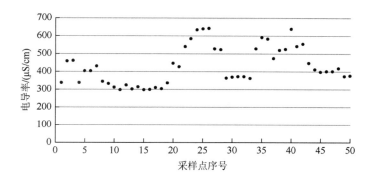

图 2.48 洪湖 2016 年平水期 11 月电导率监测结果

以本次监测所得 NH_3-N、TN、TP、COD_{Mn}、COD 5 项水质指标进行单因子水质评价，得到其综合水质类别。洪湖 2016 年平水期 11 月的整体水质为劣 V 类，属于重度污染。评价结果见表 2.6。

表 2.6 洪湖 2016 年平水期 11 月水质监测结果及单因子评价结果

水质指标	TP	TN	NH_3-N	COD_{Mn}	COD	单因子评价结果	水质状况
浓度/(mg/L)	0.084	2.18	0.81	5.9	22.3	劣 V	重度污染
水质类别	IV	劣 V	III	III	IV		

2.2.4 洪湖 2016 年不同水期水质比较分析

将洪湖 2016 年不同水期四个月的数据进行统计学汇总，得到表 2.7。由表 2.7 可知，洪湖水体的主要污染因素为 TN、TP，受到中度及重度污染，TN 最大超标倍数为 10.84，TP 最大超标倍数为 10.04。

表 2.7 洪湖 2016 年不同水期水质特征

水质指标	月份	最小值/(mg/L)	最大值/(mg/L)	平均值/(mg/L)	最大超标倍数	Ⅰ、Ⅱ类水质占比	Ⅲ类水质占比	Ⅳ类水质占比	Ⅴ类水质占比	劣Ⅴ类水质占比	污染空间分布特征	主要污染源原因
TP 浓度	3	0.021	0.276	0.056	10.04	15%	50%	22%	9%	4%	西北（劣Ⅴ）—东南（Ⅲ）逐渐好转	四湖总干渠来水
	6	0.059	0.266	0.122	9.64	0	0	38%	51%	11%	西北（劣Ⅴ）—东南（Ⅳ）污染逐渐减轻	四湖总干渠来水
	8	0.026	0.141	0.061	4.64	0	40%	47%	13%	0	总磷难以从湖体去除，一半以上水域受到污染，西北（Ⅴ）—东南（Ⅲ）中度污染，其他为轻度污染	入湖 TP 量大于捕捞带走的总磷
	11	0.050	0.199	0.084	6.96	0	4%	78%	18%	0	几乎全湖受到污染，北部沿线为中度污染，其他为轻度污染	四湖总干渠来水
TN 浓度	3	0.470	5.920	1.050	10.84	2%	78%	9%	4%	7%	西北（劣Ⅴ）—东南（Ⅲ）逐渐好转	四湖总干渠来水
	6	0.780	3.420	1.600	5.84	0	6%	62%	11%	21%	普遍受到不同程度污染，西北（劣Ⅴ）—东南（Ⅲ）逐渐好转	四湖总干渠来水
	8	0.920	1.760	1.310	2.52	0	2%	75%	23%	0	南部中度污染，全湖轻度污染	大量来水的冲击，使全湖 TN 浓度趋同一致，空间差异性降低
	11	1.050	4.610	2.180	8.22	0	0	44%	10%	46%	近一半重度污染，西北（劣Ⅴ）—东南（Ⅳ）污染逐渐减轻	四湖总干渠来水、水产养殖、水生植物残体腐烂
NH₃-N 浓度	3	0.210	2.190	0.455	3.38	81%	13%	2%	2%	2%	受污染面积较小，西北（Ⅴ）—东南（Ⅱ）逐渐好转	四湖总干渠来水
	6	0.320	1.470	0.630	1.94	38%	49%	13%	0	0	受污染面积较小，西北（Ⅳ）—东南（Ⅱ）逐渐好转	四湖总干渠来水
	8	0.430	1.080	0.630	1.16	17%	6%	77%	0	0	西北部小范围轻度污染	西北部污染物总量大，湖体自净能力有限
	11	0.270	1.840	0.810	2.68	42%	26%	18%	14%	0	西北（Ⅴ）—东南（Ⅱ）逐渐好转	四湖总干渠来水
COD 浓度	3	17.600	34.30	24.60	1.29	0	11%	83%	6%	0	全湖几乎属于轻度污染，东北部、西部少数点位中度污染	渔民、网箱养殖
	6	17.500	44.000	25.60	1.93	0	15%	72%	11%	2%	大部分为轻度污染，存在部分中度污染区域	渔民、网箱养殖

续表

水质指标	月份	最小值/(mg/L)	最大值/(mg/L)	平均值/(mg/L)	最大超标倍数	Ⅰ、Ⅱ类水质占比	Ⅲ类水质占比	Ⅳ类水质占比	Ⅴ类水质占比	劣Ⅴ类水质占比	污染空间分布特征	主要污染源/原因
COD浓度	8	14.200	37.400	22.000	1.49	9%	36%	40%	15%	0	受污染面积较大，西北（Ⅳ）－东南（Ⅱ）逐渐恶化	四湖总干渠大量较干净来水由近及远稀释水中污染物浓度
	11	14.300	46.300	22.300	2.09	2%	32%	60%	2%	4%	南部中度重度污染，西北沿线轻度污染	沿湖污水排入，部分水域水生植物死亡腐烂
COD$_{Mn}$浓度	3	4.000	8.500	5.500	1.125	2%	78%	20%	0	0	东北部、中南部	渔民、网箱养殖
	6	4.000	6.800	5.400	0.7	2%	83%	15%	0	0	大部分为良好水质（Ⅲ类），局部区域轻度污染	渔民、网箱养殖
	8	4.800	7.200	5.500	0.8	0	81%	19%	0	0	南部轻度污染	四湖总干渠注入大量较干净来水
	11	4.400	8.200	5.900	1.05	0	66%	34%	0	0	西部沿线轻度污染	沿湖污水排入

注：最大超标倍数＝（最大值－Ⅱ类水质标准值）／Ⅱ类水质标准值

由 COD 和 COD$_{Mn}$ 可知，洪湖有机物污染主要为轻度，但也不乏中度及重度污染点位。比较 NH$_3$-N 和 TN 的大小关系以及考虑到 DO，可知：洪湖的自净能力一是源于其可蓄可排的容积，二是源于湖面风浪对 DO 的补充，三是源于水生动植物、微生物的物质循环生态学机理。资料显示洪湖湖水属重碳酸盐类钙组第一型（Cl-Ca），部分区域 pH 较高属于自然现象，但 pH 呈现回归一般地表水 pH 的趋势。SD 是水质好坏最直观的度量标准，水体浑浊比较影响美观，也会对沉水植物的光合作用产生直接影响，威胁水生态系统的平衡。洪湖水体的 SD 呈现下降趋势，3 月 SD 为 20～120 cm，均值为 68 cm，11 月 SD 为 20～50 cm，均值为 30 cm。

洪湖 N、P 元素最主要的污染源为四湖总干渠的来水。有机物一方面来自四湖总干渠，另一方面来自以湖为家渔民的生活污水及其网箱养殖产生的鱼类排泄残渣和饵料残余物。四湖总干渠位于洪湖北部边沿，为洪湖入湖水量的主要渠道。一般情况下，湖体呈现西北—东南向的污染逐渐减轻的趋势（3 月、6 月、11 月），但当遇到降雨量大增的自然现象时（7 月），四湖总干渠和洪湖湖体中的污染物浓度会得到一定稀释，呈现短期水质好转的现象（8 月水质好于 6 月），甚至导致污染分布逆转为西北—东南向的污染逐渐加重的趋势。然而，由于污染物入湖总量持续增加，但水体的自净能力有限，加之水生植物遭到渔民大量捕捞，水体透光度下降，引起的沉水植物死亡进而转化为内源污染，经历过洪灾后的水体污染程度加剧，甚至成为全年污染最严重的时段（11 月）。可见：洪湖在不同的自然条件下，污染分布会呈现不同的趋势，但保护洪湖水质，维护水生态安全，关键在于污染物的去除和拦截上。而污染物的去除关键在于构建和维护健康稳定的水生态系统，污染物的拦截关键在于控制主要入湖河渠的污染物排入总量。故洪湖水质的保护关键在于：一是控制洪湖流域汇水区域污染物的排放量，二是确保水生态系统不遭受人为和自然毁灭性的破坏。

2.3　拆除围网养殖对洪湖水质影响

由于洪湖于 2016 年 11 月正式开始全面拆除围网养殖，截至 2017 年 4 月，洪湖除蓝田生态旅游风景区仍存在极少处围网外（占比不到 1%），其他区域围网均拆除完毕。为探究拆除网箱养殖设施后洪湖水质的变化情况，2017 年 5 月中旬于洪湖调查"拆围"情况和水质现状，根据水文数据，5 月洪湖属于平水期，水深较浅。洪湖 2017 年平水期 5 月水质监测点位布设见图 2.49。

2017 年平水期 5 月洪湖拆围后水质调查结果如下。

1）COD

洪湖 2017 年平水期 5 月 COD 浓度监测结果如图 2.50 所示，洪湖拆围后 2017 年平水期 5 月 COD 空间分布特征见附图 8（a）。

洪湖 2017 年平水期 5 月 COD 浓度为 17.0～33.8 mg/L，变化幅度较大，平均值为 24.7 mg/L，平均值显示整体水质为Ⅳ类，水质状况为轻度污染。全湖 COD 无一点位达到Ⅱ类水质标准；达到Ⅲ类水质标准的点位仅为 4 个，只有总量的 9%。整个水域以Ⅳ类水体为主（80%），水质较差，说明 5 月洪湖水体仍然受到一定程度的有机物污染。水质良好区域主要分布在洪湖东南角和排水闸附近。

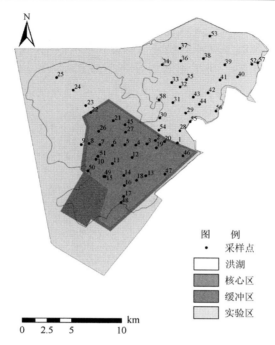

图 2.49　洪湖 2017 年平水期 5 月水质监测点位布设

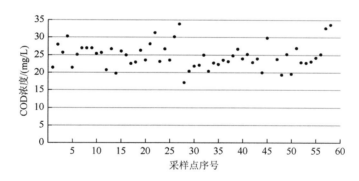

图 2.50　洪湖 2017 年平水期 5 月 COD 浓度监测结果

2）COD_{Mn}

洪湖 2017 年平水期 5 月 COD_{Mn} 浓度监测结果如图 2.51 所示，洪湖拆围后 2017 年平水期 5 月 COD_{Mn} 空间分布特征见附图 8（b）。洪湖 2017 年平水期 5 月 COD_{Mn} 浓度为 4.18～7.12 mg/L，变化幅度较大，平均值为 6.01 mg/L，平均值显示整体水质为 IV 类，水质状况为轻度污染。全湖无一达到 II 类水质标准，洪湖中间水域大多为 IV 类水体，占比为 53%；环湖周边水域多为 III 类水质，占比为 47%，不存在 V 类及以下水质。

3）TN

洪湖 2017 年平水期 5 月 TN 浓度监测结果如图 2.52 所示，洪湖拆围后 2017 年平水期 5 月 TN 空间分布特征见附图 8（c）。洪湖 2017 年平水期 5 月 TN 浓度为 0.71～1.64 mg/L，变化幅度相对较小，平均值为 0.92 mg/L，平均值显示整体水质为 III 类，水质状况为良好。58 个点位中，无一点位达到 II 类标准；达到 III 类水质点位 47 个，占总量的 80%。整个水域以Ⅲ类水体为主，表明洪湖 5 月受 N 元素的污染较有机物污染轻，与 P 元素污染一致。TN 污染特征表现为西北—东南向逐渐降低趋势，Ⅴ类水体仅出现在四湖总干渠入湖口，可见 N 元素的主要来源为四湖总干渠。排水闸附近存在小部分Ⅳ类水质，这与八卦洲旅游活动有一定关系。

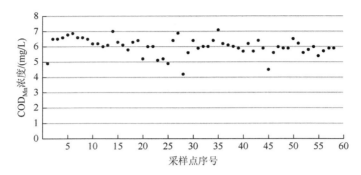

图 2.51　洪湖 2017 年平水期 5 月 COD_Mn 浓度监测结果

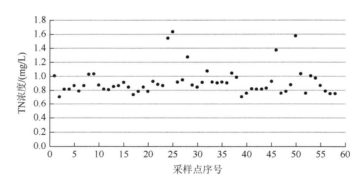

图 2.52　洪湖 2016 年平水期 5 月 TN 浓度监测结果

4）NH₃-N

　　洪湖 2017 年平水期 5 月 NH₃-N 浓度监测结果如图 2.53 所示，洪湖拆围后 2017 年平水期 5 月 NH₃-N 空间分布特征见附图 8（d）。洪湖 2017 年平水期 5 月 NH₃-N 浓度为 0.30～0.88 mg/L，

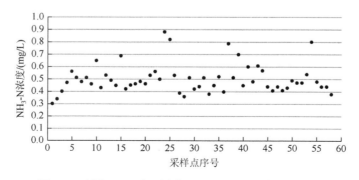

图 2.53　洪湖 2017 年平水期 5 月 NH₃-N 浓度监测结果

变化幅度相对较小，平均值为 0.501 mg/L，平均值显示整体水域的水质基本达到Ⅲ类标准，且接近Ⅱ类水质要求（0.05 mg/L），可见 NH$_3$-N 指标下，水体处于良好状态，接近优质水质。58 个点位中，Ⅱ类水质占比为 62.1%，多于Ⅲ类水质占比。NH$_3$-N 空间特征显示，西北部水质以Ⅲ类为主，东南部以Ⅱ类水质为主，基本上与 TN 空间分布保持一致。洪湖湖容大，水深浅，大气复氧速率快，N 元素消解较快，故而可以保证 NH$_3$-N 浓度处于较低水平。

5）TP

洪湖 2017 年平水期 5 月 TP 浓度监测结果如图 2.54 所示，洪湖拆围后 2017 年平水期 5 月 TP 空间分布特征见附图 8（e）。洪湖 2017 年平水期 5 月 TP 浓度为 0.028～0.155 mg/L，变化幅度较大，平均值为 0.055 mg/L，平均值显示整体水质为Ⅳ类，水质状况为轻度污染。全湖无一达到Ⅱ类水质标准；达到Ⅲ类水质点位 37 个，占比为 62%。整个水域以Ⅲ类水体为主，Ⅳ类水质占比为 29%；Ⅴ类水质占比为 9%。不存在劣Ⅴ类水质。整体上，洪湖呈现西北—东南向 TP 浓度逐渐降低趋势，表现为Ⅴ类好转为Ⅲ类。P 元素主要来自四湖总干渠，随着水体流入湖心，浓度因被稀释或被水中生物利用而降低。洪湖 5 月受 P 元素的污染较受有机物污染轻。

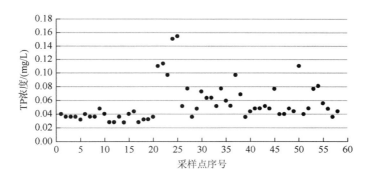

图 2.54　洪湖 2017 年平水期 5 月 TP 浓度监测结果

6）pH

洪湖 2017 年平水期 5 月 pH 监测结果如图 2.55 所示，洪湖拆围后 2017 年平水期 5 月 pH 空间分布特征见附图 8（f）。洪湖 2017 年平水期 5 月整体的 pH 并无较大变化，pH 为 6.5～9.2，平均值为 8.5，湖水偏碱性，整个湖面基本满足地表水要求，pH 超过 9.0 的区域与往期水质调查结果一致，主要分布在湖心 A 和茶坛岛附近，洪湖存在 pH 大于 9.0 的水域与洪湖的 pH 本底值较高有一定关系。

7）DO

洪湖 2017 年平水期 5 月 DO 浓度监测结果如图 2.56 所示，洪湖拆围后 2017 年平水期 5 月 DO 空间分布特征见附图 8（g）。2017 年 5 月洪湖 DO 浓度为 6.8～12.1 mg/L，平均值为 9.25 mg/L，所有点位的 DO 浓度均达到Ⅱ类水质标准，这表明洪湖 2017 年 5 月水中 DO 充足，其中绝大部分水体达到Ⅰ类水质标准，仅靠近四湖总干渠的水体存在少部分Ⅱ类水体。洪湖广阔的面积、水深浅、湖周无高大建筑使得洪湖湖面风浪大，加上 2016 年年底拆围行动的实施，几乎全部的围网被拆除，水体内的流动性和交换速度提高，洪湖水体不存在 DO 不足的危险，保证了水体的自净能力。

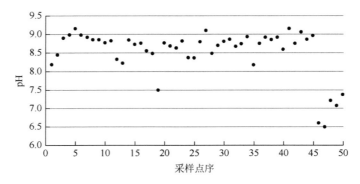

图 2.55　洪湖 2017 年平水期 5 月 pH 监测结果

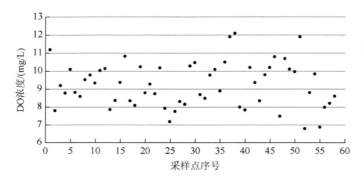

图 2.56　洪湖 2017 年平水期 5 月 DO 浓度监测结果

8）SD

洪湖 2017 年平水期 5 月 SD 监测结果如图 2.57 所示，洪湖拆围后 2017 年平水期 5 月 SD 空间分布特征见附图 8（h）。洪湖 2017 年平水期 5 月 SD 为 30～150 cm，平均值为 68 cm，水体 SD 差异较大。根据附图 8（h），洪湖水体 SD 呈现由西向东逐渐升高的趋势，SD 最高出现在湖心附近，沿螺山干渠的部分 SD 均在 45 cm 以下，大部分水体都在 50 cm 以上，杨柴湖—排水闸区域的水体 SD 也在 45 cm 以下。总体上看，洪湖 SD 较高，这与春夏之交植物快速生长和洪湖拆围有直接关系。

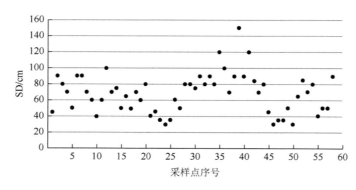

图 2.57　洪湖 2017 年平水期 5 月 SD 监测结果

9）水温、水深、电导率

洪湖 2017 年平水期 5 月水温、水深、电导率监测结果如图 2.58～图 2.60 所示。洪湖 2017 年平水期 5 月 58 个点位温度为 25～30℃，平均水温为 27.8℃；水深为 0.6～1.9 m，平均水深为 1.28 m；电导率为 319～435 μS/cm，平均电导率为 373 μS/cm。

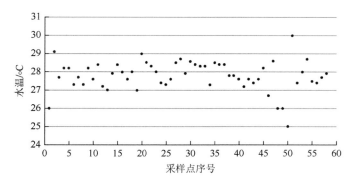

图 2.58　洪湖 2017 年平水期 5 月水温监测结果

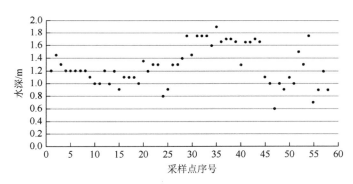

图 2.59　洪湖 2017 年平水期 5 月水深监测结果

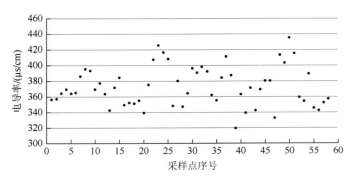

图 2.60　洪湖 2017 年平水期 5 月电导率监测结果

以本次监测所得 NH_3-N、TN、TP、COD_{Mn}、COD 5 项水质指标的算数平均值作为该月份该评价指标的浓度，再运用单因子评价法对上述五项指标进行水质评价得到其综合水质类别。洪湖 2017 年 5 月的整体水质为Ⅳ类，属于轻度污染。评价结果见表 2.8。洪湖 2016 年 11 月水质为劣Ⅴ类，网箱养殖设施拆除后，水质好转为Ⅳ类，可见拆围对洪湖水质有一定改善作用。

表 2.8　洪湖 2017 年 5 月水质监测结果及单因子评价结果

水质指标	TP	TN	NH₃-N	COD_Mn	COD	单因子评价结果	水质状况
浓度/（mg/L）	0.055	0.92	0.501	6.01	24.7	IV	轻度污染
水质类别	IV	III	III	IV	IV		

2.4　洪湖拆围前后水质比较

由于 2017 年的采样日期（5 月 20 日）与 2016 年的 6 月最为接近，故认为比较两次水质监测数据可在一定程度上反映拆围对水质优劣的影响，比较结果见表 2.9。

表 2.9　拆围前后洪湖水质对比

水质指标	时间	最小值/(mg/L)	最大值/(mg/L)	平均值/(mg/L)	最大超标倍数	I、II类水质占比	III类水质占比	IV类水质占比	V类水质占比	劣V类占比
TP浓度/(mg/L)	2016年6月(拆围前)	0.059	0.266	0.122	9.64	0	0	38%	51%	11%
	2017年5月(拆围后)	0.028	0.155	0.055	5.19	0	62%	29%	9%	0%
TN浓度/(mg/L)	2016年6月(拆围前)	0.78	3.42	1.60	5.84	0	6%	62%	11%	21%
	2017年5月(拆围后)	0.71	1.64	0.92	2.27	0	79%	16%	5%	0%
NH₃-N浓度/(mg/L)	2016年6月(拆围前)	0.32	1.47	0.63	1.94	38%	49%	13%	0%	0%
	2017年5月(拆围后)	0.30	0.88	0.50	0.77	62%	38%	0%	0%	0%
COD浓度/(mg/L)	2016年6月(拆围前)	17.50	44.00	25.60	1.93	0	15%	72%	11%	2%
	2017年5月(拆围后)	17.01	33.91	24.70	1.25	0	9%	80%	11%	0%
COD_Mn浓度/(mg/L)	2016年6月(拆围前)	4.00	6.80	5.40	0.70	2%	83%	15%	0%	0%
	2017年5月(拆围后)	4.18	7.12	6.01	0.78	0	47%	53%	0%	0%
DO浓度/(mg/L)	2016年6月(拆围前)	3.43	14.08	9.59	—	94%	2%	4%	0%	0%
	2017年5月(拆围后)	6.82	12.10	9.25	—	100%	0	0%	0%	0%
pH	2016年6月(拆围前)	7.3	9.8	8.8	—	77%				23%
	2017年5月(拆围后)	6.5	9.2	8.5	—	92%				9%
SD/cm	2016年6月(拆围前)	15	130	55	—	—	—	—	—	—
	2017年5月(拆围后)	30	150	41	—	—	—	—	—	—

注：最大超标倍数 =（最大值—II类水质标准值)/II类水质标准值

由表 2.9 可知，2017 年 5 月的水质明显优于 2016 年 6 月。各水质指标的最大值、最小值、平均值、最大超标倍数（统一以 II 类水质标准）都均较 2016 年 6 月有明显好转（CODMn 除外），其中，TN、TP 变化最为显著，说明围网拆除对水质的改善有明显作用。2016 年 6 月的 TP 均在 III 类以下，2017 年 5 月 III 类水占 62%，且不存在劣 V 类水体，V 类水占比低于 10%；TN 指标下，III 类水占比从 6% 上升到 79%，且 V 类水占比仅为 5%，不存在劣 V 类水质。COD 指标下，无 I-II 类水体，但 III 类水质占比有所上升，劣 V 类水体均得到消除，但 COD 浓度的平均值由 25.6 mg/L 下降到 24.7 mg/L，并没有太大变化。由于洪湖属于浅水湖泊，面积大，湖面开阔，大气复氧效率高，DO 含量两次相差不大，均不存在 DO 不足的情况。洪湖水体的 pH 偏碱性，主要是因为湖水属重碳酸盐类钙组第一型（Cl-Ca），本底值高。SD 从 2016 年 6 月的 15～130 cm 上升到 30～150 cm，一是因为 5 月蓄水量低于 6 月，二是因为拆围后，水生植物的生长繁殖不受人为干扰，且渔民不再打捞水草破坏水生态平衡，湖体的自净能力增强。CODMn 有略微上升，但上升幅度不明显，可能原因是拆围过程导致底泥搅动，部分有机物释放进入水体。总体上，拆围后，洪湖水质有明显好转，但大部分区域仍未达到水质管理目标。污染物质的消耗需要相对较长的一段时间，可见拆围对水质的影响需比较拆围后多次水质监测的结果。同时，洪湖水质与四湖总干渠的来水有很大关系，流域面源污染和点源污染的防治也是保护洪湖不可或缺的关键一环。

为直观表示 5 次采样各水质指标的监测结果的变化趋势，现将 5 个月监测的水深、SD、pH、CODMn、COD、NH$_3$-N、TN、TP 8 个指标的所有监测点的算术平均值做变化趋势图，见图 2.61。

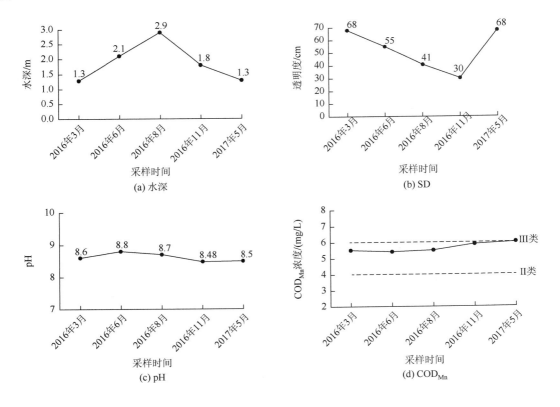

(a) 水深

(b) SD

(c) pH

(d) CODMn

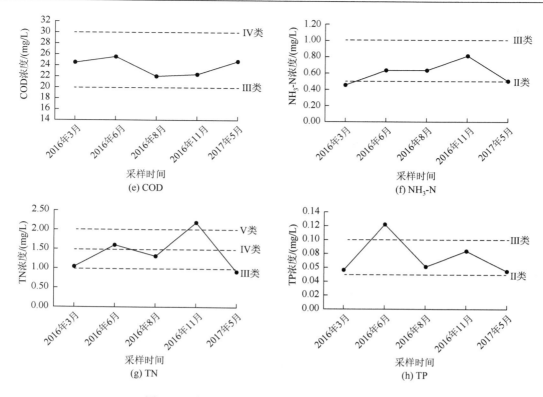

图 2.61　洪湖 2016～2017 年各水质指标变化趋势

对 5 个月单因子评价法的水质评价结果进行汇总，具体见表 2.10。可知，洪湖 2016 年 11 月水质最差，为劣 Ⅴ 类，其次为 2016 年 6 月，为 Ⅴ 类，其他三个采样月份水质均为 Ⅳ 类。洪湖水质最差出现在枯水期，平水期水质相对较好，丰水期初期，由于地表径流的汇入，水质会恶化，若遭遇大暴雨，大量雨水汇入又会稀释水中污染物，浓度降低。因此，洪湖水质的变化不仅受到上游来水污染物浓度的影响，还受到周边农业养殖业以及自然因素的影响。

表 2.10　洪湖综合水质评价结果

水质评价	拆围前				拆围后
	枯水期	丰水期		平水期	平水期
	2016 年 3 月	2016 年 6 月	2016 年 8 月	2016 年 11 月	2017 年 5 月
TP	Ⅳ	Ⅴ	Ⅳ	Ⅳ	Ⅳ
TN	Ⅳ	Ⅴ	Ⅳ	劣 Ⅴ	Ⅲ
NH$_3$-N	Ⅲ	Ⅲ	Ⅲ	Ⅲ	Ⅲ
COD$_{Mn}$	Ⅲ	Ⅲ	Ⅲ	Ⅲ	Ⅳ
COD	Ⅳ	Ⅳ	Ⅳ	Ⅳ	Ⅳ
单因子评价结果	Ⅳ	Ⅴ	Ⅳ	劣 Ⅴ	Ⅳ

2.5　洪湖 2016 年常规监测点水质整体评价

湖心 A、蓝田、排水闸、小港、湖心 B、下新河、杨柴湖、桐梓湖等点位是管理部门在洪湖设置的 8 个常规监测点位，具体分布见图 2.62。

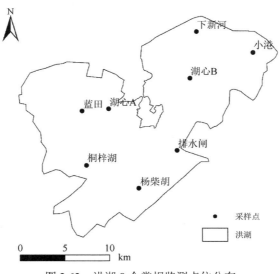

图 2.62　洪湖 8 个常规监测点位分布

其中，国控断面 4 个（湖心 A、排水闸、湖心 B、杨柴湖），省控断面 4 个（蓝田、小港、下新河、桐梓湖），根据荆州市环境保护局提供的水质监测数据，整理得到 2016 年洪湖 24 项水质指标 1～12 月（其中 7 月由于洪灾缺乏监测数据）的平均值，见表 2.11。分析各点位 24 项水质指标的平均值以对 2016 年洪湖水质有一个整体的认识。

表 2.11　洪湖 2016 年常规监测点水质监测结果

监测项目			监测点位及监测结果								II 类标准
			国控				省控				
序号	指标	单位	湖心 A	排水闸	湖心 B	杨柴湖	蓝田	小港	下新河	桐梓湖	
1	DO 浓度	mg/L	8.1	8.0	8.2	8.0	8.0	8.2	8.1	8.2	≥6.0
2	COD_{Mn} 浓度	mg/L	4.10	4.22	3.83	4.03	4.02	4.44	4.04	4.38	≤4.00
3	COD 浓度	mg/L	27.8	28.7	27.8	29	28.4	26.5	26.1	30.1	≤15.0
4	生化需氧量浓度	mg/L	2.00	1.72	1.65	1.67	2.10	2.20	2.22	2.18	≤3.00
5	NH_3-N 浓度	mg/L	0.50	0.46	0.45	0.50	0.56	0.51	0.53	0.59	≤0.50
6	TP 浓度	mg/L	0.100	0.044	0.048	0.036	0.071	0.040	0.042	0.038	≤0.025
7	TN 浓度	mg/L	0.90	0.68	0.78	0.71	0.90	0.84	0.81	0.85	≤0.50
8	铜浓度	mg/L	ND	ND	0.78	ND	ND	ND	ND	ND	≤1.0
9	锌浓度	mg/L	ND	ND	ND	ND	ND	ND	ND	ND	≤1.0
10	氟化物浓度	mg/L	0.37	0.36	0.37	0.36	0.41	0.39	0.38	0.39	≤1.00

续表

监测项目			监测点位及监测结果								Ⅱ类标准
			国控				省控				
序号	指标	单位	湖心A	排水闸	湖心B	杨柴湖	蓝田	小港	下新河	桐梓湖	
11	硒浓度	mg/L	ND	ND	ND	ND	ND	ND	ND	ND	≤0.01
12	砷浓度	mg/L	ND	0.001 25	ND	0.001 08	ND	0.001 34	ND	0.001 21	≤0.050 00
13	汞浓度	mg/L	ND	ND	ND	ND	ND	ND	ND	ND	≤0.000 05
14	镉浓度	mg/L	ND	ND	ND	ND	ND	ND	ND	ND	≤0.005
15	铬（六价）浓度	mg/L	ND	ND	ND	ND	ND	ND	ND	ND	≤0.05
16	铅浓度	mg/L	ND	ND	ND	ND	ND	ND	ND	ND	≤0.01
17	氰化物浓度	mg/L	ND	ND	ND	ND	ND	ND	ND	ND	≤0.05
18	挥发酚浓度	mg/L	ND	ND	ND	ND	ND	ND	ND	ND	≤0.002
19	石油类浓度	mg/L	ND	ND	ND	ND	ND	ND	ND	ND	≤0.05
20	阴离子表面活性剂浓度	mg/L	ND	ND	ND	ND	ND	ND	ND	ND	≤0.2
21	硫化物浓度	mg/L	ND	ND	ND	ND	ND	ND	ND	ND	≤0.1
22	粪大肠菌群浓度	个/L	79	52	59	75	97	75	93	97	≤2 000
23	SD	cm	71	72	65	79	72	62	59	81	—
24	叶绿素a浓度	μg/L	1.80	1.94	2.63	1.85	2.37	2.32	1.92	1.44	—

注："ND"表示未检出，"—"表示无数据

根据上表可知，洪湖2016年部分指标出现超标现象。洪湖水质超标情况见表2.12。

表2.12　2016年洪湖常规监测点水质超标情况

点位	COD_{Mn}浓度/(mg/L)	超标指数	COD浓度/(mg/L)	超标指数	NH_3-N浓度/(mg/L)	超标指数	TP浓度/(mg/L)	超标指数	TN浓度/(mg/L)	超标指数
湖心A	4.10	1.03	27.80	1.85	0.5	1.0	0.1	4.0	0.9	1.8
排水闸	4.22	1.06	28.70	1.91	0.46	0.92	0.044	1.760	0.68	1.36
湖心B	3.83	0.96	27.80	1.85	0.45	0.90	0.048	1.920	0.78	1.56
杨柴湖	4.03	1.01	29.00	1.93	0.5	1.0	0.036	1.440	0.71	1.42
蓝田	4.02	1.01	28.40	1.89	0.56	1.12	0.071	2.840	0.9	1.8
小港	4.44	1.11	26.50	1.77	0.51	1.02	0.04	1.60	0.84	1.68
下新河	4.04	1.01	26.10	1.74	0.53	1.06	0.042	1.68	0.81	1.62
桐梓湖	4.38	1.10	30.10	2.01	0.59	1.18	0.038	1.52	0.85	1.70
平均值	4.18	1.03	28.05	1.87	0.51	1.02	0.052	2.08	0.81	1.62
Ⅱ类标准	≤4		≤15		≤0.5		≤0.025		≤0.5	
点位超标率	88%		100%		50%		100%		100%	

注：超标指数＝指标值/Ⅱ类标准值

由表 2.12 可知，洪湖 2016 年超标因子为 COD_{Mn}、COD、NH_3-N、TP、TN，其中 COD、TP、TN 的超标率为 100%。总体来看，洪湖的 TP 超标率最高，平均值的超标指数为 2.08；其次是 COD（平均值的超标指数 1.87）、TN（平均值的超标指数 1.62）、NH_3-N（平均值的超标率为 1.02）、COD_{Mn}（平均超标率为 1.03），因此，TP、COD、TN 是 2016 年洪湖水体污染的主要因子。结合 2016 年 3 月、6 月、8 月、11 月 4 个月的监测数据，做 2016 年全年度 COD、COD_{Mn}、TP、TN、NH_3-N、DO、pH 的空间分布特征，见附图 9。

2.6　2015 年洪湖不同水期水质评价

由于 2016 年发生特大洪灾，水位超高，属于特殊年份，不具普遍性，故选用 2015 年的监测数据进行分水期水质评价。根据水文局提供的数据，洪湖枯水期为 1 月、2 月、3 月、12 月，丰水期为 6 月、7 月、8 月、9 月，平水期为 4 月、5 月、10 月、11 月。

2.6.1　水质监测布点与监测项目

水质监测点位为洪湖湖面上的 8 个常规监测点位（图 2.62）：湖心 A（113°18′41.79″，29°52′12.54″）、蓝田（113°17′4.28″，29°52′5.50″）、排水闸（113°22′50.21″，29°49′39.11″）、小港（113°27′25.22″，29°55′42.42″）、湖心 B（113°23′36.81″，29°54′7.25″）、下新河（113°40′0″，29°57′0″）、杨柴湖（113°20′30.46″，29°47′16.30″）、和桐梓湖（113°17′21.41″，29°48′42.65″）。

监测项目为：pH、DO、COD_{Mn}、COD、BOD_5（biochemical oxygen demand，生化需氧量）、NH_3-N、TP、TN、氟化物、铬（六价）、氰化物、挥发酚、石油类、阴离子表面活性剂、粪大肠菌群、SD、叶绿素 a、砷、硒（四价）、汞、镉、铅，共 22 项水质指标。所得数据按平水期、枯水期、丰水期进行归类整理。

2.6.2　洪湖 2015 年枯水期水质分析

依据 2015 年 1 月、2 月、3 月、12 月（枯水期）洪湖 8 个点位的监测数据，得出洪湖枯水期水质监测结果，见表 2.13。

（1）pH：pH 指示的是水体是否受到酸碱污染。根据《地表水环境质量标准》（GB 3838—2002），Ⅰ、Ⅱ、Ⅲ、Ⅳ、Ⅴ类水体要求 pH 为 6.0~9.0。由表 2.13 可知，洪湖 2015 年枯水期的 pH 平均值为 8.23，最小值 7.06，最大值 8.95，达到 Ⅰ 类水体要求。

（2）DO：DO 是指示水体自我修复能力的一个重要指标。根据《地表水环境质量标准》（GB 3838—2002），Ⅰ 类水的要求是 DO 浓度≥7.5 mg/L（或饱和率 90%），Ⅱ 类水体要求 DO 浓度≥6 mg/L，Ⅲ 类水体要求 DO≥5 mg/L。由表 2.13 可知，洪湖 2015 年枯水期的 DO 浓度平均值为 8.5 mg/L，最小值 7.0 mg/L，最大值 9.6 mg/L，均能达到 Ⅱ 类水质标准。

表 2.13　2015 年洪湖枯水期水质调查表

监测点位	月份	水质指标																					
		pH	DO浓度/(mg/L)	COD_{Mn}浓度/(mg/L)	COD浓度/(mg/L)	BOD_5浓度/(mg/L)	NH_3-N浓度/(mg/L)	TP浓度/(mg/L)	TN浓度/(mg/L)	氟化物浓度/(mg/L)	铬(六价)浓度/(mg/L)	氰化物浓度/(mg/L)	挥发酚浓度/(mg/L)	石油类浓度/(mg/L)	阴离子表面活性剂浓度/(mg/L)	粪大肠菌群浓度/(个/L)	SD/cm	叶绿素a浓度/(μg/L)	砷浓度/(mg/L)	硒(四价)浓度/(mg/L)	汞浓度/(mg/L)	镉浓度/(mg/L)	铟浓度/(mg/L)
湖心 A	1	8.36	8.6	3.84	12.6	2.0	0.28	0.025	1.666	0.27	0.002	0.002	0.000 15	0.02	0.025	20	150	1.71	0.000 13	0.000 02	0.000 025	0.000 5	0.005
	2	8.16	8.8	3.92	13.6	2.0	0.33	0.022	1.250	0.27	0.002	0.002	0.000 15	0.02	0.025	20	145	2.02	0.000 13	0.000 02	0.000 025	0.000 5	0.005
	3	8.40	8.4	3.84	14.0	1.6	0.35	0.023	1.610	0.41	0.002	0.002	0.000 15	0.02	0.025	20	135	2.54	0.000 13	0.000 02	0.000 025	0.000 5	0.005
	12	8.20	8.0	2.80	28.0	1.8	0.68	0.047	1.110	0.43	0.002	0.002	0.000 15	0.02	0.025	20	120	0.93	0.000 13	0.000 02	0.000 025	0.000 5	0.005
蓝田	1	8.32	9.0	4.72	16.4	2.4	0.32	0.040	1.745	0.40	0.002	0.002	0.000 15	0.02	0.025	20	135	4.38	0.000 13	0.000 02	0.000 025	0.000 5	0.005
	2	8.20	9.0	4.80	14.2	2.2	0.37	0.037	1.080	0.34	0.002	0.002	0.000 15	0.02	0.025	20	140	1.86	0.000 13	0.000 02	0.000 025	0.000 5	0.005
	3	8.55	8.6	4.88	14.0	2.0	0.39	0.048	1.370	0.40	0.002	0.002	0.000 15	0.02	0.025	20	130	4.67	0.000 13	0.000 02	0.000 025	0.000 5	0.005
	12	8.13	8.4	3.20	25.2	2.4	0.86	0.054	1.110	0.40	0.002	0.002	0.000 15	0.02	0.025	20	95	1.74	0.000 13	0.000 02	0.000 025	0.000 5	0.005
排水河	1	8.08	8.2	3.84	12.2	1.8	0.24	0.018	1.814	0.35	0.002	0.002	0.000 15	0.02	0.025	20	150	3.17	0.000 13	0.000 02	0.000 025	0.000 5	0.005
	2	8.07	8.8	3.84	12.0	2.4	0.27	0.024	1.110	0.26	0.002	0.002	0.000 15	0.02	0.025	20	165	3.24	0.000 13	0.000 02	0.000 025	0.000 5	0.005
	3	8.95	8.6	3.92	13.8	1.6	0.31	0.024	1.330	0.38	0.002	0.002	0.000 15	0.02	0.025	20	100	4.76	0.000 13	0.000 02	0.000 025	0.000 5	0.005
	12	8.12	7.4	3.52	22.8	2.4	0.51	0.087	1.040	0.48	0.002	0.002	0.000 15	0.02	0.025	20	80	4.57	0.000 13	0.000 02	0.000 025	0.000 5	0.005
小港	1	8.16	9.0	4.88	14.0	2.2	0.24	0.028	2.001	0.42	0.002	0.002	0.000 15	0.02	0.025	20	140	4.05	0.000 13	0.000 02	0.000 025	0.000 5	0.005
	2	8.15	9.6	4.56	14.2	2.6	0.27	0.047	1.570	0.34	0.002	0.002	0.000 15	0.02	0.025	20	140	2.04	0.000 13	0.000 02	0.000 025	0.000 5	0.005
	3	8.52	9.2	4.96	16.0	2.2	0.35	0.047	1.620	0.36	0.002	0.002	0.000 15	0.02	0.025	20	130	2.35	0.000 13	0.000 02	0.000 025	0.000 5	0.005
	12	8.16	8.0	3.20	26.0	2.0	0.49	0.02	1.230	0.50	0.002	0.002	0.000 15	0.02	0.025	20	70	3.19	0.000 13	0.000 02	0.000 025	0.000 5	0.005
湖心 B	1	8.24	8.8	3.76	14.0	2.0	0.30	0.023	1.794	0.30	0.002	0.002	0.000 15	0.02	0.025	20	140	4.19	0.000 13	0.000 02	0.000 025	0.000 5	0.005
	2	8.07	8.4	3.84	13.2	2.0	0.31	0.024	1.360	0.34	0.002	0.002	0.000 15	0.02	0.025	20	150	1.47	0.000 13	0.000 02	0.000 025	0.000 5	0.005
	3	8.37	8.2	3.76	14.2	1.8	0.32	0.024	1.990	0.42	0.002	0.002	0.000 15	0.02	0.025	20	120	2.52	0.000 13	0.000 02	0.000 025	0.000 5	0.005
	12	8.12	7.0	3.52	26.0	1.4	0.49	0.051	1.150	0.44	0.002	0.002	0.000 15	0.02	0.025	20	100	2.39	0.000 13	0.000 02	0.000 025	0.000 5	0.005
下新河	1	8.29	9.4	4.96	18.4	2.8	0.33	0.031	2.267	0.45	0.002	0.002	0.000 15	0.02	0.025	20	130	3.99	0.000 13	0.000 02	0.000 025	0.000 5	0.005
	2	8.13	9.0	4.64	20.0	2.0	0.35	0.032	1.480	0.37	0.002	0.002	0.000 15	0.02	0.025	20	135	1.46	0.000 13	0.000 02	0.000 025	0.000 5	0.005

续表

监测点位	月份	pH	DO浓度/(mg/L)	COD$_{Mn}$浓度/(mg/L)	COD浓度/(mg/L)	BOD$_5$浓度/(mg/L)	NH$_3$-N浓度/(mg/L)	TP浓度/(mg/L)	TN浓度/(mg/L)	氟化物浓度/(mg/L)	铬(六价)浓度/(mg/L)	氰化物浓度/(mg/L)	挥发酚浓度/(mg/L)	石油类浓度/(mg/L)	阴离子表面活性剂浓度/(mg/L)	粪大肠菌群浓度/(个/L)	SD/cm	叶绿素a浓度/(μg/L)	砷浓度/(mg/L)	硒(四价)浓度/(mg/L)	汞浓度/(mg/L)	镉浓度/(mg/L)	铅浓度/(mg/L)
下新河	3	8.42	8.8	4.72	14.0	2.4	0.39	0.044	1.400	0.39	0.002	0.002	0.000 15	0.02	0.025	20	120	3.77	0.000 13	0.000 02	0.000 025	0.000 5	0.005
	12	8.05	8.2	3.36	20.0	2.2	0.56	0.051	1.020	0.52	0.002	0.002	0.000 15	0.02	0.025	20	70	1.36	0.000 13	0.000 02	0.000 025	0.000 5	0.005
杨柴湖	1	8.17	8.4	3.68	12.0	1.6	0.22	0.022	1.853	0.32	0.002	0.002	0.000 15	0.02	0.025	20	145	2.89	0.000 13	0.000 02	0.000 025	0.000 5	0.005
	2	8.03	9.0	3.76	12.8	2.2	0.25	0.024	1.460	0.34	0.002	0.002	0.000 15	0.02	0.025	20	100	0.83	0.000 13	0.000 02	0.000 025	0.000 5	0.005
	3	8.88	8.8	3.84	13.6	1.4	0.26	0.022	1.740	0.39	0.002	0.002	0.000 15	0.02	0.025	20	120	1.09	0.000 13	0.000 02	0.000 025	0.000 5	0.005
	12	8.23	7.6	3.44	22.0	1.2	0.19	0.022	0.930	0.36	0.002	0.002	0.000 15	0.02	0.025	20	125	4.11	0.000 13	0.000 02	0.000 025	0.000 5	0.005
桐梓湖	1	8.25	8.6	4.80	12.2	2.0	0.22	0.041	1.774	0.34	0.002	0.002	0.000 15	0.02	0.025	20	145	3.16	0.000 13	0.000 02	0.000 025	0.000 5	0.005
	2	8.24	8.6	4.80	14.6	2.4	0.25	0.038	1.100	0.34	0.002	0.002	0.000 15	0.02	0.025	20	145	1.95	0.000 13	0.000 02	0.000 025	0.000 5	0.005
	3	7.06	9.0	4.88	13.2	2.2	0.29	0.042	2.320	0.42	0.002	0.002	0.000 15	0.02	0.025	20	130	6.79	0.000 13	0.000 02	0.000 025	0.000 5	0.005
	12	8.32	7	3.68	22	1.8	0.340	0.025	1.03	0.41	0.002	0.002	0.000 15	0.02	0.025	20	130	2.03	0.000 13	0.000 02	0.000 025	0.000 5	0.005
平均值		8.23	8.5	4.07	16.9	2.0	0.354	0.036	1.48	0.39	0.002	0.002	0.000 15	0.02	0.025	22	126	2.85	0.000 13	0.000 02	0.000 025	0.000 5	0.005
最大值		8.95	9.6	4.96	28.0	2.8	0.860	0.087	2.32	0.52	0.002	0.002	0.000 15	0.02	0.025	20	165	6.79	0.000 13	0.000 02	0.000 025	0.000 5	0.005
最小值		7.06	7.0	2.80	12.0	1.2	0.190	0.018	0.93	0.26	0.002	0.002	0.000 15	0.02	0.025	20	70	0.83	0.000 13	0.000 02	0.000 025	0.000 5	0.005
超标率		0	0	38%	38%	0	13%	53%	100%	0	0	0	0	0	0	0	—	—	0	0	0	0	0

（3）COD$_{Mn}$：根据《地表水环境质量标准》（GB 3838—2002），Ⅰ类水体要求 COD$_{Mn}$ 浓度≤2 mg/L，Ⅱ类水体要求 COD$_{Mn}$ 浓度≤4 mg/L，Ⅲ类水体要求 COD$_{Mn}$ 浓度≤6 mg/L，Ⅳ类水体要求 COD$_{Mn}$ 浓度≤10 mg/L。由表 2.13 可知，洪湖 2015 年枯水期的 COD$_{Mn}$ 浓度平均值为 4.06 mg/L，最小值 2.8 mg/L，最大值 4.96 mg/L，其中有水体全部能达到Ⅲ类水质标准，其中 37.5%水体达到Ⅱ类水质标准。

（4）COD：COD 是指示水体受污染严重程度的一个关键指标。根据《地表水环境质量标准》（GB 3838—2002），Ⅰ类水体要求 COD 浓度≤15 mg/L，Ⅱ类水体要求 COD 浓度≤15 mg/L，Ⅲ类水体要求 COD 浓度≤20 mg/L，Ⅳ类水体要求 COD 浓度≤30 mg/L。由表 2.13 可知，洪湖 2015 年枯水期的 COD 浓度平均值为 16.6 mg/L，最小值 12 mg/L，最大值 28 mg/L，其中有 21.9%的水域属于Ⅳ类水体，15.6%的水域属于Ⅲ类水体，62.5%的水域属于Ⅱ类水体。平均值能达到Ⅲ类水质标准。

（5）BOD$_5$：BOD$_5$ 是表征水体受可生化降解有机物污染程度的综合指标。根据《地表水环境质量标准》（GB 3838—2002），Ⅰ类水体要求 BOD$_5$ 浓度≤3 mg/L，Ⅱ类水体要求 BOD$_5$ 浓度≤3 mg/L，Ⅲ类水体要求 BOD$_5$ 浓度≤4 mg/L，Ⅳ类水体要求 BOD$_5$ 浓度≤6 mg/L。由表 2.13 可知，洪湖 2015 年枯水期的 BOD$_5$ 浓度平均值为 2.03 mg/L，最小值 1.2 mg/L，最大值 2.8 mg/L，均能达到Ⅰ-Ⅱ类水质要求。

（6）NH$_3$-N：水体中 NH$_3$-N 含量过高可引起水体富营养化，且对水生生物有毒害作用，也可指示水体自净能力的程度。根据《地表水环境质量标准》（GB 3838—2002），Ⅰ类水的要求是 NH$_3$-N 浓度≤0.15 mg/L，Ⅱ类水体要求 NH$_3$-N 浓度≤0.5 mg/L，Ⅲ类水体要求 NH$_3$-N 浓度≤1.0 mg/L，Ⅳ类水体要求 NH$_3$-N 浓度≤1.5 mg/L。由表 2.13 可知，洪湖 2015 年枯水期的 NH$_3$-N 浓度平均值为 0.354 mg/L，最小值 0.19 mg/L，最大值 0.86 mg/L，其中 87.5%的水域能达到Ⅱ类水质标准。其余水体达到Ⅲ类水质要求。

（7）TP：水体中 P 含量的增加会导致水体富营养化，导致水华或赤潮的产生，严重影响水质。根据《地表水环境质量标准》（GB 3838—2002），Ⅰ类水体要求 TP 浓度≤0.01 mg/L，Ⅱ类水体要求 TP 浓度≤0.025 mg/L，Ⅲ类水体要求 TP 浓度≤0.05 mg/L，Ⅳ类水体要求 TP 浓度≤0.1 mg/L。由表 2.13 可知，洪湖 2015 年枯水期的 TP 浓度平均值是 0.035 mg/L，最小值 0.018 mg/L，最大值 0.087 mg/L，其中有 40.6%的水域能达到Ⅱ类水质标准，12.5%的水域为Ⅳ类水质，其余为Ⅲ类。平均值显示整体水质为Ⅲ类。

（8）TN：TN 是衡量水质的重要指标之一，测定其浓度有助于评价水体被污染和自净情况。根据《地表水环境质量标准》（GB 3838—2002），Ⅰ类水的要求是 TN 浓度≤0.2 mg/L，Ⅱ类水体要求 TN 浓度≤0.5 mg/L，Ⅲ类水体要求 TN 浓度≤1.0 mg/L，Ⅳ类水体要求 TN 浓度≤1.5 mg/L。由表 2.13 可知，洪湖 2015 年枯水期的 TN 浓度平均值是 1.48 mg/L，最小浓度值是 0.93 mg/L，最大值是 2.32 mg/L。以Ⅱ类水体为标准，全湖的 N 含量悉数超标，均达不到Ⅱ类水体要求，平均值显示水质为Ⅳ类，有些区域的水质达甚至到劣Ⅴ类，整体上洪湖水质氮污染属于轻-中度污染严重。

（9）氟化物：根据《地表水环境质量标准》（GB 3838—2002），Ⅰ、Ⅱ、Ⅲ类水体要求氟化物浓度≤1.0 mg/L。由表 2.13 可知，洪湖 2015 年枯水期的氟化物浓度平均值是 0.38 mg/L，最小值是 0.26 mg/L，最大值是 0.52 mg/L，达到地表水Ⅰ水质标准。

（10）铬（六价）：根据《地表水环境质量标准》（GB 3838—2002），Ⅰ类水体要求铬

（六价）浓度≤0.01 mg/L，Ⅱ、Ⅲ类水体要求铬（六价）浓度≤0.05 mg/L。由表 2.13 可知，洪湖 2015 年枯水期的铬（六价）每个月的浓度均为 0.002 mg/L，均能达到地表水Ⅰ水质标准。

（11）氰化物：根据《地表水环境质量标准》（GB 3838—2002），Ⅰ类水体要求氰化物浓度≤0.005 mg/L，Ⅱ类水体要求氰化物浓度≤0.05 mg/L，Ⅲ类水体要求氰化物浓度≤0.2 mg/L。由表 2.13 可知，洪湖 2015 年枯水期的氰化物每个月的浓度均为 0.002 mg/L，均能达到地表水Ⅰ水质标准。

（12）挥发酚、石油类、阴离子表面活性剂：根据《地表水环境质量标准》（GB 3838—2002），Ⅰ类水要求挥发酚浓度≤0.002 mg/L，石油类浓度≤0.05 mg/L，阴离子表面活性剂浓度≤0.2 mg/L。由表 2.13 可知，洪湖 2015 年枯水期的挥发酚、石油类、阴离子表面活性剂每个月的浓度分别为 0.000 15 mg/L、0.02 mg/L、0.025 mg/L，均能达到地表水Ⅰ水质标准。

（13）粪大肠菌群：根据《地表水环境质量标准》（GB 3838—2002），Ⅰ类水体要求粪大肠菌群浓度≤200（个/L），Ⅱ类水体要求粪大肠菌群浓度≤2 000 个/L，Ⅲ类水体要求粪大肠菌群浓度≤10 000 个/L，Ⅳ类水体要求粪大肠菌群浓度≤20 000/L。由表 2.13 可知，洪湖 2015 年枯水期的粪大肠菌群浓度平均值是 22.50 个/L，最小值是 20 个/L，最大值是 110 个/L，均能达到地表水Ⅰ水质标准。

（14）SD：SD 的大小直接影响着水体的景观效果，由表 2.13 可知，洪湖 2015 年枯水期的透明度为 70 ～165 cm，平均值为 125 cm，大部分水域的 SD 都在 40 cm 以上，可见水体透明度较高。

（15）叶绿素 a：测定叶绿素 a 有助分析水体的富营养化情况。由表 2.13 可知，洪湖 2015 年枯水期的叶绿素 a 最大值为 6.79 µg/L，最小值为 0.83 µg/L，平均值为 2.85 µg/L。

（16）重（类）金属（砷、硒（四价）、汞、镉、铅）。根据《地表水环境质量标准》（GB 3838—2002），Ⅰ类水体要求砷浓度≤0.05 mg/L、硒（四价）浓度≤0.01 mg/L、汞浓度≤0.000 05 mg/L、镉浓度≤0.001 mg/L、铅浓度≤0.01 mg/L。由表 2.13 可知，洪湖 2015 年枯水期的砷、硒（四价）、汞、镉、铅每个月的浓度分别为 0.000 13 mg/L、0.000 02 mg/L、0.000 025 mg/L、0.000 5 mg/L、0.005 mg/L，均远低于Ⅰ类标准，由此确定洪湖在枯水期不存在重金属污染。

整体来说，洪湖 2015 年枯水期的水质状况较好，除 TN（超标率 100%）、TP（超标率 53%）、COD（超标率 38%）、高锰酸盐指数（超标率 38%）、NH$_3$-N（超标率 13%）外，其余指标均可达到Ⅱ类水体标准。可见，洪湖 2015 年枯水期以有机污染、营养元素污染为主，不存在重金属污染。

2.6.3　洪湖 2015 年平水期水质分析

依据 2015 年 4 月、5 月、10 月、11 月（平水期）收集的洪湖 8 个点位的监测数据，得出洪湖平水期水质调查结果，见表 2.14。

表 2.14 2015 年洪湖平水期水质调查表

监测点位	月份	pH	DO浓度/(mg/L)	COD_Mn浓度/(mg/L)	COD浓度/(mg/L)	BOD5浓度/(mg/L)	NH3-N浓度/(mg/L)	TP浓度/(mg/L)	TN浓度/(mg/L)	氟化物浓度/(mg/L)	铬(六价)浓度/(mg/L)	氰化物浓度/(mg/L)	挥发酚浓度/(mg/L)	石油类浓度/(mg/L)	阴离子表面活性剂/(mg/L)	粪大肠菌群浓度/(个/L)	SD/cm	叶绿素a浓度/(μg/L)	砷浓度/(mg/L)	硒(四价)浓度/(mg/L)	汞浓度/(mg/L)	镉浓度/(mg/L)	铅浓度/(mg/L)
湖心A	4	8.36	8.0	3.84	12.6	1.4	0.47	0.021	1.80	0.38	0.002	0.002	0.000 15	0.02	0.025	20	140	3.47	0.000 13	0.000 02	0.000 025	0.000 5	0.005
	5	7.77	7.8	3.84	12.6	1.4	0.31	0.022	0.89	0.39	0.002	0.002	0.000 15	0.02	0.025	20	130	2.33	0.000 13	0.000 02	0.000 025	0.000 5	0.005
	10	8.26	8.8	3.92	26.4	2.4	0.56	0.118	1.14	0.51	0.002	0.002	0.000 15	0.02	0.025	20	40	3.86	0.000 13	0.000 02	0.000 025	0.000 5	0.005
	11	8.42	8.6	3.84	28.0	2.4	0.48	0.095	1.31	0.44	0.002	0.002	0.000 15	0.02	0.025	20	20	4.86	0.000 13	0.000 02	0.000 025	0.000 5	0.005
蓝田	4	8.31	8.2	4.80	18.0	1.8	0.54	0.021	1.17	0.41	0.002	0.002	0.000 15	0.02	0.025	20	120	1.08	0.000 13	0.000 02	0.000 025	0.000 5	0.005
	5	7.93	8.4	4.80	16.0	2.0	0.27	0.036	1.06	0.48	0.002	0.002	0.000 15	0.02	0.025	20	110	0.32	0.000 13	0.000 02	0.000 025	0.000 5	0.005
	10	8.26	8.4	4.80	22.4	2.0	0.62	0.104	1.10	0.48	0.002	0.002	0.000 15	0.02	0.025	20	30	1.45	0.000 13	0.000 02	0.000 025	0.000 5	0.005
	11	8.20	9.0	4.80	28.8	2.6	0.51	0.099	1.40	0.45	0.002	0.002	0.000 15	0.02	0.025	20	40	1.95	0.000 13	0.000 02	0.000 025	0.000 5	0.005
排水闸	4	8.06	7.6	3.92	13.0	1.2	0.41	0.018	1.68	0.42	0.002	0.002	0.000 15	0.02	0.025	20	120	1.57	0.000 13	0.000 02	0.000 025	0.000 5	0.005
	5	7.95	7.4	3.92	12.8	1.4	0.17	0.02	0.84	0.33	0.002	0.002	0.000 15	0.02	0.025	20	80	2.04	0.000 13	0.000 02	0.000 025	0.000 5	0.005
	10	8.24	8.0	3.84	36.4	2.2	0.53	0.072	1.04	0.54	0.002	0.002	0.000 15	0.02	0.025	20	20	4.39	0.000 13	0.000 02	0.000 025	0.000 5	0.005
	11	7.91	8.8	3.92	24.0	2.6	0.67	0.042	1.74	0.52	0.002	0.002	0.000 15	0.02	0.025	20	20	3.49	0.000 13	0.000 02	0.000 025	0.000 5	0.005
小港	4	8.26	8.6	4.96	14.0	2.0	0.42	0.041	0.97	0.42	0.002	0.002	0.000 15	0.02	0.025	20	130	1.56	0.000 13	0.000 02	0.000 025	0.000 5	0.005
	5	8.06	8.6	4.64	16.0	1.8	0.16	0.027	1.12	0.45	0.002	0.002	0.000 15	0.02	0.025	20	135	0.56	0.000 13	0.000 02	0.000 025	0.000 5	0.005
	10	8.15	8.4	4.96	23.2	2.8	0.37	0.099	1.02	0.50	0.002	0.002	0.000 15	0.02	0.025	20	20	2.13	0.000 13	0.000 02	0.000 025	0.000 5	0.005
	11	8.10	9.4	4.96	20.0	2.8	0.97	0.094	1.72	0.46	0.002	0.002	0.000 15	0.02	0.025	20	20	2.9	0.000 13	0.000 02	0.000 025	0.000 5	0.005
湖心B	4	8.10	7.8	3.76	12.8	1.2	0.47	0.023	1.18	0.41	0.002	0.002	0.000 15	0.02	0.025	20	120	3.48	0.000 13	0.000 02	0.000 025	0.000 5	0.005
	5	7.85	8.0	3.92	12.4	1.0	0.29	0.021	0.88	0.38	0.002	0.002	0.000 15	0.02	0.025	20	100	2.91	0.000 13	0.000 02	0.000 025	0.000 5	0.005
	10	8.20	7.6	3.92	22.0	2.0	0.47	0.082	1.11	0.45	0.002	0.002	0.000 15	0.02	0.025	20	20	3.14	0.000 13	0.000 02	0.000 025	0.000 5	0.005
	11	7.96	9.2	3.76	30.0	2.4	1.08	0.079	1.99	0.48	0.002	0.002	0.000 15	0.02	0.025	20	20	3.17	0.000 13	0.000 02	0.000 025	0.000 5	0.005
下新河	4	8.15	8.4	4.72	20.0	1.6	0.52	0.035	1.04	0.40	0.002	0.002	0.000 15	0.02	0.025	20	120	0.52	0.000 13	0.000 02	0.000 025	0.000 5	0.005
	5	8.07	7.8	4.72	18.0	2.0	0.27	0.042	1.20	0.35	0.002	0.002	0.000 15	0.02	0.025	20	120	0.35	0.000 13	0.000 02	0.000 025	0.000 5	0.005
	10	8.12	8.0	4.64	28.0	2.4	0.47	0.095	1.19	0.56	0.002	0.002	0.000 15	0.02	0.025	20	20	3.07	0.000 13	0.000 02	0.000 025	0.000 5	0.005

续表

监测点位	月份	pH	DO浓度/(mg/L)	COD$_{Mn}$浓度/(mg/L)	COD浓度/(mg/L)	BOD$_5$浓度/(mg/L)	NH$_3$-N浓度/(mg/L)	TP浓度/(mg/L)	TN浓度/(mg/L)	氟化物浓度/(mg/L)	铬(六价)浓度/(mg/L)	氰化物浓度/(mg/L)	挥发酚浓度/(mg/L)	石油类浓度/(mg/L)	阴离子表面活性剂/(mg/L)	粪大肠菌群浓度/(个/L)	SD/cm	叶绿素a浓度/(μg/L)	砷浓度/(mg/L)	硒(四价)浓度/(mg/L)	汞浓度/(mg/L)	镉浓度/(mg/L)	铅浓度/(mg/L)
下新河	11	8.16	8.6	4.72	26.0	2.2	0.70	0.084	1.69	0.55	0.002	0.002	0.000 15	0.02	0.025	20	20	4.180	0.000 13	0.000 02	0.000 025	0.000 5	0.005
杨柴湖	4	8.40	8.0	3.92	12.4	1.0	0.22	0.020	1.13	0.38	0.002	0.002	0.000 15	0.02	0.025	20	130	4.40	0.000 13	0.000 02	0.000 025	0.000 5	0.005
杨柴湖	5	8.55	7.4	3.68	13.0	1.2	0.14	0.023	0.48	0.44	0.002	0.002	0.000 15	0.02	0.025	20	125	3.41	0.000 13	0.000 02	0.000 025	0.000 5	0.005
杨柴湖	10	8.08	8.2	3.76	24.4	1.8	0.50	0.060	0.88	0.42	0.002	0.002	0.000 15	0.02	0.025	20	60	3.48	0.000 13	0.000 02	0.000 025	0.000 5	0.005
杨柴湖	11	8.28	8.0	3.84	26.8	2.0	0.47	0.032	1.09	0.43	0.002	0.002	0.000 15	0.02	0.025	20	50	3.81	0.000 13	0.000 02	0.000 025	0.000 5	0.005
桐梓湖	4	8.39	8.6	4.88	16.0	1.4	0.51	0.032	1.00	0.40	0.002	0.002	0.000 15	0.02	0.025	20	135	0.39	0.000 13	0.000 02	0.000 025	0.000 5	0.005
桐梓湖	5	8.00	8.2	4.8	20.0	1.8	0.29	0.045	0.46	0.38	0.002	0.002	0.000 15	0.02	0.025	20	120	1.17	0.000 13	0.000 02	0.000 025	0.000 5	0.005
桐梓湖	10	8.44	7.2	4.88	24.0	1.6	0.52	0.038	0.94	0.48	0.002	0.002	0.000 15	0.02	0.025	20	60	2.92	0.000 13	0.000 02	0.000 025	0.000 5	0.005
桐梓湖	11	8.16	8.8	4.80	28.0	2.6	0.81	0.050	1.77	0.42	0.002	0.002	0.000 15	0.02	0.025	20	60	2.72	0.000 13	0.000 02	0.000 025	0.000 5	0.005
平均值		8.16	8.2	4.33	20.6	1.9	0.47	0.053	1.19	0.44	0.002	0.002	0.000 15	0.02	0.025	20	77	2.53	0.000 13	0.000 02	0.000 025	0.000 5	0.005
最大值		8.55	9.4	4.96	36.4	2.8	1.08	0.118	1.99	0.56	0.002	0.002	0.000 15	0.02	0.025	20	140	4.86	0.000 13	0.000 02	0.000 025	0.000 5	0.005
最小值		777	7.2	3.68	12.4	1.0	0.14	0.018	0.46	0.33	0.002	0.002	0.000 15	0.02	0.025	20	20	0.32	0.000 13	0.000 02	0.000 025	0.000 5	0.005
超标率		0	0	50%	72%	0	41%	72%	94%	0	0	0	0	0	0	0	0	0	0	0	0	0	0

（1）pH：由表 2.14 可知，洪湖 2015 年平水期的 pH 平均值是 8.16，最小值是 7.77，最大值是 8.55，均满足Ⅰ类水质标准。

（2）DO：由表 2.14 可知，洪湖 2015 年平水期的 DO 浓度平均值是 8.27 mg/L，最小值是 7.2 mg/L，最大值是 9.4 mg/L，均能达到Ⅱ类水质标准。

（3）COD_{Mn}：由表 2.14 可知，洪湖 2015 年平水期的 COD_{Mn} 浓度平均值是 4.33 mg/L，最小值是 3.68 mg/L，最大值是 4.96 mg/L，全湖有一半区域达到Ⅲ类水质，一半达到Ⅱ类水质。

（4）COD：由表 2.14 可知，洪湖 2015 年平水期的 COD 浓度平均值是 20.6 mg/L，最小值是 12.4 mg/L，最大值是 36.4 mg/L。COD 浮动范围大，受外界影响，水质不稳定。平均值显示洪湖水质为Ⅳ类水体，但洪湖 28%区域达到Ⅰ-Ⅱ类水质标准，25%的水域为Ⅲ类，44%的水域为Ⅳ类，Ⅴ类水质仅占 3%。

（5）BOD_5：由表 2.14 可知，洪湖 2015 年平水期的 BOD_5 浓度平均值是 1.9 mg/L，最小值是 1 mg/L，最大值是 2.8 mg/L，均能达到Ⅱ类水质标准。

（6）NH_3-N：由表 2.14 可知，洪湖 2015 年平水期的 NH_3-N 浓度平均值是 0.47 mg/L，最小值是 0.14 mg/L，最大值是 1.08 mg/L。以Ⅱ类水体要求为标准，超标率达到 41%，平均值显示水体能达到Ⅱ类水质标准，Ⅲ类水质占比为 38%，Ⅳ类水质占比仅为 3%。

（7）TP：由表 2.14 可知，洪湖 2015 年平水期的 TP 浓度最大值是 0.118 mg/L，最小值是 0.018 mg/L，平均值是 0.053 mg/L。平均值显示水体为Ⅳ类，72%区域达不到Ⅱ类水质标准，存在Ⅴ类水体，占比为 6%。

（8）TN：由表 2.14 可知，洪湖 2015 年平水期的 TN 浓度最大值是 1.99 mg/L，最小值是 0.46 mg/L，平均值是 1.18 mg/L。平均值显示水体为Ⅳ类水体，局部地域水质污染较严重，全湖 6%的区域达到Ⅱ类水质，22%区域达到Ⅲ类，一半的区域为Ⅳ类，22%区域达到Ⅴ类。

（9）氟化物：由表 2.14 可知，洪湖 2015 年平水期的氟化物浓度平均值是 0.44 mg/L，最小值是 0.33 mg/L，最大值是 0.56 mg/L，全湖达到Ⅱ类水质标准。

（10）铬（六价）：由表 2.14 可知，洪湖 2015 年平水期的铬（六价）每个月的浓度均为 0.002 mg/L，均能达到Ⅰ类水的要求，与枯水期结果一致。

（11）氰化物：由表 2.14 可知，洪湖 2015 年平水期的氰化物每个月的浓度均为 0.002 mg/L，均能达到Ⅰ类水的要求，与枯水期结果一致。

（12）挥发酚、石油类、阴离子表面活性剂：由表 2.14 可知，洪湖 2015 年平水期的挥发酚、石油类、阴离子活性剂每个月的浓度分别为 0.000 15 mg/L、0.02 mg/L、0.025 mg/L，均能达到Ⅰ类水质标准，与枯水期结果一致。

（13）粪大肠菌群：由表 2.14 可知，洪湖 2015 年平水期所有点位的粪大肠菌群每个月的浓度均为 20 个/L，能达到Ⅰ类水质标准，与枯水期相比无明显变化。

（14）SD：由表 2.14 可知，洪湖 2015 年平水期的 SD 为 20～140 cm，平均值为 75 cm，相比于枯水期，平水期的 SD 有所下降。

（15）叶绿素 a。由表 2.14 可知，洪湖 2015 年平水期的叶绿素 a 最大值为 4.86 μg/L，最小值为 0.32 μg/L，平均值为 2.53 μg/L。

（16）重（类）金属（砷、硒（四价）、汞、镉、铅）。由表 2.14 可知，洪湖 2015 年平水期的总砷、硒（四价）、总汞、总镉、总铅每个月的浓度分别为 0.000 13 mg/L、0.000 02 mg/L、0.000 025 mg/L、0.000 5 mg/L、0.005 mg/L，均远低于Ⅰ类标准，由此

确定洪湖在平水期期间未受到重金属污染。

整体来看,2015 年洪湖在平水期期间水质状况相比枯水期期间的水质差,但仍主要是 TN、TP、COD、COD_{Mn}、NH_3-N 超标,超标率分别为 94%、72%、72%、50%、41%。可见,洪湖 2015 年平水期以有机污染、营养元素污染为主,不存在重金属污染。

2.6.4　洪湖 2015 年丰水期水质分析

依据 2015 年 6 月、7 月、8 月、9 月（丰水期）收集的洪湖 8 个点位的监测数据,得出洪湖丰水期水质调查结果,见表 2.15.

（1）pH：由表 2.15 可知,洪湖 2015 年丰水期的 pH 平均值是 8.06,最小值是 7.5,最大值是 8.77,达到Ⅱ类水质标准。

（2）DO：由表 2.15 可知,洪湖 2015 年丰水期的 DO 浓度平均值是 7.7 mg/L,最小值是 7.0 mg/L,最大值是 8.6 mg/L,均能达到Ⅱ类水质标准。

（3）COD_{Mn}。由表 2.15 可知,洪湖 2015 年丰水期的高锰酸盐指数平均值是 4.34 mg/L,最小值是 3.68 mg/L,最大值是 5.36 mg/L,一半的区域未达到Ⅱ类水质标准,剩余一半为Ⅲ类水质。

（4）COD：由表 2.15 可知,洪湖 2015 年丰水期的 COD 浓度平均值是 18.5 mg/L,最小值是 11.6 mg/L,最大值是 38.0 mg/L,一半的区域未达到Ⅱ类水质标准,Ⅳ类水质占比为 25%。

（5）BOD_5：由表 2.15 可知,洪湖 2015 年丰水期的 BOD_5 浓度平均值是 1.7 mg/L,最小值是 0.8 mg/L,最大值是 2.6 mg/L,均能达到Ⅱ类水质标准。

（6）NH_3-N：由表 2.15 可知,洪湖 2015 年丰水期的 NH_3-N 浓度平均值是 0.29 mg/L,最小值是 0.093 mg/L,最大值是 0.53 mg/L,6%区域的水质为Ⅲ类,其余区域水质都达到了Ⅱ类水质标准。

（7）TP：由表 2.15 可知,洪湖 2015 年丰水期的 TP 浓度平均值是 0.041 mg/L,最小值是 0.014 mg/L,最大值是 0.132 mg/L,53%的区域达到Ⅱ类水质标准,其余为Ⅲ类水质。

（8）TN：由表 2.15 可知,洪湖 2015 年丰水期的 TN 浓度平均值是 0.77 mg/L,最小值是 0.47 mg/L,最大值是 1.15 mg/L。根据最大值显示部分水体为Ⅳ类水体,平均值显示整体水质为Ⅲ类水体。Ⅱ类水质占比仅为 6%,Ⅲ类水质占比为 85%,Ⅳ类水质占比为 9%。

（9）氟化物：由表 2.15 可知,洪湖 2015 年丰水期的氟化物浓度平均值是 0.37 mg/L,最小值是 0.2 mg/L,最大值是 0.53 mg/L,均能达到Ⅰ类水质标准。

（10）铬（六价）：由表 2.15 可知,洪湖 2015 年丰水期的铬（六价）每个月的浓度均为 0.002 mg/L,均能达到Ⅰ类水质标准。

（11）氰化物：由表 2.15 可知,洪湖 2015 年丰水期的氰化物每个月的浓度均为 0.002 mg/L,均能达到Ⅰ类水质标准。

（12）挥发酚、石油类、阴离子表面活性剂：由表 2.15 可知,洪湖 2015 年丰水期的挥发酚、石油类、阴离子表面活性剂每个月的浓度分别为 0.000 15 mg/L、0.02 mg/L、0.025 mg/L,均能达到Ⅰ类水质标准。

（13）粪大肠菌群：由表 2.15 可知,洪湖 2015 年丰水期的大肠菌群浓度平均值是 20 个/L,达到Ⅰ类水质标准。

表2.15　2015年洪湖丰水期水质调查表

监测点位	月份	pH	DO浓度/(mg/L)	COD$_{Mn}$浓度/(mg/L)	COD浓度/(mg/L)	BOD$_5$浓度/(mg/L)	NH$_3$-N浓度/(mg/L)	TP浓度/(mg/L)	TN浓度/(mg/L)	氟化物浓度/(mg/L)	铬(六价)浓度/(mg/L)	氰化物浓度/(mg/L)	挥发酚浓度/(mg/L)	石油类浓度/(mg/L)	阴离子表面活性剂浓度/(mg/L)	粪大肠菌群浓度/(mg/L)	SD/cm	叶绿素a浓度/μg/L	砷浓度/(mg/L)	硒(四价)浓度/(mg/L)	汞浓度/(mg/L)	镉浓度/(mg/L)	铅浓度/(mg/L)
湖心A	6	8.27	8.0	3.76	11.8	1.2	0.283	0.023	0.83	0.45	0.002	0.002	0.00015	0.02	0.025	20	135	3.15	0.00013	0.00002	0.000025	0.0005	0.005
	7	7.8	7.4	3.84	12.0	1.0	0.169	0.015	0.78	0.44	0.002	0.002	0.00015	0.02	0.025	20	140	2.49	0.00013	0.00002	0.000025	0.0005	0.005
	8	8.15	7.6	3.92	13.8	1.6	0.420	0.017	0.75	0.38	0.002	0.002	0.00015	0.02	0.025	20	30	2.38	0.00013	0.00002	0.000025	0.0005	0.005
	9	7.91	7.2	3.84	26.0	1.8	0.370	0.092	0.94	0.38	0.002	0.002	0.00015	0.02	0.025	20	150	2.01	0.00013	0.00002	0.000025	0.0005	0.005
蓝田	6	8.20	7.6	4.88	16.0	1.8	0.297	0.030	0.87	0.41	0.002	0.002	0.00015	0.02	0.025	20	120	3.39	0.00013	0.00002	0.000025	0.0005	0.005
	7	7.58	8.0	4.88	19.2	1.8	0.185	0.028	0.90	0.53	0.002	0.002	0.00015	0.02	0.025	20	120	1.83	0.00013	0.00002	0.000025	0.0005	0.005
	8	8.26	7.0	4.96	20.0	2.2	0.530	0.027	0.80	0.39	0.002	0.002	0.00015	0.02	0.025	20	25	1.72	0.00013	0.00002	0.000025	0.0005	0.005
	9	7.75	7.0	5.04	26.0	2.0	0.520	0.132	0.79	0.35	0.002	0.002	0.00015	0.02	0.025	20	105	3.44	0.00013	0.00002	0.000025	0.0005	0.005
排水闸	6	7.98	7.2	3.92	12.0	1.6	0.193	0.022	0.75	0.23	0.002	0.002	0.00015	0.02	0.025	20	160	3.76	0.00013	0.00002	0.000025	0.0005	0.005
	7	7.50	7.6	3.76	11.6	1.2	0.093	0.020	0.72	0.24	0.002	0.002	0.00015	0.02	0.025	20	120	3.01	0.00013	0.00002	0.000025	0.0005	0.005
	8	7.67	8.0	3.92	12.8	2.0	0.300	0.022	0.70	0.41	0.002	0.002	0.00015	0.02	0.025	20	30	4.56	0.00013	0.00002	0.000025	0.0005	0.005
	9	7.60	7.6	3.92	38.0	2.0	0.240	0.072	0.87	0.44	0.002	0.002	0.00015	0.02	0.025	20	100	2.12	0.00013	0.00002	0.000025	0.0005	0.005
小港	6	8.30	8.0	4.88	18.0	1.6	0.140	0.021	1.02	0.20	0.002	0.002	0.00015	0.02	0.025	20	150	4.17	0.00013	0.00002	0.000025	0.0005	0.005
	7	7.71	7.6	4.96	18.0	1.4	0.133	0.014	0.95	0.27	0.002	0.002	0.00015	0.02	0.025	20	140	3.48	0.00013	0.00002	0.000025	0.0005	0.005
	8	8.46	7.4	4.88	13.2	2.2	0.470	0.030	0.85	0.38	0.002	0.002	0.00015	0.02	0.025	20	25	4.36	0.00013	0.00002	0.000025	0.0005	0.005
	9	7.86	7.8	4.16	24.0	2.6	0.370	0.078	0.73	0.38	0.002	0.002	0.00015	0.02	0.025	20	90	3.39	0.00013	0.00002	0.000025	0.0005	0.005
湖心B	6	8.15	7.2	3.76	13.0	1.4	0.267	0.025	0.80	0.39	0.002	0.002	0.00015	0.02	0.025	20	120	3.37	0.00013	0.00002	0.000025	0.0005	0.005
	7	7.76	7.6	3.84	12.2	1.0	0.217	0.018	0.76	0.41	0.002	0.002	0.00015	0.02	0.025	20	160	2.67	0.00013	0.00002	0.000025	0.0005	0.005
	8	8.69	7.8	3.84	13.6	1.8	0.48	0.014	0.68	0.42	0.002	0.002	0.00015	0.02	0.025	20	25	1.69	0.00013	0.00002	0.000025	0.0005	0.005
	9	7.95	8.2	3.76	28.0	2.4	0.33	0.098	0.71	0.41	0.002	0.002	0.00015	0.02	0.025	20	100	1.25	0.00013	0.00002	0.000025	0.0005	0.005
下新河	6	8.18	8.2	4.64	20.0	1.8	0.227	0.025	1.15	0.26	0.002	0.002	0.00015	0.02	0.025	20	130	2.02	0.00013	0.00002	0.000025	0.0005	0.005
	7	7.87	7.4	4.64	20.0	1.0	0.169	0.020	0.83	0.29	0.002	0.002	0.00015	0.02	0.025	20	130	3.9	0.00013	0.00002	0.000025	0.0005	0.005
	8	8.18	8.6	4.72	14.0	2.2	0.480	0.040	0.82	0.42	0.002	0.002	0.00015	0.02	0.025	20	25	2.04	0.00013	0.00002	0.000025	0.0005	0.005

续表

监测点位	月份	pH	DO浓度/(mg/L)	CODMn浓度/(mg/L)	COD浓度/(mg/L)	BOD5浓度/(mg/L)	NH3-N浓度/(mg/L)	TP浓度/(mg/L)	TN浓度/(mg/L)	氟化物浓度/(mg/L)	铬(六价)浓度/(mg/L)	氰化物浓度/(mg/L)	挥发酚浓度/(mg/L)	石油类浓度/(mg/L)	阴离子表面活性剂浓度/(mg/L)	粪大肠菌群浓度/(mg/L)	SD/cm	叶绿素a浓度/μg/L	砷浓度/(mg/L)	硒(四价)浓度/(mg/L)	汞浓度/(mg/L)	镉浓度/(mg/L)	铅浓度/(mg/L)
下新河	9	7.99	7.8	5.36	30	2.6	0.340	0.084	0.97	0.51	0.002	0.002	0.000 15	0.02	0.025	20	70	1.84	0.000 13	0.000 02	0.000 025	0.000 5	0.005
杨柴湖	6	8.34	7.6	3.92	12.4	1.0	0.163	0.022	0.47	0.22	0.002	0.002	0.000 15	0.02	0.025	20	135	2.45	0.000 13	0.000 02	0.000 025	0.000 5	0.005
	7	8.50	7.8	3.92	11.6	0.8	0.097	0.017	0.58	0.24	0.002	0.002	0.000 15	0.02	0.025	20	135	2.11	0.000 13	0.000 02	0.000 025	0.000 5	0.005
	8	8.77	8.6	3.76	12.6	1.6	0.320	0.018	0.56	0.38	0.002	0.002	0.000 15	0.02	0.025	20	30	1.76	0.000 13	0.000 02	0.000 025	0.000 5	0.005
	9	7.79	7.6	3.68	36	2.4	0.290	0.108	0.92	0.34	0.002	0.002	0.000 15	0.02	0.025	20	140	0.95	0.000 13	0.000 02	0.000 025	0.000 5	0.005
桐梓湖	6	8.43	8.0	4.8	16.2	1.6	0.233	0.037	0.49	0.38	0.002	0.002	0.000 15	0.02	0.025	20	140	1.98	0.000 13	0.000 02	0.000 025	0.000 5	0.005
	7	7.66	7.2	4.72	14.2	1.2	0.169	0.021	0.51	0.43	0.002	0.002	0.000 15	0.02	0.025	20	140	2.56	0.000 13	0.000 02	0.000 025	0.000 5	0.005
	8	8.49	7.4	4.8	13.2	2.4	0.470	0.050	0.57	0.40	0.002	0.002	0.000 15	0.02	0.025	20	25	1.81	0.000 13	0.000 02	0.000 025	0.000 5	0.005
	9	8.01	8.0	5.2	34	2.2	0.360	0.071	0.77	0.37	0.002	0.002	0.000 15	0.02	0.025	20	145	1.56	0.000 13	0.000 02	0.000 025	0.000 5	0.005
平均值		8.06	7.7	4.34	18.5	1.7	0.290	0.042	0.83	0.37	0.002	0.002	0.000 15	0.02	0.025	20	103	2.60	0.000 13	0.000 02	0.000 025	0.000 5	0.005
最大值		8.77	8.6	5.36	38.0	2.6	0.530	0.132	1.45	0.53	0.002	0.002	0.000 15	0.02	0.025	20	160	4.56	0.000 13	0.000 02	0.000 025	0.000 5	0.005
最小值		7.50	7.0	3.68	11.6	0.8	0.093	0.014	0.47	0.20	0.002	0.002	0.000 15	0.02	0.025	20	25	0.95	0.000 13	0.000 02	0.000 025	0.000 5	0.005
超标率		0	0	50%	50%	0	6%	47%	94%	0	0	0	0	0	0	0	-	-	0	0	0	0	0

（14）SD：由表 2.15 可知，洪湖 2015 年丰水期的 SD 为 25～160 cm，平均值为 103 cm，相比于枯水期，SD 有所下降。

（15）叶绿素 a：由表 2.15 可知，洪湖 2015 年丰水期的叶绿素 a 最大值为 4.56 μg/L，最小值为 0.95 μg/L，平均值为 2.60 μg/L，相比于枯水期，洪湖叶绿素 a 的含量较低。

（16）重（类）金属（砷、硒（四价）、汞、镉、铅）。由表 2.15 可知，洪湖 2015 年丰水期的砷、硒（四价）、汞、镉、铅每个月的浓度分别为 0.000 13 mg/L、0.000 02 mg/L、0.000 025 mg/L、0.000 5 mg/L、0.005 mg/L，均远低于标准，由此确定洪湖在丰水期期间没有受到重金属污染。

整体来说，洪湖 2015 年丰水期的水质状况相比于平水期的水质状况较好，所有点位的大部分指标均可达到 II 类水的要求，但是 TN、COD、COD_{Mn}、TP、NH_3-N 仍然超标，超标率分别为 85%、50%，50%，47%，6%。可见，洪湖 2015 年丰水期以有机污染、营养元素污染为主，不存在重金属污染。

2.6.5　洪湖 2015 年分水期水质比较

由表 2.13～表 2.15 的三期水质监测结果可知，洪湖枯水期、平水期和丰水期部分指标出现超标现象。整理洪湖 8 个常规监测点位分水期的基础数据，得到 2015 年洪湖分水期水质超标情况及单因子超标指数一览表，详见表 2.16。由表 2.16 可知，洪湖三个水期的共同超标因子均包括 TP、TN、COD、COD_{Mn}，但平水期存在部分点位 NH_3-N 浓度超标，点位超标率为 25%。TN、COD 指标下三个水期的点位超标率均为 100%，即可认为洪湖全年 TN、COD 均不能达到 II 类水质标准。TP 指标在枯水期超标率为 88%，丰水期和平水期的超标率均为 100%。COD_{Mn} 三个水期的超标率均为 50%。洪湖不同水期各个点位的 TP、TN、COD、COD_{Mn} 浓度情况见图 2.63。

根据以上水质监测结果，洪湖三个水期 8 个监测点位的 TN、COD 指标均只能达到《地表水环境质量标准》（GB 3838—2002）中 III 类水质标准，达不到 II 类水质标准。①COD 指标水质优劣顺序表现为：枯水期＞丰水期＞平水期，COD 在枯水期均为能达到 III 类水质标准，但在丰水期 8 个点位中存在 2 个点位劣于 III 类水质，而在平水期存在 4 个点位劣于 III 类水质，故而平水期水质最差；②TN 指标水质优劣顺序表现为：丰水期＞平水期＞枯水期，丰水期各点 TN 均能达到 III 类水质标准，平水期各点均能达到 IV 类水质标准，而枯水期一半的点位水质达到 V 类水质标准；③TP 指标水质优劣顺序表现为枯水期＞丰水期＞平水期，枯水期 TP 都能达到 III 类水质标准，丰水期 8 个点位中存在 1 个点位劣于 III 类水质标准，而平水期存在 5 个点位劣于 III 类水质标准，故而平水期水质最差；④COD_{Mn} 水质优劣顺序表现为：枯水期＞平水期＝丰水期，所有点位水质都能达到 III 类水质标准，且部分点位水质可达到 II 类水质标准。

洪湖不同水期 TN、COD 点位超标率均为 100%，其中枯水期 TN、COD 平均超标指数分别为 2.96、1.11，平水期 TN、COD 平均超标指数 2.38、1.38，丰水期 TN、COD 平均超标指数 1.56、1.24；枯水期和丰水期 NH_3-N 无超标现象，平水期 NH_3-N 出现部分超标，点位超标率分别为 25%，其平均超标指数分别为 0.95；三个水期中，高锰酸盐指数的点位超标率始终保持在 50%，枯水期、平水期、丰水期超标指数分别为 1.02、1.08、1.08。不同水期各超标因子超标指数分布情况见图 2.64。

表 2.16　2015 年洪湖分水期水质超标情况一览表

（单位：mg/L）

监测点位	枯水期								平水期										丰水期							
	TP浓度/(mg/L)	超标指数	TN浓度/(mg/L)	超标指数	COD浓度/(mg/L)	超标指数	COD_Mn浓度/(mg/L)	超标指数	TP浓度/(mg/L)	超标指数	TN浓度/(mg/L)	超标指数	COD浓度/(mg/L)	超标指数	COD_Mn浓度/(mg/L)	超标指数	NH₃-N浓度/(mg/L)	超标指数	TP浓度/(mg/L)	超标指数	TN浓度/(mg/L)	超标指数	COD浓度/(mg/L)	超标指数	COD_Mn浓度/(mg/L)	超标指数
湖心 A	0.029	1.16	1.41	2.82	17.1	1.14	3.6	0.90	0.064	2.56	1.29	2.58	19.9	1.33	3.9	0.98	0.46	0.92	0.037	1.48	0.83	1.66	15.9	1.06	3.8	0.95
蓝田	0.045	1.80	1.33	2.66	17.5	1.17	4.4	1.10	0.065	2.60	1.18	2.36	21.3	1.42	4.8	1.20	0.49	0.98	0.054	2.16	0.84	1.68	20.3	1.35	4.9	1.23
排水闸	0.038	1.52	1.32	2.64	15.2	1.01	3.8	0.95	0.038	1.52	1.32	2.64	22.0	1.47	3.9	0.98	0.45	0.90	0.034	1.36	0.76	1.52	18.6	1.24	3.9	0.98
小港	0.036	1.44	1.61	3.22	17.6	1.17	4.4	1.10	0.065	2.60	1.20	2.40	18.3	1.22	4.9	1.23	0.48	0.96	0.036	1.44	0.89	1.78	18.3	1.22	4.7	1.18
湖心 B	0.031	1.24	1.57	3.14	16.9	1.13	3.7	0.93	0.051	2.04	1.29	2.58	19.3	1.29	3.8	0.95	0.58	1.16	0.039	1.56	0.74	1.48	16.7	1.11	3.8	0.95
下新河	0.040	1.60	1.54	3.08	18.1	1.21	4.4	1.10	0.064	2.56	1.28	2.56	23.0	1.53	4.7	1.18	0.49	0.98	0.042	1.68	0.94	1.88	21.0	1.40	4.8	1.20
杨柴湖	0.022	0.88	1.50	3.00	15.1	1.01	3.7	0.93	0.033	1.32	0.90	1.80	19.2	1.28	3.8	0.95	0.33	0.66	0.041	1.64	0.63	1.26	18.2	1.21	3.8	0.95
桐梓湖	0.037	1.48	1.56	3.12	15.5	1.03	4.5	1.13	0.041	1.64	1.04	2.08	22.0	1.47	4.8	1.20	0.53	1.06	0.045	1.80	0.59	1.18	19.4	1.29	4.9	1.23
平均值	0.035	1.39	1.48	2.96	16.6	1.11	4.1	1.02	0.053	2.11	1.19	2.38	20.6	1.38	4.3	1.08	0.48	0.95	0.041	1.64	0.78	1.56	18.6	1.24	4.3	1.08
最大值	0.045	1.80	1.61	3.22	18.1	1.21	4.5	1.13	0.065	2.60	1.32	2.64	23.0	1.53	4.9	1.23	0.58	1.16	0.054	2.16	0.94	1.88	21.0	1.40	4.9	1.23
II 类标准	≤0.025		≤0.50		≤15.0		≤4.0		≤0.025		≤0.50		≤15.0		≤4.0		≤0.50		≤0.025		≤0.50		≤15.0		≤4.0	
点位超标率	88%		100%		100%		50%		100%		100%		100%		50%		25%		100%		100%		100%		50%	

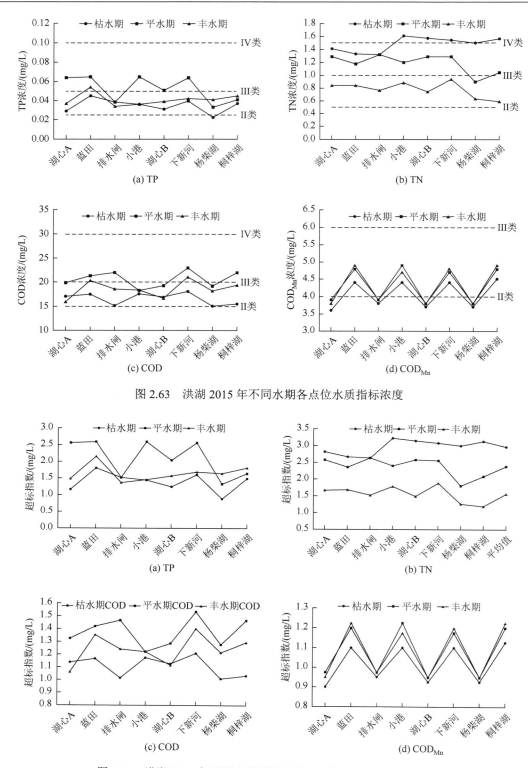

图 2.63　洪湖 2015 年不同水期各点位水质指标浓度

图 2.64　洪湖 2015 年不同水期不同点位水质指标超标指数分布图

2.7　洪湖各长期监测断面水质和营养状态变化综合分析

根据荆州市环境保护局公布的荆州市地表水环境质量月报，整理 2012 年 1 月~2016 年 12 月洪湖水质类别和营养状态统计表，见表 2.17，各断面水质统计见图 2.65。

表 2.17　洪湖 2012~2016 年水质类别及营养状态统计表

时间	国控								省控							
	湖心 A		排水闸		湖心 B		杨柴湖		蓝田		小港		下新河		桐梓湖	
	水质类别	营养状态	水质类别	营养状态	水质类别	营养状态	水质类别	营养状态	水质类别	营养状态	水质类别	营养状态	水质类别	营养状态	水质类别	营养状态
2016 年 12 月	—	—	—	—	—	—	—	轻富	V	轻富	—	—	—	—	—	—
2016 年 11 月	IV	中	IV	中	IV	中	III	中	V	中	IV	中	III	中	III	中
2016 年 10 月	IV	中	V	轻富	V	轻富	V	中	V	轻富	V	中	V	轻富	劣V	中
2016 年 9 月	V	中	V	中	V	中	V	中	IV	中	V	中	V	中	劣V	中
2016 年 8 月	V	中	IV	中	IV	中	IV	中	IV	中	IV	中	III	中	III	中
2016 年 6 月	V	中	V	中	劣V	中	劣V	中	V	中	V	中	V	中	劣V	中
2016 年 5 月	V	中	V	中	V	中	IV	中	IV	中	IV	中	IV	中	IV	中
2016 年 4 月	IV	中	IV	中	IV	中	IV	中	IV	中	IV	中	IV	中	IV	中
2016 年 3 月	III	中	IV	中	IV	中	IV	中	IV	中	IV	中	IV	中	IV	中
2016 年 2 月	III	中	IV	中	IV	中	IV	中	IV	中	IV	中	IV	中	III	中
2016 年 1 月	V	中	IV	中	IV	中	IV	中	IV	中	IV	中	IV	中	IV	中
2015 年 12 月	IV	中	IV	中	IV	中	IV	中	IV	中	IV	中	IV	中	IV	中
2015 年 11 月	IV	轻富	IV	轻富	IV	轻富	IV	中	IV	轻富	IV	轻富	IV	轻富	IV	中
2015 年 10 月	V	轻富	V	轻富	IV	轻富	IV	中	V	轻富	IV	轻富	IV	轻富	IV	中
2015 年 9 月	IV	中	V	中	IV	中	IV	中	IV	中	IV	中	IV	中	V	中
2015 年 8 月	II	中	II	中	II	中	II	中	III	中	III	中	III	中	III	中
2015 年 7 月	II	中	II	中	II	中	II	中	III	中	III	中	III	中	III	中
2015 年 6 月	II	中	II	中	II	中	II	中	III	中	III	中	III	中	III	中
2015 年 5 月	II	中	II	中	II	中	II	中	III	中	III	中	III	中	III	中
2015 年 4 月	II	中	II	中	II	中	II	中	III	中	III	中	III	中	III	中
2015 年 3 月	II	中	II	中	II	中	II	中	III	中	III	中	III	中	III	中
2015 年 2 月	II	中	II	中	II	中	II	中	III	中	III	中	III	中	III	中
2015 年 1 月	II	中	II	中	II	中	II	中	III	中	III	中	III	中	III	中
2014 年 12 月	II	中	II	中	II	中	II	中	III	中	III	中	III	中	III	中
2014 年 11 月	II	中	II	中	II	中	II	中	III	中	III	中	III	中	III	中
2014 年 10 月	II	中	II	中	II	中	II	中	III	中	III	中	III	中	III	中
2014 年 9 月	II	中	II	中	II	中	II	中	III	中	III	中	III	中	III	中
2014 年 8 月	II	中	II	中	II	中	II	中	III	中	III	中	III	中	III	中

时间	国控								省控							
	湖心 A		排水闸		湖心 B		杨柴湖		蓝田		小港		下新河		桐梓湖	
	水质类别	营养状态	水质类别	营养状态	水质类别	营养状态	水质类别	营养状态	水质类别	营养状态	水质类别	营养状态	水质类别	营养状态	水质类别	营养状态
2014 年 7 月	II	中	II	中	II	中	II	中	III	中	III	中	III	中	III	中
2014 年 6 月	II	中	II	中	II	中	II	中	III	中	III	中	III	中	III	中
2014 年 5 月	II	中	II	中	II	中	II	中	III	中	III	中	III	中	III	中
2014 年 4 月	II	中	II	中	II	中	II	中	III	中	III	中	III	中	III	中
2014 年 3 月	II	中	II	中	II	中	II	中	III	中	III	中	III	中	III	中
2014 年 2 月	II	中	II	中	II	中	II	中	III	中	III	中	III	中	III	中
2014 年 1 月	II	中	II	中	II	中	III	中	III	中	III	中	III	中	III	中
2013 年 12 月	II	中	II	中	II	中	II	中	III	中	III	中	III	中	III	中
2013 年 11 月	II	中	II	中	II	中	II	中	III	中	III	中	III	中	III	中
2013 年 10 月	II	中	II	中	II	中	II	中	III	中	III	中	III	中	III	中
2013 年 9 月	II	中	II	中	II	中	II	中	III	中	III	中	III	中	III	中
2013 年 8 月	II	中	II	中	II	中	II	中	III	中	III	中	III	中	III	中
2013 年 7 月	II	中	II	中	II	中	II	中	III	中	III	中	III	中	III	中
2013 年 6 月	II	中	II	中	II	中	II	中	III	中	III	中	III	中	III	中
2013 年 5 月	II	中	II	中	II	中	II	中	III	中	III	中	III	中	III	中
2013 年 4 月	II	中	II	中	II	中	II	中	III	中	III	中	III	中	III	中
2013 年 3 月	II	中	II	中	II	中	II	中	III	中	III	中	III	中	III	中
2013 年 2 月	II	中	II	中	II	中	II	中	III	中	III	中	III	中	III	中
2013 年 1 月	II	中	II	中	II	中	II	中	III	中	III	中	III	中	III	中
2012 年 12 月	II	—	II	—	II	—	II	—	III	—	III	—	III	—	III	—
2012 年 11 月	II	—	II	—	II	—	II	—	III	—	III	—	III	—	III	—
2012 年 10 月	II	—	V	—	II	—	II	—	III	—	III	—	III	—	III	—
2012 年 9 月	II	—	II	—	II	—	II	—	III	—	III	—	III	—	III	—
2012 年 8 月	II	—	II	—	II	—	II	—	III	—	III	—	III	—	III	—
2012 年 7 月	II	—	II	—	II	—	II	—	III	—	III	—	III	—	III	—
2012 年 6 月	II	—	II	—	II	—	II	—	III	—	III	—	III	—	III	—
2012 年 5 月	III	—	III	—	III	—	III	—	III	—	III	—	III	—	III	—
2012 年 4 月	III	—	III	—	III	—	III	—	III	—	III	—	III	—	III	—
2012 年 3 月	II	—	II	—	III	—	III	—	III	—	III	—	III	—	III	—
2012 年 2 月	III	—	III	—	II	—	III	—	III	—	III	—	III	—	III	—
2012 年 1 月	II	—	II	—	III	—	II	—	II	—	III	—	III	—	II	—

注："中"指中营养，"轻富"指轻度富营养

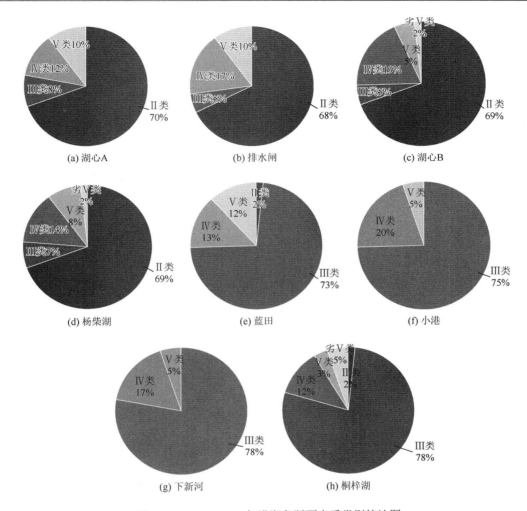

图 2.65 2012～2016 年洪湖各断面水质类别统计图

统计各断面超标指标见表 2.18。结果显示，2012 年 1 月～2015 年 8 月，总体上洪湖的水质一直稳定在 Ⅱ～Ⅲ 类，8 个断面中，Ⅲ类水质所占比重略大于 Ⅱ类水质，极少出现Ⅳ类或 Ⅴ 类水质，水质恶化均出现在枯水期（1 月、2 月、3 月、12 月）和平水期（4 月、5 月、10 月、11 月），但未出现劣 Ⅴ 类水质。2015 年 9 月～2016 年 12 月（2016 年 7 月洪湖由于洪灾禁航而未监测），水质均为Ⅲ类及以下，总体上水质恶化为Ⅳ～Ⅴ类，且Ⅲ类水质有且仅在个别月的个别断面出现，水质最差的月为 2016 年 6 月，8 个监测断面中，劣Ⅴ类断面 3 个，Ⅴ类断面 5 个；其次为 2016 年 9 月，劣Ⅴ类断面 1 个，Ⅴ类断面 6 个；2016 年 10 月，劣Ⅴ类断面 1 个，Ⅴ类断面 6 个；2015 年 9 月，Ⅴ类水体 4 个。2012 年 1 月～2013 年 9 月洪湖主要超标指标为 COD_{Mn}，2013 年 10 月～2015 年 1 月洪湖主要超标指标为 COD_{Mn} 和 TP，2015 年 2 月～2016 年 12 月洪湖主要超标指标为 TP、COD 和 NH_3-N。

表2.18　洪湖2012~2016年各断面超标指标统计

时间	国控				省控			
	湖心A	排水闸	湖心B	杨柴湖	蓝田	小港	下新河	桐梓湖
2016年12月	TP、NH$_3$-N、COD$_{Mn}$	TP、COD、COD$_{Mn}$	TP、COD$_{Mn}$、COD	TP、COD、COD$_{Mn}$	NH$_3$-N、COD、TP	TP、NH$_3$-N、COD	COD、TP、NH$_3$-N	COD、TP、NH$_3$-N
2016年11月	TP、NH$_3$-N、COD$_{Mn}$	TP、COD、COD$_{Mn}$	TP、COD$_{Mn}$、COD	NH$_3$-N、TP	TP、NH$_3$-N、COD	TP、COD、COD$_{Mn}$	TP、COD$_{Mn}$	NH$_3$-N、TP、COD
2016年10月	COD、TP、NH$_3$-N	COD、TP、COD$_{Mn}$	COD、TP、COD$_{Mn}$	COD、TP、COD$_{Mn}$	TP、COD、COD$_{Mn}$	COD、TP、COD$_{Mn}$	COD、TP、COD	COD、TP、COD$_{Mn}$
2016年9月	COD、TP、COD$_{Mn}$	COD、TP、COD$_{Mn}$	COD、TP、COD$_{Mn}$	COD、TP、NH$_3$-N	COD、TP	COD、COD$_{Mn}$、TP	COD、NH$_3$-N、COD$_{Mn}$	COD、NH$_3$-N、TP
2016年8月	COD、TP	COD、TP、COD$_{Mn}$	COD、TP	TP、COD$_{Mn}$	TP	COD、TP	TP、COD	COD(0.3)、NH$_3$-N
2016年6月	COD、TP	COD、TP	COD、TP	pH、COD、TP	TP	TP、COD$_{Mn}$	TP、COD$_{Mn}$	pH、COD、TP
2016年5月	COD	COD、TP	COD	COD	COD	TP、COD$_{Mn}$	COD	COD
2016年4月	COD	COD、TP	COD、TP、NH$_3$-N	COD、TP	TP、COD、COD$_{Mn}$	COD、NH$_3$-N、TP	TP	COD、TP
2016年3月	—	COD	COD	COD	COD、TP	COD	COD	COD
2016年2月	NH$_3$-N、COD	COD、NH$_3$-N	COD、NH$_3$-N	COD、NH$_3$-N	COD、TP、NH$_3$-N	COD、NH$_3$-N、TP	COD、NH$_3$-N	NH$_3$-N、COD
2016年1月	COD、TP、NH$_3$-N	COD、TP	COD	COD、NH$_3$-N、TP	COD、TP	COD、TP	TP、COD$_{Mn}$	COD、NH$_3$-N
2015年12月	COD、TP、NH$_3$-N	TP、COD、NH$_3$-N	TP、COD	COD	TP、COD、COD$_{Mn}$	TP、NH$_3$-N、COD	TP、COD、NH$_3$-N	COD
2015年11月	TP、COD	COD、TP、NH$_3$-N	TP、NH$_3$-N、COD	TP、COD	TP、COD$_{Mn}$、COD	TP、NH$_3$-N、COD	COD、TP、NH$_3$-N	COD、TP、NH$_3$-N
2015年10月	TP、COD、NH$_3$-N	COD、TP、NH$_3$-N	TP、COD	TP、COD	COD、COD$_{Mn}$、NH$_3$-N	TP、COD、COD$_{Mn}$	TP、COD、COD$_{Mn}$	TP、COD、COD$_{Mn}$
2015年9月	TP、COD	COD、TP	TP、COD	TP、COD	TP、COD、COD$_{Mn}$	TP、COD、COD$_{Mn}$	TP、COD、COD$_{Mn}$	TP、COD$_{Mn}$
2015年8月	—	—	—	—	COD、COD$_{Mn}$、TP	TP、COD$_{Mn}$	TP、COD$_{Mn}$	TP、COD$_{Mn}$
2015年7月					COD、COD$_{Mn}$、TP	COD$_{Mn}$、COD	COD$_{Mn}$、COD	COD$_{Mn}$
2015年6月					TP、COD$_{Mn}$、COD	COD、COD$_{Mn}$	COD、COD$_{Mn}$、COD	TP、COD$_{Mn}$、COD
2015年5月					TP、COD$_{Mn}$、COD	COD$_{Mn}$、TP	TP、COD、COD$_{Mn}$	TP、COD、COD$_{Mn}$
2015年4月					COD、COD$_{Mn}$、NH$_3$-N	TP、COD、COD	TP、COD、COD$_{Mn}$	TP、COD、COD
2015年3月					TP、COD$_{Mn}$	TP、COD$_{Mn}$、COD	TP、COD、COD$_{Mn}$	TP、COD$_{Mn}$
2015年2月					TP、COD$_{Mn}$	TP、COD$_{Mn}$	COD、TP、COD$_{Mn}$	TP、COD$_{Mn}$
2015年1月					COD$_{Mn}$、TP、COD	COD$_{Mn}$、TP	COD$_{Mn}$、TP、COD	COD$_{Mn}$、TP

续表

时间	国控				省控			
	湖心 A	排水闸	湖心 B	杨柴湖	蓝田	小港	下新河	桐梓湖
2014 年 12 月	—	—	—	—	COD_{Mn}、TP	COD_{Mn}	COD_{Mn}、TP	COD_{Mn}、TP
2014 年 11 月	—	—	—	—	COD_{Mn}、TP	COD_{Mn}、TP	COD_{Mn}、TP	COD_{Mn}、TP
2014 年 10 月	—	—	—	—	COD_{Mn}、TP	COD_{Mn}、TP	COD_{Mn}、TP	COD_{Mn}、TP
2014 年 9 月	—	—	—	—	COD_{Mn}、TP	COD_{Mn}	COD_{Mn}、TP	COD_{Mn}、TP
2014 年 8 月	—	—	—	—	COD_{Mn}、TP	COD_{Mn}	COD_{Mn}、TP	COD_{Mn}、TP
2014 年 7 月	—	—	—	—	COD_{Mn}、TP、COD	COD_{Mn}、TP、COD	COD_{Mn}、TP	COD_{Mn}、TP
2014 年 6 月	—	—	—	—	COD_{Mn}、TP	COD_{Mn}、TP	COD_{Mn}、TP	COD_{Mn}、TP
2014 年 5 月	—	—	—	—	COD_{Mn}	COD_{Mn}	COD_{Mn}	COD_{Mn}
2014 年 4 月	—	—	—	—	COD_{Mn}	COD_{Mn}	COD_{Mn}	COD_{Mn}
2014 年 3 月	—	—	—	—	COD_{Mn}	COD_{Mn}、TP	COD_{Mn}	COD_{Mn}
2014 年 2 月	—	—	—	COD_{Mn}、NH_3-N	COD_{Mn}、TP	COD_{Mn}、TP	COD_{Mn}、TP	COD_{Mn}、TP
2014 年 1 月	—	—	—	COD_{Mn}、NH_3-N	COD_{Mn}、TP	COD_{Mn}、TP	COD_{Mn}、TP	COD_{Mn}、TP
2013 年 12 月	—	—	—	—	COD_{Mn}、TP	COD_{Mn}、TP	COD_{Mn}、TP	COD_{Mn}、TP
2013 年 11 月	—	—	—	—	COD_{Mn}、TP	COD_{Mn}、TP	COD_{Mn}、TP	COD_{Mn}、TP
2013 年 10 月	—	—	—	—	COD_{Mn}、TP	COD_{Mn}、TP	COD_{Mn}、TP	COD_{Mn}、TP
2013 年 9 月	—	—	—	—	COD_{Mn}	COD_{Mn}	COD_{Mn}	COD_{Mn}
2013 年 8 月	—	—	—	—	COD_{Mn}、TP	COD_{Mn}、TP	COD_{Mn}、TP	COD_{Mn}、TP
2013 年 7 月	—	—	—	—	COD_{Mn}、TP	COD_{Mn}	COD_{Mn}	COD_{Mn}
2013 年 6 月	—	—	—	—	COD_{Mn}、TP	COD_{Mn}	COD_{Mn}	COD_{Mn}
2013 年 5 月	—	—	—	—	COD_{Mn}、TP	COD_{Mn}、TP	COD_{Mn}	COD_{Mn}
2013 年 4 月	—	—	—	—	COD_{Mn}	COD_{Mn}	COD_{Mn}	COD_{Mn}
2013 年 3 月	—	—	—	—	COD_{Mn}	COD_{Mn}	COD_{Mn}	COD_{Mn}
2013 年 2 月	—	—	—	—	COD_{Mn}	COD_{Mn}	COD_{Mn}	COD_{Mn}

续表

时间	国控				省控			
	湖心 A	排水闸	湖心 B	杨柴湖	蓝田	小港	下新河	桐梓湖
2013 年 1 月	—	—	COD	—	—	COD$_{Mn}$	COD$_{Mn}$	—
2012 年 12 月	—	—	—	—	COD$_{Mn}$	COD$_{Mn}$	COD$_{Mn}$	COD$_{Mn}$
2012 年 11 月	—	TP	—	—	COD$_{Mn}$	COD$_{Mn}$	COD$_{Mn}$	COD$_{Mn}$
2012 年 10 月	—	—	—	—	COD$_{Mn}$	COD$_{Mn}$	COD$_{Mn}$	COD$_{Mn}$
2012 年 9 月	—	—	—	—	COD$_{Mn}$	COD$_{Mn}$	COD$_{Mn}$	COD$_{Mn}$
2012 年 8 月	—	—	—	—	COD$_{Mn}$	COD$_{Mn}$	COD$_{Mn}$	COD$_{Mn}$
2012 年 7 月	—	—	—	—	COD$_{Mn}$	COD$_{Mn}$	COD$_{Mn}$	COD$_{Mn}$
2012 年 6 月	—	—	—	—	COD$_{Mn}$	COD$_{Mn}$	COD$_{Mn}$	COD$_{Mn}$
2012 年 5 月	COD$_{Mn}$	COD$_{Mn}$	COD$_{Mn}$	COD$_{Mn}$	COD$_{Mn}$	COD$_{Mn}$	COD$_{Mn}$	COD$_{Mn}$
2012 年 4 月	COD$_{Mn}$	COD$_{Mn}$	COD$_{Mn}$	COD$_{Mn}$	COD$_{Mn}$	COD$_{Mn}$	COD$_{Mn}$	COD$_{Mn}$
2012 年 3 月	COD$_{Mn}$	COD$_{Mn}$	—	COD$_{Mn}$	COD$_{Mn}$	COD$_{Mn}$	COD$_{Mn}$	COD$_{Mn}$
2012 年 2 月	—	—	—	—	—	COD$_{Mn}$	COD$_{Mn}$	COD$_{Mn}$
2012 年 1 月	—	—	COD	—	—	COD$_{Mn}$	COD$_{Mn}$	—

从营养状况看，水质最差的月份对应的营养指数并非最高。2012 年 1 月～2016 年 12 月连续 59 个月中，大部分为中营养，有 4 个月出现轻度富营养化现象，分别为 2015 年 10 月、2015 年 11 月、2016 年 10 月和 2016 年 12 月。其中 2015 年 10 月和 11 月是营养化最严重的月份，评价的 8 个断面中 6 个为轻度富营养化。可见，洪湖最可能出现富营养化的时间为 10～12 月。

国控断面：湖心 A 和湖心 B 分别位于茶坛岛西边和东边，代表洪湖北部水域东西两边的湖心水质，杨柴湖和排水闸位于洪湖南部水域，靠近长江，且排水闸的水体通过闸口直接与长江进行水体交换，代表该区进出水水质。4 个国控断面水质状况基本近似，Ⅱ类水质占比最大，为 70%左右，Ⅳ类次之，为 12%～19%，Ⅴ类占比第三，为 5%～10%，Ⅲ类水质为 5%～8%，劣Ⅴ类极少，为 0～2%。

省控断面：水质状况基本相似。小港和下新河均未出现Ⅱ类水质，蓝田和桐梓湖虽有Ⅱ类水质出现，但占比仅为 2%。Ⅲ类水质占比最多，达 73%～78%；Ⅳ类水质次之，占比为 12%～20%；除桐梓湖出现劣Ⅴ类水质外，其他 3 个省控断面均未出现劣Ⅴ类水质，且桐梓湖劣Ⅴ类水质（5%）多于Ⅴ类（3%）水质，可见桐梓湖污染最为严重。

2.8　2006～2016 年洪湖整体水质变化评价

2.8.1　评价方法

自 20 世纪 60 年代以来，国内外就不断有文献讨论水质评价的方法，并开发出几十种水质评价方法。纵观环境评价的发展，有由单目标向多目标，单环境要素向多环境要素，单纯的自然环境系统向自然环境与社会环境的综合系统，静态分析向动态分析发展的趋势。水质评价主要采用的方法是文字分析与描述，并配合数学计算。可用达标率、超标率等统计数字说明水质的状况。对于地表水质量评价，主要方法有单因子指数评价法、环境污染指数法、生物学评价法、灰色评价法、模糊数学法、物元分析法、人工神经网络评价法等。结合实际掌握的监测数据以及评价目的，本研究选取单因子指数评价法和环境污染指数法对洪湖 2006～2016 年水质进行评价。

单因子指数评价法是现行国家水质标准《地表水环境质量标准》（GB 3838—2002）中已确定的评价方法，即以水质最差的单项指标所属类别来确定水体综合水质类别。该方法简单明了，可直接反映水质状况与评价标准之间的关系，是目前使用最多的水质评价方法。其计算方式为

$$X_i = \frac{c_i}{s_i} \tag{2.1}$$

式中：c_i 为某一质量参数的监测统计浓度，mg/L；s_i 为某一质量参数的评价标准，mg/L，通常采用国家环境质量标准，在国家标准未作规定时采用国际标准或环境基准值。

水质参数的标准指数 $X_i > 1$，表明该水质参数超过了规定的水质标准，已经不能满足使用功能的要求。水质参数的标准指数 $X_i \leq 1$，表明水质参数可以满足实用功能的要求，并且标准指数越小，说明水质越优。

环境污染指数法是用水体各监测项目的监测结果与其评价标准之比作为该项目的污染分指数，再通过各种数学手段将各项目的分指数综合运算得出一个综合指数，以此代表水体的污染程度，作为水质评定尺度。本次研究主要利用环境污染指数法，将水环境中的污染物含量按照一定算法转换成数值，以此来表征不同水质指标的污染程度和评价水体的污染程度。其计算方法为

$$I_i = \frac{C_i}{S_i} \tag{2.2}$$

式中：I_i 为某污染物的污染分指数；C_i 为某污染物的实测浓度；S_i 为某污染物的评价标准。

式（2.2）中 I_i 表示与标准值比较后的环境污染倍数，I_i 数值越大，代表污染程度越高。C_i 的数值是监测站测出的实测数据，一般取实测数据的平均值。S_i 的值可以根据研究区域的要求选用相应的水质标准浓度。

根据《荆州市地表水环境质量公报》，本节中的水质标准取《地表水环境质量标准》（GB 3838—2002）中规定的 II 类水标准限值，见表 2.19。在收集整理洪湖 2006～2016 年监测数据作为实测样本后，结合资料的完整性、可得性及评价指标的代表性，本书选取了 NH₃-N、TN、TP、COD_Mn、BOD₅ 五项指标作为评价指标。COD 监测数据起自 2011 年，故未选取其作为洪湖水环境污染评价的一项指标。因此，在计算出 COD_Mn、NH₃-N、TN、TP、BOD₅ 的环境污染分指数以后，利用直接叠加法来计算环境污染综合指数 QI。

$$QI = I_{NH_3-N} + I_{TN} + I_{TP} + I_{COD_{Mn}} + I_{BOD_5} \tag{2.3}$$

表 2.19　《地表水环境质量标准》（GB 3838—2002）标准限值　　（单位：mg/L）

水质标准分类	TN 浓度	TP 浓度	NH₃-N 浓度	COD_Mn 浓度	BOD₅ 浓度
I	0.2	0.01	0.15	2	3
II	0.5	0.025	0.5	4	3
III	1	0.05	1	6	4
IV	1.5	0.1	1.5	10	6
V	2	0.2	2	15	10

2.8.2　单因子评价年际变化

在收集整理洪湖 2006～2016 年监测数据作为实测样本后，结合资料的完整性、可得性及评价指标的代表性，本书求得 NH₃-N、TN、TP、COD_Mn、BOD₅ 5 项水质指标 2006～2016 年各月的实测浓度的平均值作为该年度该评价指标的浓度，再根据表 2.19 中的水质标准限值对其进行水质类别评价。最后，运用单因子评价法对上述五项指标进行简单水质评价得到其综合水质类别，评价结果见表 2.20。

表 2.20　洪湖 2006～2016 年水质监测结果及单因子评价结果

年份	TN		TP		NH₃-N		COD_Mn		BOD₅		总体水质评价
	浓度/(mg/L)	水质类别	浓度/(mg/L)	水质类别	浓度/(mg/L)	水质类别	浓度/(mg/L)	水质类别	浓度/(mg/L)	水质类别	
2006	0.90	III	0.05	III	0.37	II	4.30	III	2.84	I	III
2007	1.32	IV	0.046	III	0.36	II	4.25	III	2.79	I	IV
2008	1.08	IV	0.039	III	0.33	II	4.07	III	2.87	I	IV
2009	1.01	IV	0.03	III	0.29	II	4.60	III	3.24	III	IV
2010	1.04	IV	0.046	III	0.37	II	3.75	II	2.71	I	IV
2011	0.69	III	0.03	III	0.29	II	4.01	III	2.45	I	III
2012	0.73	III	0.019	II	0.26	II	4.42	III	1.96	I	III
2013	0.72	III	0.026	II	0.25	II	4.32	III	1.93	I	III
2014	0.78	III	0.027	II	0.32	II	4.37	III	1.95	I	III
2015	1.19	IV	0.047	III	0.39	II	4.31	III	1.94	I	IV
2016	0.87	III	0.053	IV	0.55	III	4.14	III	2.00	I	IV

由表 2.25 可知，洪湖在 2006 年时，水质为III类水体；2007～2010 年，由于 TN 污染，水质降为IV类水体；2011～2014 年，水质好转为III类水体；2015～2016 年，由于 N、P 污染，水质又降为IV类水体。总体上来讲，从 2006～2016 年 11 年间，COD_Mn 基本上都达III类水质标准，BOD₅ 除了 2009 年以外，其他年份都能达到 I 类水标准，因此洪湖水质主要受植物性营养元素 N、P 污染。

2.8.3　环境污染指数评价年际变化

根据洪湖历史监测资料，采用《地表水环境质量标准》（GB 3838—2002）中的 II 类水质标准作为评价标准对洪湖各年的水质参数求环境污染分指数，在计算出 TN、TP、NH₃-N、COD_Mn、BOD₅ 的环境污染分指数以后，最终利用直接叠加法来计算环境污染综合指数 QI，详见表 2.21 和图 2.66。

表 2.21　洪湖 2006～2016 年水质监测结果及级别评价

年份	I_{TN}	I_{TP}	I_{NH_3-N}	$I_{COD_{Mn}}$	I_{BOD_5}	QI
2006	1.80	2.00	0.74	1.08	0.95	6.56
2007	2.64	1.84	0.72	1.06	0.93	7.19
2008	2.16	1.56	0.66	1.02	0.96	6.35
2009	2.02	1.20	0.58	1.15	1.08	6.03
2010	2.08	1.84	0.74	0.94	0.90	6.50
2011	1.38	1.20	0.58	1.00	0.82	4.98
2012	1.46	0.76	0.52	1.11	0.65	4.50
2013	1.44	1.04	0.50	1.08	0.64	4.70

年份	I_{TN}	I_{TP}	I_{NH_3-N}	$I_{COD_{Mn}}$	I_{BOD_5}	QI
2014	1.56	1.08	0.64	1.09	0.65	5.02
2015	2.38	1.88	0.78	1.08	0.65	6.76
2016	1.74	2.12	1.10	1.04	0.67	6.66

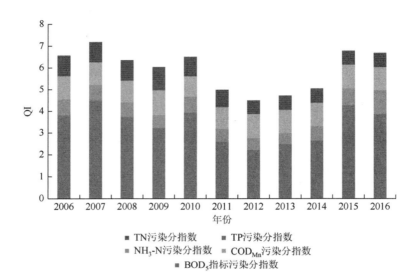

图 2.66　洪湖 2006～2016 年环境污染综合指数

分析图 2.66 可知，洪湖 2006～2016 年环境污染综合指数呈波动性变化，QI 最低值出现在 2012 年，QI 为 4.50；最高出现在 2007 年，QI 为 7.19。从洪湖水质指数的变化趋势来看，其呈现出明显的"污染波动"，其中 2007 年、2010 年、2015 年均为污染指数较高年份，据此划分近十年的洪湖水质变化，可分为三个阶段。

第一阶段为 2006～2007 年，QI 从 6.56 上升到近十年来的最高值 7.19。TN 和 TP 均污染较严重，其中 TN 污染分指数从 2006 年的 1.8 明显升高到 2007 年的 2.64，TP 污染分指数则维持在 2 左右。

第二阶段为 2008～2010 年，这一阶段的 QI 较为稳定，无明显恶化或好转现象，而因为总氮分指数逐步下降，整体综合指数较 2007 年峰值有轻微下降，整体水质仍然只能达到Ⅳ类水质标准。

第三阶段为 2010～2016 年，这一阶段 QI 呈先下降后升高的趋势。分析各指标污染分指数，不难发现 2015 年和 2016 年污染综合指数上升根本原因是 TP 污染分指数上升显著，其次为 TN。由于 TN 有较为显著的增加，I_{NH_3-N} 也随之相应增加，但增幅不太明显。$I_{COD_{Mn}}$ 未出现显著变化。2011 年洪湖申报洪湖生态环境保护试点，2012 年为近十年来污染最轻的年份，QI 之所以低是一是因为 I_{TN}、I_{TP}、I_{BOD_5} 都明显低于往期，二是因为 $I_{COD_{Mn}}$ 与往年持平。

综上所述，近十年来，洪湖水体污染程度的决定因子为营养元素，因此要达到Ⅱ类水质管理目标，首要任务是控制 P 和 N 的入湖总量。

2.9　2016 年洪湖底泥重（类）金属含量调查

2.9.1　洪湖底泥调查点位布设

2016 年 11 月，对洪湖底泥进行采样分析。洪湖底泥重（类）金属监测点位布设图见图 2.67，底泥检测仪器、分析方法见表 2.22。

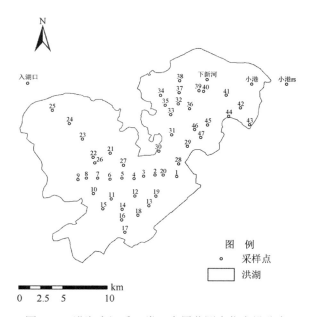

图 2.67　洪湖底泥重（类）金属监测点位布设分布

表 2.22　洪湖底泥重（类）金属分析方法

项目	方法	项目	方法
有机质	滴定法	汞（Hg）	冷原子荧光法
锌（Zn）	电感耦合等离子体原子发射光谱法	砷（As）	冷原子荧光法
镍（Ni）	电感耦合等离子体原子发射光谱法	铜（Cu）	电感耦合等离子体原子发射光谱法
铅（Pb）	石墨炉原子吸收分光光度法	镉（Cd）	石墨炉原子吸收分光光度法
铬（Cr）	电感耦合等离子体原子发射光谱法		

2.9.2　执行标准和评价方法

1. 执行标准

依据《土壤环境质量农用地土壤污染风险管控标准》（GB 15618—2018），洪湖流域土壤为 II 类土壤，即主要适用于一般农田、蔬菜地、茶园果园、牧场等土壤，土壤质量基本上对植物和环境不造成危害和污染。Ⅱ类土壤环境质量执行二级标准，本次评价采用二级土壤质量标准，为保障农业生产，维护人体健康的土壤限制值。其中二级标准选择的 pH＞7.5。

2. 评价方法

本次评价洪湖沉积物环境质量现状采用单因子超标指数法。单因子超标指数为单因子指标含量与环境质量标准的比值，其表达式为

$$P_i = C_i / S_i \tag{2.4}$$

式中：P_i 为环境质量指数；C_i 为环境质量的实测值，mg/kg；S_i 为环境质量评价标准，mg/kg。P_i＜1 表示污染物 i 的污染未超标；P_i＞1 表示污染物 i 的污染超标，P_i 越大，受污染程度越重。

2.9.3　湖区底泥有机质含量

洪湖底泥各采样点的有机质检测结果见表 2.23。

表 2.23　洪湖湖泊底泥物理性状检测结果一览表

采样点	有机质质量分数/(g/kg)	采样点	有机质质量分数/(g/kg)	采样点	有机质质量分数/(g/kg)	采样点	有机质质量分数/(g/kg)
1	9.62	14	5.53	27	8.69	40	3.71
2	1.12	15	10.36	28	2.53	41	5.79
3	1.34	16	3.72	29	4.55	42	3.34
4	1.57	17	1.45	30	8.62	43	3.31
5	2.52	18	1.59	31	3.28	44	2.72
6	2.69	19	2.91	32	10.12	45	6.40
7	2.81	20	1.58	33	9.09	46	3.57
8	1.03	21	4.97	34	3.52	47	1.12
9	6.55	22	7.91	35	2.47	入湖口	3.86
10	1.76	23	7.15	36	5.90	下新河	1.45
11	1.60	24	3.40	37	0.98	小港	7.74
12	0.82	25	4.50	38	6.22	小港 R3	3.69
13	1.43	26	6.29	39	6.28		

根据表 2.23 可知，洪湖底泥有机质质量分数范围为 0.82～10.36 g/kg。

2.9.4　洪湖底泥化学性质

1. 洪湖底泥重（类）金属污染空间分布分析

利用 GIS 软件对洪湖 8 个重（类）金属空间分布作图，结果见附图 10。

（1）砷（As）：由附图 10（a）可知，洪湖除靠近茶坛岛的少部分东南区域的底泥 As 含量较高外，其他均满足二级土壤标准，且大部分区域达到一级土壤标准，总体上，洪湖底泥中的 As 含量不高，但局部区域需引起重视。

（2）镉（Cd）：由附图 10（b）可知，洪湖底泥中 Cd 含量基本上空间差异不大，绝大部分区域达到二级土壤标准，小部分地区达到一级土壤标准。

（3）铬（Cr）：由附图 10（c）可知，洪湖底泥中 Cr 含量较低，大部分达到一级标准，不存在劣于二级标准的底泥。

（4）铜（Cu）：由附图 10（d）可知，洪湖全湖 Cu 含量均达到二级土壤标准，一半以上区域达到一级土壤标准。

（5）汞（Hg）：由附图 10（e）可知，洪湖全湖 Hg 含量几乎均达到一级标准，湖体未受到 Hg 污染。

（6）镍（Ni）：由附图 10（f）可知，洪湖全湖 Ni 含量几乎均达到二级标准，湖体几乎不存在劣于二级标准的底泥。东北区域的 Ni 含量达到一级标准。

（7）铅（Pb）：由附图 10（g）可知，洪湖全湖 Pb 含量均达到二级标准，洪湖西边沿线及东北区域 Pb 含量达到一级标准，湖体无 Pb 污染。

（8）锌（Zn）：由附图 10（h）可知，洪湖全湖 Zn 含量均达到二级标准，不存在劣于二级标准的底泥，且大部分区域达到一级标准，二级土壤分布区主要为东边沿线。

2.10　小　　结

（1）对洪湖 2016 年枯水期 3 月、丰水期 6 月和 8 月、平水期 11 月水质进行调查分析，并通过单因子评价法得到其水质分别为Ⅳ类、Ⅴ类、Ⅳ类、劣Ⅴ类。

（2）拆围后 2017 年 5 月洪湖水质较拆围前 2016 年 7 月水质有所好转，通过单因子评价法洪湖水质为Ⅳ类。

（3）洪湖主要受植物性营养元素 N 和 P 的污染，主要来源为四湖总干渠，有机污染物主要来自湖内网箱养殖和湖中渔民的生活污水。

（4）对洪湖底泥 As、Cd、Cr、Cu、Hg、Ni、Pb、Zn 等 8 个重（类）金属进行检测，发现洪湖茶坛岛附近存在少量 As 污染，极少数区域存在 Cd、Ni 污染，其他区域底泥重（类）金属含量均可达到二级土壤标准。

第3章 洪湖流域水环境质量调查

3.1 流域内水体监测布点

洪湖流域水系复杂，河网纵横交错，主要有四湖总干渠、螺山干渠、西干渠、排涝河、老内荆河、东干渠、太湖港渠、荆州护城河、豉湖渠、监新河、友谊河、下内荆河（老闸河）、蔡家河、子贝渊河、下新河、中府河、田关河等大小河渠一百多条。其中，洪湖水面北与四湖总干渠贯通，西与螺山干渠毗邻，南抵幺河口闸，东与老内荆河相连。流域水系以四湖总干渠、西干渠、东干渠、田关河、螺山干渠和排涝河为输水骨干，以友谊河、蔡家河、排涝河、子贝渊河、豉湖渠、太湖港渠、荆州护城河、东荆河、监新河为输水支流。

流域中各支流设置断面如下：四湖总干渠包括瞿家湾、新滩、福田泵站、新河村4个点位，螺山干渠包括桐梓湖和张家湖2个点位，东荆河包括新刘家台和汉洪大桥2个点位，豉湖渠包括板桥和何桥2个点位，西干渠包括滩河口和幸福桥2个点位，排涝河包括平桥一个点位，朱家河包括朱河一个点位，太湖港渠包括东关桥一个点位。

每月监测以下指标：水温、pH、DO、COD_{Mn}、COD、BOD_5、$NH_3\text{-}N$、TP、TN、氟化物、铬（六价）、氰化物、挥发酚、石油类、阴离子表面活性剂、硫化物、粪大肠菌群、砷、硒（四价）、铜、镉、锌、铅、汞、电导率。

3.2 主要内河水质评价

3.2.1 四湖总干渠水质评价

在洪湖市、监利县均存在四湖总干渠的监测断面，监测断面为瞿家湾、新滩、福田泵站、新河村，四湖总干渠2012～2015年水质变化趋势见图3.1，四湖总干渠2012～2015年水质监测结果见表3.1。根据水质变化趋势，TN浓度近年来下降幅度较大，COD_{Mn}、BOD_5的浓度有上升的趋势，$NH_3\text{-}N$和TP的浓度近年来整体处于上升趋势。与此同时，COD的浓度波动较大，除2014年有所下降以外，其余年份均有所上升，且2015年其浓度仅能达到V类水质标准，超过水体本身规划的III类水体要求。另根据《地表水环境质量标准》（GB 3838—2002），四湖总干渠TN超标率达到100%，COD_{Mn}、BOD_5、COD、$NH_3\text{-}N$、TP的超标率在50%以下，整体水质属于轻度污染。

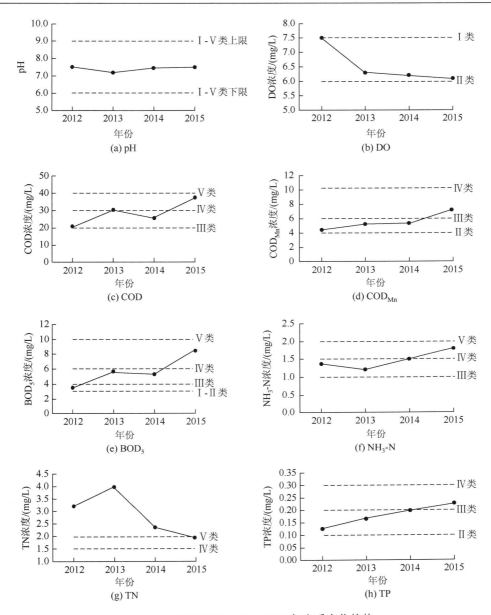

图 3.1 四湖总干渠 2012～2015 年水质变化趋势

表 3.1 四湖总干渠 2012～2015 年水质监测结果

水质指标	2012 年	2013 年	2014 年	2015 年	规划类别限值（III 类）
pH	7.5	7.2	7.5	7.5	6.0～9.0
DO 浓度/(mg/L)	7.5	6.3	6.2	6.1	≥5.0
COD_{Mn} 浓度/(mg/L)	4.4	5.2	5.2	7.0	≤6.0
COD 浓度/(mg/L)	20.3	30.0	25.6	37.0	≤20.0
BOD_5 浓度/(mg/L)	3.5	5.6	5.3	8.4	≤4.0
$NH_3\text{-}N$ 浓度/(mg/L)	1.36	1.19	1.49	1.78	≤1.00

续表

水质指标	2012 年	2013 年	2014 年	2015 年	规划类别限值（Ⅲ类）
TP 浓度/(mg/L)	0.13	0.17	0.20	0.22	≤0.20
TN 浓度/(mg/L)	3.2	4.0	2.4	1.9	≤1.0
氟化物浓度/(mg/L)	0.64	0.60	0.58	0.63	≤1.00
铬（六价）浓度/(mg/L)	0.004 7	0.004 3	0.006 6	0.003 1	≤0.050 0
氰化物浓度/(mg/L)	0002 0	0.001 9	0.002 3	0.002 0	≤0.200 0
挥发酚浓度/(mg/L)	0.002 0	0.001 6	0.000 7	0.000 3	≤0.005 0
石油类浓度/(mg/L)	0.010 8	0.021 3	0.012 3	0.027 5	≤0.050 0
阴离子表面活性剂浓度/(mg/L)	0.025 0	0.029 5	0.023 0	0.025 0	≤0.200 0
硫化物浓度/(mg/L)	0.001 0	0.012 9	0.018 4	0.013 6	≤0.200 0
粪大肠菌群浓度/(mg/L)	1688	1720	2025	2420	≤10 000
As 浓度/(mg/L)	0.002 4	0.002 5	0.001 8	0.000 5	≤0.050 0
硒浓度（四价）/(mg/L)	0.000 03	0.000 18	0.000 15	0.000 13	≤0.010 00
汞浓度/(mg/L)	0.000 02	0.000 02	0.000 02	0.000 02	≤0.000 10
铜浓度/(mg/L)	0.012 9	0.006 4	0.006 4	0.014 0	≤1.000 0
锌浓度/(mg/L)	0.024 4	0.025 2	0.025 0	0.023 7	≤1.000 0
铅浓度/(mg/L)	0.002 4	0.002 7	0.003 1	0.002 7	≤0.050 0
镉浓度/(mg/L)	0.000 24	0.000 31	0.000 28	0.000 23	≤0.005 0

3.2.2　螺山干渠水质评价

　　螺山干渠监测点位于监利县，监测断面有桐梓湖、张家湖，螺山干渠 2012～2015 年水质变化趋势见图 3.2，螺山干渠 2012～2015 年水质监测结果见表 3.2。根据水质趋势，COD 有上升趋势；DO、COD_{Mn} 波动较小；BOD_5 于 2012～2014 年持续轻微下降，但在 2015 年又有所上升；TN 于 2012～2013 年显著下降，于 2013～2015 年显著上升；TP、NH_3-N 浓度有所波动。根据《地表水环境质量标准》（GB 3838—2002），该河水质总体为轻质污染，除 TN、BOD_5 的超标率达到 100%外，COD 的超标率较低，都达到Ⅲ类水功能区划标准。

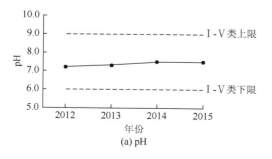

(a) pH

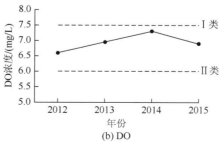

(b) DO

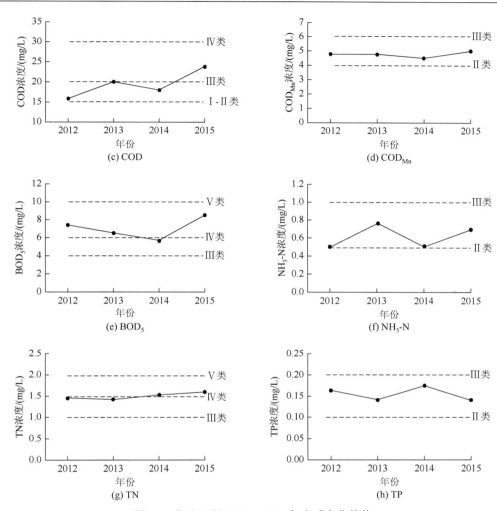

图 3.2　螺山干渠 2012～2015 年水质变化趋势

表 3.2　螺山干渠 2012～2015 年水质监测结果

水质指标	2012 年	2013 年	2014 年	2015 年	规划类别限值（Ⅲ类）
pH	7.2	7.3	7.5	7.5	6.0～9.0
DO 浓度/(mg/L)	6.6	6.9	7.3	6.9	≥5.0
COD_Mn 浓度/(mg/L)	4.8	4.8	4.5	5.0	≤6.0
COD 浓度/(mg/L)	15.8	20.0	18.0	23.7	≤20.0
BOD_5 浓度/(mg/L)	7.3	6.5	5.7	8.5	≤4.0
NH_3-N 浓度/(mg/L)	0.50	0.77	0.51	0.69	≤1.00
TP 浓度/(mg/L)	0.16	0.14	0.17	0.14	≤0.20
TN 浓度/(mg/L)	1.46	1.42	1.53	1.61	≤1.00
氟化物浓度/(mg/L)	0.74	—	0.44	0.66	≤1.00
铬（六价）浓度/(mg/L)	0.002	0.002	0.002	0.002	≤0.050
氰化物浓度/(mg/L)	0.002	0.002	0.002	0.002	≤0.200
挥发酚浓度/(mg/L)	0.000 16	0.000 16	0.000 15	0.000 15	≤0.005 00

续表

水质指标	2012 年	2013 年	2014 年	2015 年	规划类别限值（III类）
石油类浓度/(mg/L)	ND	ND	0.005	0.005	≤0.050
阴离子表面活性剂	ND	ND	0.025	0.025	≤0.200
硫化物	ND	ND	0.016 7	0.024 5	≤0.200 0
粪大肠菌群浓度/(个/L)	ND	ND	4 450	3 450	≤10 000
砷浓度/(mg/L)	0.004	0.004	0.002	0.000 15	≤0.050 00
硒（四价）浓度/(mg/L)	ND	ND	0.000 2	0.000 2	≤0.010 0
汞浓度/(mg/L)	ND	ND	0.000 02	0.000 02	≤0.000 10
铜浓度/(mg/L)	0.025	0.025	0.025	0.025	≤1.000
锌浓度/(mg/L)	0.032 1	0.029 2	0.029 2	0.025	≤1.000
铅浓度/(mg/L)	0.000 5	0.000 5	0.000 5	0.000 5	≤0.050 0
镉浓度/(mg/L)	0.000 05	0.000 05	0.000 05	0.000 05	≤0.005 00

注："ND"表示未检出

3.2.3　东荆河水质评价

东荆河监测点位于监利县和洪湖市，其监测断面为新刘家台、汉洪大桥，东荆河 2012～2015 年水质变化趋势见图 3.3，2012～2015 年水质监测结果见表 3.3。根据水质变化趋势，东荆河的 COD 持续上升，但全年平均值仍满足 II 类水体要求；DO 稳定在 II 类水质左右；COD_{Mn} 和 BOD_5 的浓度整体在上升；TN 于 2012～2013 年上升后，开始显著下降；TP 浓度先下降，后又于 2013 年开始逐渐上升；NH_3-N 的浓度呈逐年显著上升趋势。根据《地表水环境质量标准》（GB 3838—2002），该河的 COD、BOD_5、NH_3-N、TP、粪大肠菌群的超标率达 50%以上，挥发酚、石油类也有超标，使得该河整体水质达不到水质规划类别的 II 类，水质污染较严重。

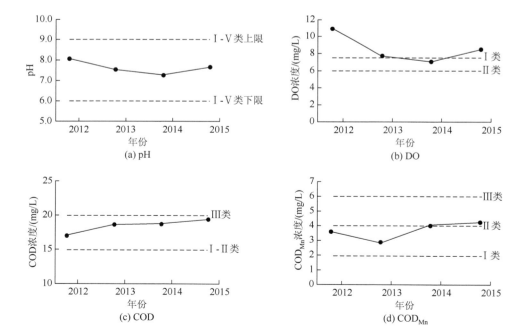

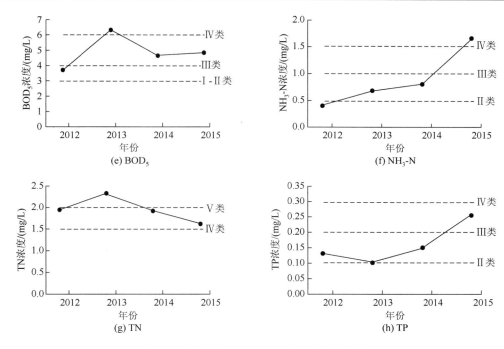

图 3.3　东荆河 2012～2015 年水质变化趋势

表 3.3　东荆河 2012～2015 年水质监测结果

水质指标	2012 年	2013 年	2014 年	2015 年	规划类别限值（Ⅱ类）
pH	8.1	7.6	7.3	7.7	6.0～9.0
DO 浓度/(mg/L)	10.9	7.7	7.0	8.5	≥6.0
COD_{Mn} 浓度/(mg/L)	3.5	2.8	4.0	4.2	≤4.0
COD 浓度/(mg/L)	17.0	18.6	18.8	19.4	≤15.0
BOD_5 浓度/(mg/L)	3.7	6.3	4.6	4.8	≤3.0
NH_3-N 浓度/(mg/L)	0.4	0.7	0.8	1.6	≤0.5
TP 浓度/(mg/L)	0.13	0.10	0.15	0.26	≤0.10
TN 浓度/(mg/L)	1.9	2.3	1.9	1.6	≤0.5
氟化物浓度/(mg/L)	0.40	0.44	0.44	0.42	≤1.00
铬（六价）浓度/(mg/L)	0.007	0.005	0.010 8	0.003 7	≤0.050 0
氰化物浓度/(mg/L)	0.002	0.002	0.002 3	0.002 0	≤0.050 0
挥发酚浓度/(mg/L)	0.003 30	0.000 85	0.000 53	0.000 15	≤0.002 00
石油类浓度/(mg/L)	0.015 9	0.029 0	0.022 9	0.016 7	≤0.050 0
阴离子表面活性剂浓度/(mg/L)	0.020	0.020	0.022	0.025	≤0.200
硫化物浓度/(mg/L)	0.010 0	0.013 5	0.015 0	0.006 0	≤0.100 0
粪大肠菌群浓度/(个/L)	2 075	3 520	2 689	827	≤200 0
砷浓度/(mg/L)	0.000 1	0.000 5	0.001 6	0.000 9	≤0.050 0

水质指标	2012 年	2013 年	2014 年	2015 年	规划类别限值（Ⅱ类）
硒（四价）浓度/(mg/L)	0.000 30	0.000 20	0.000 19	0.000 14	≤0.010 00
汞浓度/(mg/L)	0.000 02	0.000 02	0.000 02	0.000 02	≤0.000 05
铜浓度/(mg/L)	0.020 0	0.002 0	0.002 4	0.014 5	≤1.000 0
锌浓度/(mg/L)	0.020 0	0.023 0	0.019 3	0.022 7	≤1.000 0
铅浓度/(mg/L)	0.000 5	0.001 2	0.003 7	0.003 0	≤0.010 0
镉浓度/(mg/L)	0.000 05	0.000 23	0.000 27	0.000 20	≤0.005 00

3.2.4　豉湖渠水质评价

豉湖渠监测点位于荆州，监测断面名称为三板桥、何桥，2012～2015 年豉湖渠水质变化趋势见图 3.4，2012～2015 年水质监测结果见表 3.4。根据水质指标趋势，豉湖渠水质指标包括 COD、BOD_5、COD_{Mn}、TN、TP 的浓度均于 2012～2013 年显著上升，同时均于 2013～2014 年显著下降，并于 2014～2015 年，整体保持基本不变，但浓度仍远超过 V 类水体要求；NH_3-N 于 2013 年达到最大值，于 2014 年开始显著下降。根据《地表水环境质量标准》（GB 3838—2002），该河的 COD、BOD_5、NH_3-N、TP 的超标率 70%以上，COD_{Mn}、DO、TN、氟化物、挥发酚、石油类、阴离子表面活性剂、粪大肠菌群都有部分超标。由此可见，豉湖渠的水质近年评价应为劣 V 类，主要超标指标为 COD、BOD_5、NH_3-N、TP、TN，该河的水质污染较严重。

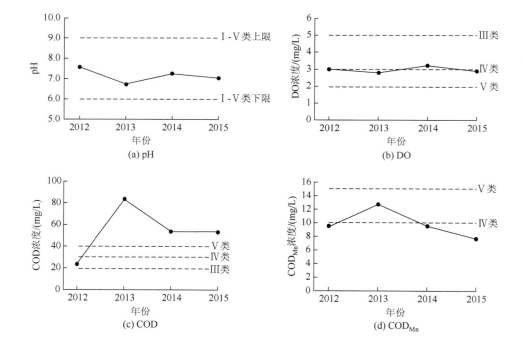

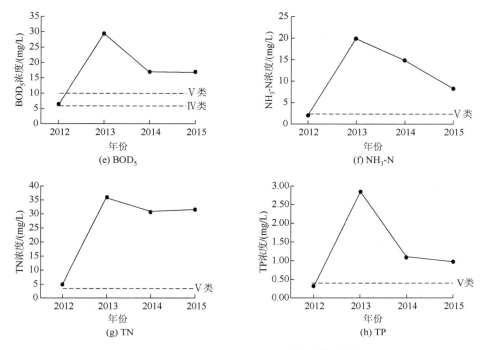

图 3.4　玻湖渠 2012～2015 水质变化趋势图

表 3.4　玻湖渠 2012～2015 年水质监测结果

水质指标	2012 年	2013 年	2014 年	2015 年	规划类别限值（Ⅴ类）
pH	7.6	6.7	7.3	7.0	6.0～9.0
DO 浓度/(mg/L)	3.0	2.8	3.2	2.9	≥2.0
COD_{Mn} 浓度/(mg/L)	9.5	12.7	9.4	7.7	≤15.0
COD 浓度/(mg/L)	23.3	83.3	53.4	53.6	≤40.0
BOD_5 浓度/(mg/L)	6.2	29.4	17.0	16.6	≤10.0
$NH_3\text{-}N$ 浓度/(mg/L)	1.7	19.7	14.8	8.1	≤2.0
TP 浓度/(mg/L)	0.3	2.8	1.1	1.0	≤0.4
TN 浓度/(mg/L)	3.3	34.4	29.1	30.0	≤2.0
氟化物浓度/(mg/L)	0.67	1.10	0.91	0.89	≤1.50
铬（六价）浓度/(mg/L)	0.053	0.015	0.017	0.048	≤1.000
氰化物浓度/(mg/L)	0.002	0.002	0.004	0.004	≤0.200
挥发酚浓度/(mg/L)	0.004 7	0.092 7	0.059 4	0.005 3	≤1.000 0
石油类浓度/(mg/L)	0.560	0.396	0.127	0.108	≤1.000
阴离子表面活性剂浓度/(mg/L)	0.090 0	0.238 0	0.235 0	0.181 6	≤0.300 0
硫化物浓度/(mg/L)	0.010 0	0.061 6	0.065 7	0.027 4	≤1.000 0
粪大肠菌群浓度/(个/L)	35 000	54 760	13 383	25 625	≤40 000
砷浓度/(mg/L)	0.000 02	0.001 10	0.001 90	0.007 00	≤0.100 00

续表

水质指标	2012 年	2013 年	2014 年	2015 年	规划类别限值（Ⅴ类）
硒（四价）浓度/(mg/L)	0.000 02	0.000 20	0.000 25	0.000 28	≤0.020 00
汞浓度/(mg/L)	0.000 02	0.000 02	0.000 02	0.000 03	≤0.001 00
铜浓度/(mg/L)	0.020 0	0.002 0	0.003 3	0.010 6	≤1.000 0
锌浓度/(mg/L)	0.020 0	0.023 0	0.016 9	0.040 3	≤2.000 0
铅浓度/(mg/L)	0.000 5	0.001 2	0.000 9	0.003 8	≤0.100 0
镉浓度/(mg/L)	0.000 05	0.000 25	0.000 18	0.001 50	≤0.010 00

3.2.5　西干渠水质评价

西干渠监测点位于监利县和荆州市，监测断面为滩河口、幸福桥，西干渠 2012～2015 年水质变化趋势见图 3.5，2012～2015 年水质监测结果见表 3.5。根据污染因子变化趋势，西干渠 COD、BOD_5 的浓度 2012～2014 年呈逐年上升，但 2015 年有所下降；DO、COD_{Mn} 的浓度 2013 年显著上升，2014 年显著下降；NH_3-N、TN 均在 2012～2013 年有所上升，并于 2013～2014 年基本保持不变，但于 2014～2015 年，均有所下降；TP 的浓度 2012～2013 年显著上升，但 2014 年显著下降。根据《地表水环境质量标准》（GB 3838—2002），该河的两个监测断面水质类别不同，滩河口执行Ⅲ类标准，幸福桥执行Ⅴ类标准。因此，两个断面的污染情况也有所不同，相对于滩河口，幸福桥的水质污染较严重。整体来看，该河主要污染因子有 TN、TP、COD、BOD_5、NH_3-N。

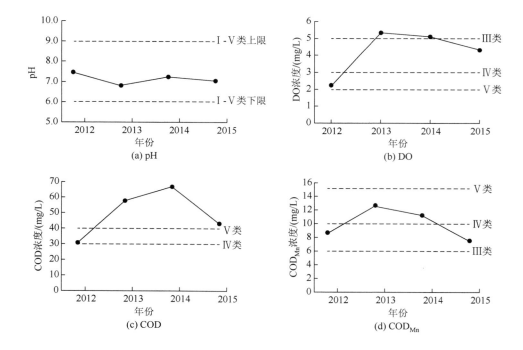

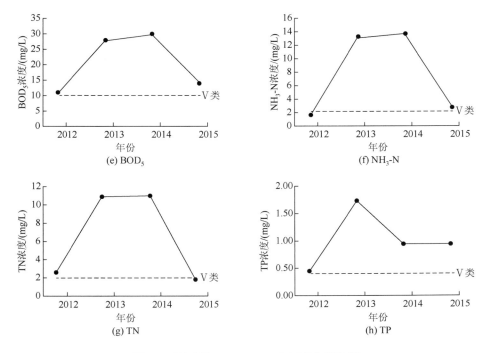

图 3.5 西干渠 2012～2015 水质变化趋势图

表 3.5 西干渠 2012～2015 年水质监测结果

水质指标	2012		2013		2014		2015	
	滩河口	幸福桥	滩河口	幸福桥	滩河口	幸福桥	滩河口	幸福桥
水质规划类别	III	V	III	V	III	V	III	V
pH	7.3	7.6	7.1	6.5	7.3	7.2	6.8	—
DO 浓度/(mg/L)	—	2.3	7.6	3.5	7.1	3.1	3.6	—
COD$_{Mn}$ 浓度/(mg/L)	5.5	11.3	5.5	19.8	5.9	16.4	8.6	—
COD 浓度/(mg/L)	22.8	37.2	27.3	88.4	23.9	109.9	59.4	—
BOD$_5$ 浓度/(mg/L)	—	10.8	—	27.6	8.2	33.3	18.5	—
NH3-N 浓度/(mg/L)	1.1	1.7	0.9	25.4	0.8	26.2	4.4	—
TP 浓度/(mg/L)	0.21	0.63	0.20	3.30	0.20	1.70	1.50	—
TN 浓度/(mg/L)	1.73	2.85	1.80	22.00	2.10	ND	ND	—
氟化物浓度/(mg/L)	0.82	0.98	ND	1.23	0.66	2.20	1.60	—
铬（六价）浓度/(mg/L)	0.002	0.074	0.002	0.017	0.002	0.034	0.056	—
氰化物浓度/(mg/L)	0.002 0	0.002 0	0.002 0	0.010 2	0.002 0	0.005 5	0.015 0	—
挥发酚浓度/(mg/L)	0.001 5	0.018 2	0.000 2	0.538 6	0.000 2	0.195 0	0.026 0	—
石油类浓度/(mg/L)	ND	0.093	ND	0.442	0.005	0.141	0.443	—
阴离子表面活性剂浓度/(mg/L)	ND	0.109	ND	0.286	0.025	0.328	0.217	—
硫化物浓度/(mg/L)	ND	0.010 0	ND	0.028 0	0.020 0	0.072 0	0.039 5	—
粪大肠菌群浓度/(个/L)	ND	24 733	ND	45 567	14 000	14 017	7500	—

续表

水质指标	2012		2013		2014		2015	
水质规划类别	滩河口	幸福桥	滩河口	幸福桥	滩河口	幸福桥	滩河口	幸福桥
	III	V	III	V	III	V	III	V
砷浓度/(mg/L)	0.004 0	0.000 1	0.004 0	0.000 4	0.002 1	0.002 6	0.005 1	—
硒（四价）浓度/(mg/L)	ND	0.000 02	ND	0.000 20	0.000 20	0.000 30	0.000 30	—
汞浓度/(mg/L)	ND	0.000 02	ND	0.000 02	0.000 02	0.000 02	0.000 04	—
铜浓度/(mg/L)	0.025	0.020	0.025 0	0.002 0	0.025 0	0.003 2	0.010 9	—
锌浓度/(mg/L)	0.032 8	0.020 0	0.029 0	0.023 0	0.029 0	0.016 9	0.062 3	—
铅浓度/(mg/L)	0.000 5	0.000 5	0.000 5	0.001 2	0.000 5	0.000 9	0.001 0	—
镉浓度/(mg/L)	0.000 05	0.000 05	0.000 05	0.000 30	0.000 05	0.000 20	0.000 26	—

注："ND"表示未检出

3.2.6　排涝河水质评价

排涝河监测点位于监利县，监测断面为平桥，排涝河 2012～2015 年水质变化趋势见图 3.6，2012～2015 年水质监测结果见表 3.6。根据图 3.6，排涝河 COD 浓度呈逐年上升趋势；TP 2012 年显著上升，但 2013 年显著下降；NH_3-N 浓度波动较大，2012 年上升，2013 年下降，2014 年又回升。根据《地表水环境质量标准》（GB 3838—2002），该河的 COD_{Mn}、COD、NH_3-N、TP、TN 的超标率达到 100%，与此同时，DO、BOD_5、粪大肠菌群也出现部分超标，可以看出，排涝河的整体水质情况较差。

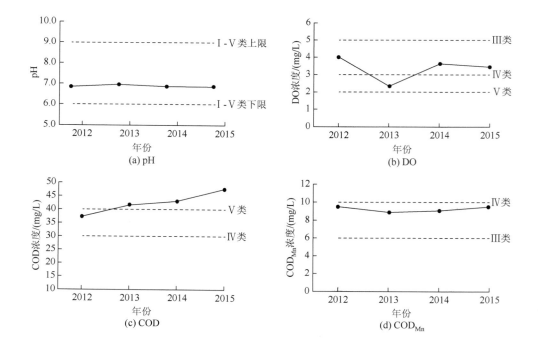

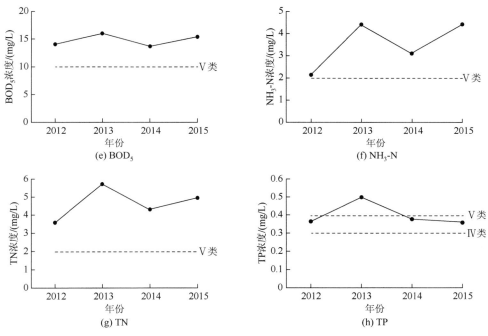

图 3.6　排涝河 2012~2015 年水质指标变化趋势图

表 3.6　排涝河 2012~2015 年水质监测结果

水质指标	2012 年	2013 年	2014 年	2015 年	规划类别限值（III类）
pH	6.8	6.9	6.9	6.8	6.0~9.0
DO 浓度/(mg/L)	4.0	2.3	3.6	3.4	≥5.0
COD_{Mn} 浓度/(mg/L)	9.4	8.8	9.0	9.5	≤6.0
COD 浓度/(mg/L)	37.2	41.6	42.9	47.4	≤20.0
BOD_5 浓度/(mg/L)	14.0	16.0	13.6	15.3	≤4.0
$NH_3\text{-}N$ 浓度/(mg/L)	2.1	4.4	3.1	4.4	≤1.0
TP 浓度/(mg/L)	0.36	0.50	0.37	0.36	≤0.2
TN 浓度/(mg/L)	3.5	5.7	4.2	4.9	≤1.0
氟化物浓度/(mg/L)	0.80	—	0.86	0.86	≤1.00
铬（六价）浓度/(mg/L)	0.002	0.002	0.002	0.002	≤0.050
氰化物浓度/(mg/L)	0.002	0.002	0.002	0.002	≤0.2
挥发酚浓度/(mg/L)	0.000 15	0.000 15	0.000 15	0.000 15	≤0.005 00
石油类浓度/(mg/L)	ND	ND	0.005	0.005	≤0.050
阴离子表面活性剂浓度/(mg/L)	ND	ND	0.025	0.025	≤0.200
硫化物浓度/(mg/L)	ND	ND	0.031	0.040	≤0.200
粪大肠菌群浓度/(个/L)	ND	ND	35 000	51 400	≤10 000
砷浓度/(mg/L)	0.004	0.004	0.002 1	0.000 2	≤0.050 0
硒（四价）浓度/(mg/L)	ND	ND	0.000 2	0.000 2	≤0.010 0
汞浓度/(mg/L)	ND	ND	0.000 02	0.000 02	≤0.000 10

水质指标	2012 年	2013 年	2014 年	2015 年	规划类别限值（III类）
铜浓度/(mg/L)	0.025	0.025	0.025	0.025	≤1.000
锌浓度/(mg/L)	0.050	0.025	0.029	0.025	≤1.000
铅浓度/(mg/L)	0.000 5	0.0050	0.000 5	0.000 5	≤0.050 0
镉浓度/(mg/L)	0.000 05	0.000 05	0.000 05	0.000 05	≤0.005 00

注："ND"表示未检出，一表示无数据

3.2.7　朱家河水质评价

朱家河监测点位于监利县，监测断面为朱河。朱家河 2012～2015 年水质变化趋势见图 3.7，2012～2015 年水质监测结果见表 3.7。根据水质指标变化趋势，朱家河 COD 虽然在 2014 年有所下降，但整体上呈上升趋势；COD_{Mn}、BOD_5、DO 浓度也整体上呈上升趋势；TN 浓度呈持续上升趋势；TP、$NH_3\text{-}N$ 的浓度整体呈下降趋势。根据《地表水环境质量标准》（GB 3838—2002），该河水质状况较好，污染指标主要有 TN、BOD_5。

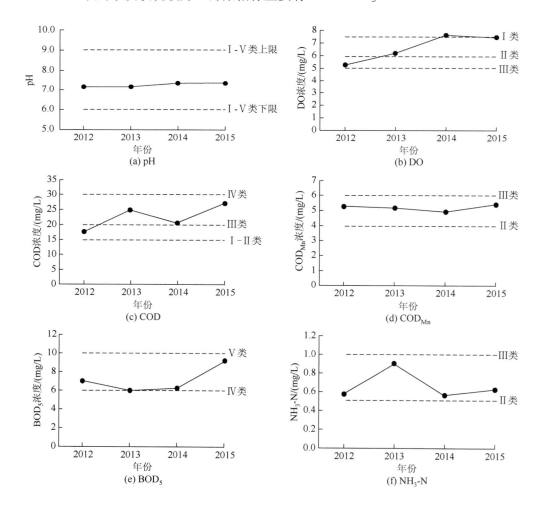

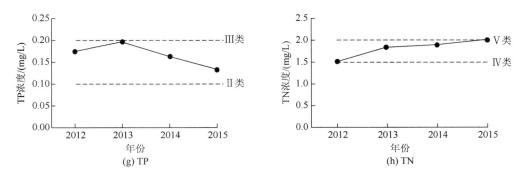

图 3.7　朱家河主要污染物指标变化趋势图

表 3.7　朱家河 2012 ~ 2015 年水质监测结果

水质指标	2012 年	2013 年	2014 年	2015 年	规划类别限值（IV类）
pH	7.1	7.1	7.3	7.3	6.0~9.0
DO 浓度/(mg/L)	5.3	6.2	7.6	7.4	≥3.0
COD_{Mn} 浓度/(mg/L)	5.3	5.1	4.9	5.4	≤10.0
COD 浓度/(mg/L)	17.3	24.9	20.6	27.1	≤30.0
BOD_5 浓度/(mg/L)	7.0	6.0	6.2	9.2	≤6.0
NH_3-N 浓度/(mg/L)	0.57	0.90	0.56	0.63	≤1.50
TP 浓度/(mg/L)	0.17	0.20	0.16	0.13	≤0.30
TN 浓度/(mg/L)	1.50	1.83	1.89	2.0	≤1.50
氟化物浓度/(mg/L)	0.71	ND	0.72	0.50	≤1.50
铬（六价）浓度/(mg/L)	0.002	0.002	0.002	0.002	≤0.050
氰化物浓度/(mg/L)	0.002	0.002	0.002	0.002	≤0.200
挥发酚浓度/(mg/L)	0.001 5	0.000 15	0.000 15	0.000 15	≤0.010 00
石油类浓度/(mg/L)	ND	ND	0.005	0.005	≤0.500
阴离子表面活性剂浓度/(mg/L)	ND	ND	0.025	0.025	≤0.300
硫化物浓度/(mg/L)	ND	ND	0.018	0.029	≤0.500
粪大肠菌群浓度/(个/L)	ND	ND	8400	2575	≤20 000
砷浓度/(mg/L)	0.004	0.004	0.002 1	0.000 2	≤0.100 0
硒（四价）浓度/(mg/L)	ND	ND	0.000 2	0.000 2	≤0.020 0
汞浓度/(mg/L)	ND	ND	0.000 02	0.000 02	≤0.001 00
铜浓度/(mg/L)	0.025	0.025	0.025	0.025	≤1.000
锌浓度/(mg/L)	0.05	0.025	0.025	0.025	≤2.000
铅浓度/(mg/L)	0.000 5	0.000 5	0.000 5	0.000 5	≤0.050 0
镉浓度/(mg/L)	0.000 05	0.000 05	0.000 05	0.000 05	≤0.005 00

注：“ND”表示未检出

3.2.8　太湖港渠水质评价

太湖港渠监测点位于荆州，监测断面为东关桥，大湖港渠 2012～2015 年水质变化趋势见图 3.8，2012～2015 年水质监测结果见表 3.8，其中，太湖港渠 COD 在 2012～2014 年满足Ⅲ类水标准，2015 年超标，COD_{Mn} 浓度均可达到Ⅲ类水标准，TN 则为劣 V 类，TP 从 2013 年起均未达到Ⅱ类水标准。

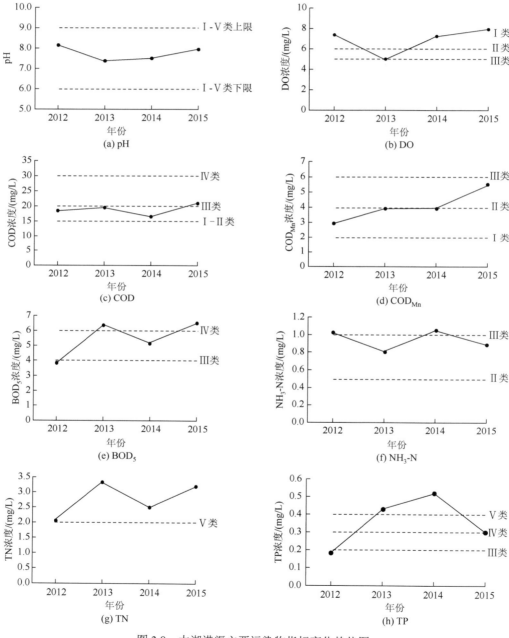

图 3.8　太湖港渠主要污染物指标变化趋势图

表 3.8　太湖港渠 2012～2015 年水质监测结果

水质指标	2012 年	2013 年	2014 年	2015 年	规划类别限值（III类）
pH	8.0	6.7	7.8	7.7	6.0～9.0
DO 浓度/(mg/L)	7.4	4.9	7.2	7.9	≥5.0
COD$_{Mn}$ 浓度/(mg/L)	2.9	3.9	3.9	5.5	≤6.0
COD 浓度/(mg/L)	18.4	19.6	16.5	20.9	≤20
BOD$_5$ 浓度/(mg/L)	3.8	6.3	5.1	6.5	≤4
NH$_3$-N 浓度/(mg/L)	1.0	0.8	1.1	0.9	≤1.0
TP 浓度/(mg/L)	0.18	0.40	0.50	0.30	≤0.20
TN 浓度/(mg/L)	2.1	3.3	ND	ND	≤1.0
氟化物浓度/(mg/L)	0.52	0.51	0.69	0.71	≤1.00
铬（六价）浓度/(mg/L)	0.007 7	0.005 8	0.020 0	0.018 0	≤0.050 0
氰化物浓度/(mg/L)	0.002	0.002	0.002	0.002	≤0.200
挥发酚浓度/(mg/L)	0.002 40	0.002 20	0.000 35	0.000 25	≤0.00 500
石油类浓度/(mg/L)	0.021 7	0.258 0	0.060 0	0.062 5	≤0.050 0
阴离子表面活性剂浓度/(mg/L)	0.020 0	0.020 0	0.020 8	0.075 3	≤0.200 0
硫化物浓度/(mg/L)	0.010 0	0.020 0	0.045 0	0.015 8	≤0.200 0
粪大肠菌群浓度/(个/L)	8600	4280	4350	4275	≤10 000
砷浓度/(mg/L)	0.000 02	0.000 80	0.001 50	0.003 70	≤0.050 00
硒（四价）浓度/(mg/L)	0.000 02	0.000 20	0.000 30	0.000 20	≤0.010 00
汞浓度/(mg/L)	0.000 02	0.000 02	0.000 02	0.000 02	≤0.000 10
铜浓度/(mg/L)	0.020 0	0.002 0	0.003 0	0.001 4	≤1.000 0
锌浓度/(mg/L)	0.020 0	0.025 0	0.016 9	0.018 2	≤1.000 0
铅浓度/(mg/L)	0.000 5	0.001 2	0.000 8	0.000 8	≤0.050 0
镉浓度/(mg/L)	0.000 05	0.000 23	0.000 20	0.000 10	≤0.005 00

注："ND"表示未检出

3.4　长湖水质评价

　　长湖位于荆州、荆门、潜江三市交界处，是湖北省第三大湖泊，长湖面积 131 km^2。戴家注、习家口、关沮口、桥河口是荆州市环保局在长湖设置的 4 个长期监测断面，为省控断面，单月监测一次。根据荆州市环保局公布的 2012 年 1 月～2016 年 12 月《荆州市地表水环境质量月报》，整理长湖 2012 年 1 月～2016 年 11 月长湖水质和营养状态见表 3.9，太湖 2012～2016 年水质超指标统计表见表 3.10。

表 3.9　长湖 2012～2016 年历水质富营养化状况统计表

年月	戴家注		习家口		关沮口		桥河口	
	水质类别	营养状态	水质类别	营养状态	水质类别	营养状态	水质类别	营养状态
2016 年 11 月	V	轻度	IV	轻度	V	轻度	V	轻度
2016 年 09 月	IV	轻度	IV	轻度	IV	轻度	V	轻度
2016 年 07 月	劣 V	轻度	V	轻度	劣 V	轻度	劣 V	轻度

续表

年月	戴家洼		习家口		关沮口		桥河口	
	水质类别	营养状态	水质类别	营养状态	水质类别	营养状态	水质类别	营养状态
2016年05月	V	轻度	IV	轻度	V	轻度	V	轻度
2016年03月	IV	轻度	V	中	IV	轻度	IV	中
2016年01月	V	轻度	V	中	V	轻度	V	轻度
2015年11月	劣V	轻度	V	轻度	劣V	轻度	劣V	轻度
2015年09月	劣V	轻度	IV	轻度	劣V	轻度	V	轻度
2015年07月	劣V	轻度	V	中	劣V	轻度	劣V	轻度
2015年05月	V	轻度	V	中	V	轻度	V	轻度
2015年03月	劣V	轻度	V	轻度	V	轻度	V	轻度
2015年01月	劣V	轻度	V	轻度	劣V	轻度	劣V	轻度
2014年11月	劣V	轻度	V	轻度	劣V	轻度	劣V	轻度
2014年09月	劣V	轻度	V	轻度	劣V	轻度	劣V	轻度
2014年07月	V	轻度	V	轻度	V	轻度	V	轻度
2014年05月	劣V	轻度	V	中	V	轻度	V	轻度
2014年03月	劣V	中	V	中	劣V	中	V	中
2014年01月	劣V	轻度	IV	中	V	轻度	V	轻度
2013年11月	劣V	中	劣V	轻度	劣V	中	劣V	中
2013年09月	劣V	轻度	劣V	轻度	劣V	轻度	劣V	轻度
2013年07月	劣V	中	V	轻度	劣V	轻度	劣V	轻度
2013年05月	劣V	中	劣V	轻度	劣V	轻度	劣V	轻度
2013年03月	IV	中	IV	中	劣V	中	劣V	中
2013年01月	IV	中	III	中	IV	中	III	中
2012年11月	V	—	V	—	V	—	V	—
2012年09月	III	—	III	—	III	—	III	—
2012年07月	III	—	III	—	III	—	III	—
2012年05月	III	—	III	—	III	—	III	—
2012年03月	III	—	III	—	III	—	III	—
2012年01月	III	—	III	—	III	—	III	—

注："中"表示中营养，"轻度"表示轻度富营养

由表3.9可知，2012年1月～2012年9月长湖4个断面均为Ⅲ类，达到水质管理目标（Ⅲ类）。2012年11月水质恶化为Ⅴ类，于2013年1月水质好转为Ⅲ～Ⅳ类后，水质再次恶化，劣Ⅴ类占比达到一半甚至以上，营养状态由中营养恶化为轻度富营养化。4个监测断面污染程度基本一致。2016年进行水质监测的6个月中，只有7月出现劣Ⅴ类水质，其他月均为Ⅳ～Ⅴ类，可见，水质有略微好转，但营养状态大部分仍为轻度富营养化。长湖2012～2016年水质超标指标情况见表3.10。长湖最主要的超标指标为TP，其次为BOD_5，偶尔伴有石油类和阴离子表面活性剂污染。

表 3.10　长湖 2012～2016 年水质超标指标统计表

年月	戴家洼	习家口	关沮口	桥河口
2016 年 11 月	TP	TP、COD	TP	TP
2016 年 09 月	TP	TP	TP	TP
2016 年 07 月	TP、BOD_5、COD_{Mn}	TP、BOD_5、COD	TP、BOD_5、COD_{Mn}	TP、BOD_5
2016 年 05 月	TP、BOD_5	BOD_5、COD	TP、BOD_5	TP、BOD_5
2016 年 03 月	TP、BOD_5	BOD_5、COD	BOD_5、COD	BOD_5
2016 年 01 月	TP、BOD_5	BOD_5	TP、BOD_5	TP、BOD_5
2015 年 11 月	TP、BOD_5	BOD_5、TP	TP、BOD_5	TP、BOD_5
2015 年 09 月	TP、BOD_5、石油类	石油类、BOD_5、TP	TP、石油类、BOD_5	TP、BOD_5、COD
2015 年 07 月	TP、BOD_5、COD	BOD_5、COD	TP、BOD_5、COD	TP、BOD_5、COD
2015 年 05 月	TP、BOD_5	BOD_5、COD、阴离子表面活性剂	TP、BOD_5、石油类	TP、BOD_5、COD
2015 年 03 月	COD、TP、BOD_5	BOD_5、石油类、COD	TP、BOD_5、COD	TP、BOD_5、COD
2015 年 01 月	BOD_5、TP	BOD_5、TP	BOD_5、TP	BOD_5、TP
2014 年 11 月	BOD_5、TP	BOD_5、TP	BOD_5、TP	TP、NH_3-N、BOD_5
2014 年 09 月	BOD_5、TP	BOD_5、TP	BOD_5、TP	TP、NH_3-N、BOD_5
2014 年 07 月	TP	BOD_5、TP	TP	TP、NH_3-N、BOD_5
2014 年 05 月	TP、COD、BOD_5	BOD_5、TP	TP、COD、BOD_5	TP、COD、BOD_5
2014 年 03 月	TP、BOD_5	BOD_5	TP	BOD_5、TP
2014 年 01 月	TP	石油类	TP、BOD_5、石油类	BOD_5、石油类、COD、COD_{Mn}、TP、
2013 年 11 月	TP	BOD_5、COD	TP、BOD_5	TP
2013 年 09 月	TP	BOD_5	TP	TP
2013 年 07 月	TP	BOD_5	TP	TP
2013 年 05 月	TP	TP	TP	TP
2013 年 03 月	TP	石油类	pH	pH
2013 年 01 月	TP	—	TP	—
2012 年 11 月	TP	TP	TP	TP
2012 年 09 月	—	—	—	—
2012 年 07 月	—	—	—	—
2012 年 05 月	—	—	—	—
2012 年 03 月	—	—	—	—
2012 年 01 月	—	—	—	—

3.5　小　　结

2012～2015 年，洪湖流域 8 条主要河流的水质总体呈下降趋势。按照单因子评价法 2015 年各河流水质基本上为 V 类或劣 V 类。

（1）四湖总干渠水质从 2012 年的Ⅳ类降至 2015 年的Ⅴ类（TN 不考虑），水质整体呈下降趋势；

（2）螺山干渠水质维持在Ⅴ类，但 2014 年水质为Ⅳ类，2015 年水质相对于 2014 年有所下降；

（3）东荆河水质由 2012 年的Ⅲ类降至 2015 年的Ⅴ类（TN 不考虑在内），水质整体呈下降趋势；

（4）豉湖渠由 2012 年的Ⅴ类水降至 2015 年的劣Ⅴ类（TN 不考虑在内），但 2015 年水质相对于 2013 年和 2014 年有所好转；

（5）西干渠水质维持在劣Ⅴ类，2015 年相对于 2012 年水质略有下降，但相对 2013 年和 2014 年水质有所好转；

（6）排涝河水质维持在劣Ⅴ类，但水质整体呈下降趋势；朱家河水质维持在Ⅴ类，水质整体呈下降趋势；

（7）太湖港渠由 2012 年的Ⅳ类降至 2015 年的Ⅴ类（TN 不考虑在内），其中 2013 年和 2014 年都为劣Ⅴ类。

（8）长湖水质也呈下降趋势，从 2012 年 9 月的Ⅲ类降至 2015 年的劣Ⅴ类，在此期间长湖水质基本上都为劣Ⅴ类。

（9）2016 年除 7 月外，水质均为Ⅳ～Ⅴ类，水质虽略有好转，但营养状态仍为轻度富营养化。

第4章 洪湖流域污染源调查与成因分析

4.1 流域污染源状况

根据不同的排放方式和污染源的分布，将洪湖流域的污染源分为点源污染和面源污染。其中点源包括工业废水、城镇生活污水、旅游污染等污染源。面源包括农村生活污水、农业种植污染、分散式畜禽养殖、水产养殖、船舶污染、大气降尘等污染源。

4.1.1 点源污染

1. 工业废水污染源

工业废水一直是造成水环境污染的重要原因之一。随着经济社会的发展，工业污染造成的污染比重也随之上升。统计资料显示 2015 年洪湖流域内登记在册的工业污染企业共计 369 家，主要集中在化工、纺织、造纸和能源行业，其中污水年排放量大于 50 万 t 的企业有 14 家。经过对洪湖流域内工业企业的废水排放情况的调查，2015 年洪湖流域工业废水污染源排放统计结果见表 4.1。数据显示 2015 年洪湖流域工业废水排放量为 6 725.13 万 t，其主要污染物 COD 排放量 11 853.24 t，TN 排放量 855.02 t，TP 排放量 41.32 t，NH_3-N 排放量 548.34 t。

表 4.1 2015 年洪湖流域各地区工业废水污染源排放量

地区	工业废水排放量/万 t	主要的污染物排放量/t			
		COD	TN	TP	NH_3-N
荆州区	41.16	177.26	8.10	6.38	3.37
沙市区	4 342.16	6 299.80	440.66	30.81	310.18
江陵县	441.08	2 043.32	110.61	0.40	70.96
监利县	1 210.52	1 858.52	97.28	2.99	71.87
洪湖市	479.97	666.94	142.72	0.74	36.42
潜江市	210.24	807.40	55.65	0.00	55.54
总计	6 725.13	11 853.24	855.02	41.32	548.34

由表 4.1 可知沙市区的工业废水年排放量为 4 342.16 万 t，远大于其他县市，占荆州市工业企业废水总排放量的 64.6%，监利县工业废水排放量为 1 210.52 万 t，占总排放量的 18.0%；沙市区排放的工业废水中的 COD 排放量为 6 299.8 t，占总排放量的 53.15%，江陵县和监利县 COD 排放量分别为 2 043.32 t 和 1 858.52 t，分别占 COD 总排放量的 17.24%和

15.70%；同样工业废水中 TN、TP 和 NH₃-N 的排放量沙市区所占比例也最大，且明显高于其他几个县市。

2. 城镇生活污水污染源

据统计资料显示，2015 年洪湖流域的城镇常住人口为 161.47 万人，占洪湖流域范围内总人口的 49.03%。据统计资料显示 2015 年洪湖流域污水排放量为 9 247.74 万 t，COD 的排放量为 29 602.80 万 t。根据《湖北省水源地环境保护规划基础调查》规定，TN 浓度取 45 mg/L，TP 浓度取 5 mg/L，NH₃-N 浓度取 40 mg/L，经计算可知，2015 年洪湖流域城镇生活污水 TN 的年排放量为 4 161.49 t，TP 为 462.38 t，NH₃-N 为 3 699.10 t。2015 年洪湖流域城镇生活污染物排放情况见表 4.2。

表 4.2　2015 年洪湖流域城镇生活污水污染源排放量

地区	城镇人口数/万人	污水排放量/万 t	主要的污染物排放量/t			
			COD	TN	TP	NH₃-N
荆州区	26.84	1 597.07	5 060.67	718.68	79.85	638.83
沙市区	56.01	3 334.15	10 565.74	1 500.37	166.71	1 333.66
江陵县	11.95	687.13	2 177.48	309.21	34.36	274.85
监利县	43.30	2 478.24	7 853.40	1 115.21	123.91	991.30
洪湖市	15.14	880.67	2 790.78	396.30	44.03	352.27
潜江市	8.23	270.48	1 154.73	121.72	13.52	108.19
总计	161.47	9 247.74	29 602.80	4 161.49	462.38	3 699.10

据统计资料显示荆州区生活污水处理率为 91.06%，沙市区为 91.78%，江陵县为 85.12%，监利县为 85.84%，洪湖市为 84.08%。2015 年洪湖流域城镇生活污染物入湖情况见表 4.3。根据以上数据得出洪湖流域城镇生活污水主要污染物入湖量 COD 为 3 374.37 t，TN 为 482.45 t，TP 为 52.46 t，NH₃-N 为 424.11 t。

表 4.3　2015 年洪湖流域城镇生活污水污染源入湖量

地区	生活污水处理率/%	主要污染物入湖量/t			
		COD	TN	TP	NH₃-N
荆州区	91.06	452.42	64.25	7.14	57.11
沙市区	91.78	868.50	123.33	13.70	109.63
江陵县	90.56	324.01	46.01	5.11	40.90
监利县	85.12	1 112.04	157.91	17.55	140.37
洪湖市	85.84	444.29	63.09	7.01	56.08
潜江市	84.08	173.11	27.86	1.95	20.02
总计	528.44	3 374.37	482.45	52.46	424.11

3. 旅游污染源

洪湖流域历史悠久文化灿烂,人文景观丰富多样,其旅游业主要以洪湖景区为中心。随着旅游产业的持续发展,洪湖流域每年接待的游客数量将会维持较高的增长水平,旅游业给洪湖流域水环境带来的污染问题愈加突显。综合考虑洪湖流域景点的分布情况和旅游景点的知名度,得知洪湖流域 2015 年接待的旅游人口数为 176.7 万人。根据《洪湖市旅游开发总体规划(2002—2020 年)》知,在洪湖湿地生态旅游区停留 2 天及以上的人数占前往洪湖旅游游客的 19.7%,停留 1 天的游客人数占 38.4%,逗留时间在一天以下的游客所占比重达到 60.9%。游客生活污水产生量以及污染物产生系数按照城镇人口标准计算,即人均生活污水产生量 150 L/人·天,污染物负荷 COD 为 64 g/人·天,TN 为 10.3 g/人·天,TP 为 0.72 g/人·天,NH_3-N 为 7.4 g/人·天。计算得出洪湖流域 2015 年由旅游产生的废水产生量为 286 916.63 t,污染物排放量 COD 为 122.42 t,TN 为 19.7 t,TP 为 1.38 t,NH_3-N 为 14.15 t。旅游废水的入湖量按城镇生活污水的排放系数 0.6 进行计算,经计算,2015 年洪湖流域由旅游产生的废水入湖量为 172 149.98 t,污染物入湖量 COD 为 73.45 t,TN 为 11.282 t,TP 为 0.83 t,NH_3-N 为 8.49 t(见表 4.4)。

表 4.4　2015 年洪湖流域旅游污染情况

指标	COD	TN	TP	NH_3-N
污染负荷/(g/人·天)	64	10.3	0.72	7.4
污染物排放量/t	122.42	19.7	1.38	14.15
入湖量/t	73.45	11.82	0.83	8.49

4.1.2　面源污染

1. 农村生活污水污染源

根据资料显示,2015 年洪湖流域的农村常住人口为 167.84 万人,占洪湖流域总人口的 50.97%,参考《全国地表水环境容量核定和总量分配工作方案》和《湖北省水源地环境保护规划基础调查》,农村生活污水产生量取 80 L/人·天,其中污染物产生量 COD 为 16.4 g/人·天,NH_3-N 为 4.0 g/人·天,TN 为 5.0 g/人·天,TP 为 0.44 g/人·天,NH_3-N 为 4.0 g/人·天。由于洪湖流域内的大部分农村地区不具备完善的排水管网,生活污水多数没有经过任何处理,直接排入附近的河道;仅有少数地区的生活污水经过化粪池简单处理后排放。因此,本章在计算中将其产生量近似为排放量。2015 年洪湖流域农村生活污水污染源排放情况见表 4.5。

表 4.5　2015 年洪湖流域农村生活污水污染源排放量

地区	农村人口数/万人	农村生活污水产生量/万 t	农村生活污水COD 排放量/t	农村生活污水TN 排放量/t	农村生活污水TP 排放量/t	农村生活污水NH_3-N 排放量/t
荆州区	3.50	102.12	209.35	63.83	5.62	51.06
沙市区	9.47	276.52	566.87	172.83	15.21	138.26

地区	农村人口数/万人	农村生活污水产生量/万 t	农村生活污水 COD 排放量/t	农村生活污水 TN 排放量/t	农村生活污水 TP 排放量/t	农村生活污水 NH₃-N 排放量/t
江陵县	21.21	619.33	1 269.63	387.08	34.06	309.67
监利县	63.69	1 859.75	3 812.48	1 162.34	102.29	929.87
洪湖市	43.07	1 257.64	2 578.17	786.03	69.17	628.82
潜江市	26.91	785.66	1 610.61	491.04	43.21	392.83
总计	167.85	4 901.02	10 047.11	3 063.15	269.56	2 450.51

农村生活污水经过雨水冲刷通过地表径流的方式进入水体，其排放率分别按照污水总量 80%的黑水和总量 20%的灰水计算，其中黑水中 COD、NH₃-N、TN、TP 的排放率分别为 10%、10%、8%和 3%，灰水中污染物的流失率均为 75%。经计算可知，2015 年洪湖流域农村生活污水排放量为 4 901.04 万 t，污染物排放量 COD 为 2 310.84 t，NH₃-N 为 563.61 t，TN 为 655.52 t，TP 为 46.92 t，详见表 4.6。

表 4.6　2015 年洪湖流域农村生活污水污染源入湖量

地区	农村生活污水 COD 入湖量/t	农村生活污水 TN 入湖量/t	农村生活污水 TP 入湖量/t	农村生活污水 NH₃-N 入湖量/t
荆州区	48.15	13.66	0.98	11.74
沙市区	130.38	36.99	2.65	31.80
江陵县	292.02	82.84	5.93	71.22
监利县	876.87	248.74	17.80	213.87
洪湖市	592.98	168.21	12.04	144.63
潜江市	370.44	105.08	7.52	90.35
总计	2 310.84	655.52	46.92	563.61

2. 农业种植污染

农业种植污染是指农业生产施用的化肥进入农田，营养盐不能完全被农作物吸收，残留部分随着地表径流进入水体。据统计资料显示，洪湖流域的农田类型主要有水田和旱地两种，其中，水田面积为 240.84 km²，约占农田总面积的 82.9%，旱地面积为 49.60 km²，约占农田总面积的 17.1%。2015 年洪湖流域各地区农田种植情况见表 4.7。

表 4.7　2015 年洪湖流域各地区农田情况　　　　　　（单位：km²）

地区	水田	旱田	合计
荆州区	1.22	1.76	2.98
沙市区	11.06	2.54	13.60
江陵县	30.77	7.22	37.99

续表

地区	水田	旱田	合计
监利县	120.83	16.86	137.69
洪湖市	55.18	9.01	64.19
潜江市	21.78	12.21	33.99
总计	240.84	49.60	290.44

目前中国大多数农田中 N、P 等元素施加量都处于较高水平。通常当农田氮素平衡盈余超过 20%、磷素超过 150%、钾素超过 50%时，可能引起氮素、磷素和钾素对环境的潜在威胁。2015 年洪湖流域各地区化肥施用情况见表 4.8。

表 4.8　2015 年洪湖流域各地区化肥施用情况

地区	氮肥/t	磷肥/t	钾肥/t	复合肥/t	合计/t
荆州区	1 796.05	638.61	609.35	1 035.77	4 079.78
沙市区	3 548.00	2 493.00	2 502.00	4 852.00	13 395.00
江陵县	16 810.00	6 580.00	3 473.00	6 459.00	33 322.00
监利县	37 004.00	17 184.00	10 989.00	17 653.00	82 830.00
洪湖市	9 730.80	3 926.21	3 593.56	7 078.36	24 328.93
潜江市	18 481.82	7 234.41	3 818.40	7 101.37	36 636.00
总计	87 370.67	38 056.23	24 985.31	44 179.50	194 591.71

进行计算之前，本章根据《全国地表水水环境容量核定》的相关要求，首先对污染物的源强系数进行修正。经分析可知，洪湖流域每亩农田平均化肥施用量约为 707 kg，大于 525 kg，因此化肥施用量的修正系数取 1.2；由于洪湖流域所在区域陆地为冲积平原，地势平坦，较大面积的土地坡度在 25°以下，因此坡度修正系数取 1.2；洪湖流域地区是由河湖冲积、淤积物组成的低洼地、沼泽，土壤类型主要有水稻土和潮土，土壤类型的修正系数取 1.0；流域内多年平均降水量约 1 000～1 350 mm，大于 800 mm，降水量的修正系数取 1.5。

参照黄漪平对太湖周围土壤的研究成果和郭永彬的《基于 GIS 的流域水环境非点源污染评价理论与方法：以汉江中下游为例》中的标准，流域内不同土地类型的单位面积污染物负荷及流失率见表 4.9。

表 4.9　土地利用类型农业面源污染单位面积负荷量

土地利用类型	COD 单位面积负荷量 /(kg/hm²)	TN 单位面积负荷量 /(kg/hm²)	TP 单位面积负荷量 /(kg/hm²)	流失率
水田	72.75	25.95	1.8	0.25
旱田	76.2	11.25	3.3	0.2

　　经计算得出，2015 年洪湖流域的农业种植业污染物入湖量 COD 为 11 094.32 t，TN 为 3 616.01 t，TP 为 340.81 t，NH₃-N 为 2 773.58 t；其中水田污染物入湖量 COD 为 9 461.60 t，TN 为 3 374.96 t，TP 234.10 t；旱地污染物入湖量 COD 为 1 632.72 t，TN 为 241.05 t，TP 为 70.71 t。2015 年洪湖流域各地区农业种植业污染情况见表 4.10。由表 4.10 可知，洪湖流域的六个地区中，监利县的农业种植业污染物的贡献量最大，污染物入湖量占整个流域农业种植业污染物入湖量的 47.79%。

表 4.10　2015 年洪湖流域各地区农业种植业污染物入湖量

地区	水田/t			旱田/t			总农田/t		
	COD	TN	TP	COD	TN	TP	COD	TN	TP
荆州区	47.97	17.11	1.19	58.07	8.57	2.51	106.04	25.68	3.70
沙市区	434.49	154.98	10.75	83.61	12.34	3.62	518.10	167.33	14.37
江陵县	1 208.80	431.18	29.91	237.67	35.09	10.29	1 446.47	466.27	40.20
监利县	4 746.81	1 693.19	117.45	555.00	81.94	24.04	5 301.81	1 775.13	141.48
洪湖市	2 167.75	773.24	53.63	296.59	43.79	12.84	2 464.34	817.03	66.48
潜江市	855.78	305.26	21.17	401.77	59.32	17.40	1 257.55	364.58	38.57
总计	9 461.60	3 374.96	234.10	1 632.71	241.05	70.71	11 094.32	3 616.01	304.81

3. 分散式畜禽养殖污染源

　　据 2015 年统计资料显示洪湖流域各地区畜禽养殖场总计 182 个，其中养殖场面积大于 1 万 m² 的养殖场有 53 个，面积大于 10 万 m² 的养殖场有 2 个。据统计 2015 年洪湖流域畜禽年末存栏数，生猪 154.10 万头，牛 44 666 头，羊 19 246 只，家禽 3 557.58 万。根据《全国水环境容量核定技术指南》的要求，畜禽养殖量需要通过农村年鉴、统计年鉴及必要的调查获得，并需换算成猪，换算关系如下：60 只肉鸡折算成 1 头猪（1 只蛋鸡先折算成 2 只肉鸡），1 头肉牛折算成 5 头猪（1 头奶牛先折算成 2 头肉牛），3 只羊折算成 1 头猪，畜禽养殖污染物产量可参照经验系数估算。2015 年洪湖流域畜禽当年出栏数，生猪 229.3 万头，牛 30 560 头，羊 19 820 头，家禽 4 071.8 万只。2015 年洪湖流域各地区畜禽养殖具体情况见表 4.11 和表 4.12。

表 4.11　2015 年洪湖流域各地区畜禽养殖年末存栏数

地区	猪/万头	牛/头	家禽/万只	羊/只	折合标猪/头
荆州区	1.53	458	40.28	2 296	25 089.67
沙市区	6.09	502	197.41	1 040	96 658.33
开发区	26.09	6 596	732.06	7 414	418 361.33
江陵县	73.06	29 367	1 771.70	4 250	1 174 135.00
监利县	20.61	1 873	347.92	444	273 630.67
洪湖市	26.71	5 870	468.21	3 802	375 799.33
总计	154.09	44 666	3 557.58	19 246	2 363 674.33

表 4.12　2015 年洪湖流域各地区畜禽养殖出栏数

地区	猪/万头	牛/头	家禽/万只	羊/只	折合标猪/头
荆州区	3.07	471	82.45	1 810	47 365.00
沙市区	11.40	693	164.91	921	145 257.00
开发区	34.25	8 684	708.80	9 255	507 138.33
江陵县	102.53	11 674	2 020.30	2 016	1 421 058.67
监利县	28.63	2 625	235.44	730	338 863.33
洪湖市	49.43	6 413	859.90	5 088	671 328.67
总计	229.31	30 560	4 071.80	19 820	3 131 011.00

中南地区生猪畜禽养殖场（育肥、干清粪）主要污染物排放系数：COD 为 50 g/头·天，NH_3-N 为 10 g/头·天，TN 为 21.6 g/头·天，TP 为 6.8 g/头·天。畜禽养殖污染物的入湖系数以 12%计算，得出 2015 年洪湖流域畜禽养殖污染物的入湖量 COD 为 5 176.45 t，TN 为 2 236.24 t，TP 为 703.99 t，NH_3-N 为 1 035.29 t，各地区分散式畜禽养殖污染物排放量和入湖量见表 4.13。

表 4.13　2015 年洪湖流域各地区分散式畜禽养殖污染情况

地区	污染物排放量/t				污染物入湖量/t			
	COD	TN	TP	NH_3-N	COD	TN	TP	NH_3-N
荆州区	457.89	197.81	62.27	91.58	54.95	23.74	7.47	10.99
沙市区	1 764.01	762.05	239.91	352.80	211.68	91.45	28.79	42.34
江陵县	7 635.09	3 298.36	1 038.37	1 527.02	916.21	395.80	124.60	183.24
监利县	21 427.96	9 256.88	2 914.20	4 285.59	2 571.36	1 110.83	349.70	514.27
洪湖市	4 993.76	2 157.30	679.15	998.75	599.25	258.88	81.50	119.85
潜江市	6 858.34	2 962.80	932.73	1 371.67	823.00	355.54	111.93	164.60
总计	43 137.05	18 635.20	5 866.63	8 627.41	5 176.45	2 236.24	703.99	1 035.29

4. 水产养殖污染源

随着水产养殖规模和产量的不断攀升，水产养殖造成的环境污染问题不容忽视，养殖污染源于残饵、代谢产物和水产药物的排放，过度的养殖密度和落后的养殖技术给环境造成了巨大的压力，因此测算水产养殖的污染物排放量是流域生态安全调查的重要一环。2015 年洪湖流域水产养殖面积见表 4.14。

表 4.14　2015 年洪湖流域水产养殖面积

地区	池塘养殖面积/hm²	湖泊养殖面积/hm²	河沟养殖面积/hm²	其他养殖面积/hm²	合计/hm²
荆州区	0.57	0.00	0.05	0.00	0.63
沙市区	2 465.00	1 484.00	0.00	0.00	3 949.00

续表

地区	池塘养殖	湖泊养殖	河沟养殖	其他养殖	合计
江陵县	6 700.00	0.00	35.00	0.00	6 735.00
监利县	29 230.00	6 147.00	1 714.00	2 229.00	39 320.00
洪湖市	18 151.57	9 413.80	504.43	578.03	28 647.83
潜江市	—	—	—	—	8 138.21
总计	56 547.14	17 044.8	2 253.48	2 807.03	86 790.67

根据《第一次全国污染源普查水产养殖业污染源产排污系数手册》和洪湖流域的实际情况取淡水养鱼水产养殖排污系数：COD 为 51.2 kg/t、TN 为 4.68 kg/t、TP 为 0.98 kg/t、NH_3-N 为 1.87 kg/t。经过计算得出 2015 年洪湖流域水产养殖污染物产生量 COD 为 34 193.15 t，TN 为 3 125.47 t，TP 为 654.47 t，NH_3-H 为 1 248.85 t，根据水产养殖实际情况，污染物流失量以输入量的 35% 计，洪湖流域水产养殖流失的污染物 COD 为 11 967.60 t，TN 为 11 093.92 t，TP 为 229.07 t，NH_3-N 为 437.10 t。从地区来看，洪湖流域的水产养殖业主要集中在监利县和洪湖市，这两个县市的水产养殖面积、产量、污染物产生量均远远超过洪湖流域内的其他县市，因此监利县和洪湖市应作为水产养殖污染控制的重点地区。2015 年洪湖流域各县市水产养殖污染情况见表 4.15。

表 4.15　2015 年洪湖流域各地区水产养殖污染排放情况一览表

地区	产量/t	水产养殖污染物排放量/t				污染物流失量/t			
		COD	TN	TP	NH_3-N	COD	TN	TP	NH_3-N
荆州区	9 033	462.49	42.27	8.85	16.89	161.87	14.80	3.10	5.91
沙市区	59 709	3 057.10	279.44	58.51	111.66	1 069.99	97.80	20.48	39.08
江陵县	35 390	1 811.97	165.63	34.68	66.18	634.19	57.97	12.14	23.16
监利县	296 243	15 167.64	1 386.42	290.32	553.97	5 308.67	485.25	101.61	193.89
洪湖市	217 190	11 120.13	1 016.45	212.85	406.15	3 892.04	355.76	74.50	142.15
潜江市	50 270	2 573.82	235.26	49.26	94.00	900.84	82.34	17.24	32.90
总计	667 835	34 193.15	3 125.47	654.47	1 248.85	11 967.60	1 093.92	229.07	437.10

5. 其他污染源

1）船舶污染

船舶污染虽然产生量小，但是由于船舶方式的流动性，其污染分布较分散，污染区域较广泛。《船舶污染物排放标准》（GB 3552—2018）对内河船舶的污染物排放进行了严格限制。据荆州市环境保护科学技术研究所提供的调查资料显示，洪湖流域的船舶运输主要存在于洪湖市，现有快艇 360 艘，机帆船 12 540 艘，连家渔船 3 835 艘，由于机帆船和快艇的不确定性，本节主要计算连家渔船中的渔民生活污水所产生的污染物，每条连家渔船以两人计，根据《第一次全国污染源普查城镇生活源产排污系数手册》的要求，湖北省荆州市属于全国污染源调查三区 4 类区域，污染物负荷按 BOD_5 29 g/(人·天)，计算。经过计算可知：2015 年连家渔船的污染源排放量 BOD$_5$ 为 81.19 t，COD 为 179.17 t，TN 为 28.84 t，TP 为 2.02 t，NH$_3$-N 为 20.72 t。

2）大气降尘

污染物质通过降水、降尘和湍流直接进入水体，因此水面降尘的污染负荷也是洪湖流域的污染源之一，其计算公式为

$$W = P \cdot A \cdot 10^{-3} \tag{4.1}$$

式中：W 为水面年降水污染负荷（t/a）；P 为负荷量（kg/km^2·a）；A 为水面面积（km^2）。

根据北京大学出版的《流域环境规划典型案例》，若流域是以农业用地为主的乡村地区，大气降尘的强度 TN 为 10.5～38.0 kg/km^2·a，TP 为 0.12～0.97 kg/km^2·a。洪湖流域主要是农业用地，河网交错，生态环境较好，因此本节计算采用最低值，即 TN 为 10.5 kg/km^2·a，TP 为 0.12 kg/km^2·a。洪湖水面面积 348.2 km^2。由此计算得出洪湖流域大气降尘的污染负荷 TN 为 3.65 kg/a，TP 为 0.04 kg/a。

4.1.3　污染物排放量与入湖量汇总

1. 污染物排放量

根据以上分析，对 2015 年洪湖流域各类污染源主要污染物 COD、TN、TP、NH$_3$-N 排放量进行汇总，结果见表 4.16。

表 4.16　2015 年洪湖流域污染物排放量

污染源分类		COD 排放量/t	TN 排放量/t	TP 排放量/t	NH$_3$-N 排放量/t
点源	工业废水污染	11 853.24	855.02	41.32	548.34
	城镇生活污水	29 602.80	4 161.49	462.38	3 699.10
	旅游污染	122.42	19.70	1.38	14.15
合计		41 578.46	5 036.21	505.08	4 261.59
面源	农村生活污水	10 047.11	3 063.15	269.56	2 450.51
	农业种植	11 094.32	3 616.01	340.81	2 773.58
	分散式畜禽养殖	43 137.05	18 635.20	5 866.63	8 627.41
	水产养殖	34 193.15	3 125.47	654.47	1 248.85
	其他污染	179.17	28.84	2.02	20.72
合计		98 650.80	28 468.67	7 133.49	15 121.07
总计		140 229.26	33 504.88	7 638.57	19 382.66

根据表 4.16 可知，2015 年洪湖流域主要污染物排放量分别为 COD 140 229.26 t、TN 33 504.88 t、TP 7 638.57 t、NH$_3$-N 19 382.66 t。

2. 污染物入湖量

根据洪湖流域各地区的统计年鉴及相关资料进行计算汇总，得到 2015 年洪湖流域主要污染物入湖情况，COD 为 46 029.44 t，TN 为 8 979.82 t，TP 为 1 381.42 t，NH_3-N 为 5 811.24 t。具体情况见表 4.17。

表 4.17　2015 年洪湖流域污染物入湖量

污染源分类		COD 入湖量/t	TN 入湖量/t	TP 入湖量/t	NH_3-N 入湖量/t
点源	工业废水污染	11 853.24	855.02	41.32	548.34
	城镇生活污水	3 374.37	482.45	52.46	424.11
	旅游污染	73.45	11.82	0.83	8.49
合计		15 301.06	1 349.29	94.61	980.94
面源	农村生活污水	2 310.84	655.52	46.92	563.61
	农业种植	11 094.32	3 616.01	304.81	2 773.58
	分散式畜禽养殖	5 176.45	2 236.24	703.99	1 035.29
	水产养殖	11 967.60	1 093.92	229.07	437.10
	其他污染	781.86	28.84	2.02	20.72
合计		30 728.38	7 630.53	1 286.81	4 830.30
总计		46 029.44	8 979.82	1 381.42	5 811.24

洪湖流域水系复杂、河网纵横。洪湖流域内的地面径流主要通过四湖总干渠进入洪湖，并经过新滩口闸、新堤闸等若干涵闸与流域内的其他水体相通，进行水量调蓄。污染物入湖量可分为内源污染和外源污染，内源污染主要包括洪湖内围网养殖和洪湖区域内池塘养殖，现根据《设施实用渔业养殖技术》取围网养殖入湖系数为 1，池塘养殖入湖系数为 0.7。根据水利部门的相关统计资料，洪湖流域内外源污染物的最大入湖系数约为 0.3。经计算可知，2015 年洪湖流域范围内污染物最大入湖量分别为 COD 1 3999.28 t，TN 2 725.77 t，TP 427.23 t，NH_3-N 1 766.63 t。

4.2　污染成因分析

（1）20 世纪 80 年代，围网养殖技术曾作为先进技术在全国推广，大面积围网养殖开始暴发，受短期经济利益的驱动，非法围养、过度开发的现象屡禁不止。人为过度捕捞导致鱼类小型化，渔民为了加速鱼类生长，加大人工饲料的投入，但饲料中只有小部分的氮素和磷素转化为渔产品，剩余饲料及水产排泄物经降解后进入水体生态循环系统，造成水体富营养化。洪湖曾经历 2005 年、2013 年二次拆围大行动，目前已完成第三次拆围行动。此次生态安全调查与 2012 年生态调查对比发现水产养殖污染略有下降，但下降程度不明显。

（2）由于工业内部结构调整和工艺改进等因素影响，洪湖周边各行业排污系数会继续保持较小的下降幅度，但近年来洪湖流域工业的发展导致工业用水量的增加以及工业废水的难处理性，导致污染物排放量加大。目前洪湖流域工业污水处理不足，部分工业污水就近直接进入洪湖流域水体，造成污染。

（3）洪湖流域农业污染问题依旧突出，洪湖流域农业种植面积较大，但规模化程度低，机械化水平低，科学技术的应用也相对较少，再加上化肥超量不合理的施用更加剧了洪湖流域农业面源污染的程度。近年来洪湖流域畜禽养殖业发展迅速，虽然规模化程度有所提升但是分散式经营还占大多数，畜禽粪便未经处理或合理利用就直接排入自然界，对环境造成了极大的压力。畜禽粪便的直接入湖和未充分的利用，使农业面源污染日益严重。

（4）洪湖流域内大量的上游和周边居民生活产生的污水直接排入洪湖，影响了洪湖湿地水质和生态系统。与 2012 年洪湖生态安全调查一期相比洪湖流域城镇常住人口数有所下降，污水处理率也有所提升，但随着生活水平的提高城镇居民生活污水的排放量有所增加，污染物质含量也有所上升，导致洪湖流域城镇生活污染入湖量不降反升。加之水利工程年久失修，旅游开发以及乡镇农产品加工业的快速发展，使洪湖水体污染日益严重。湖内大小游船排入湖区的含油污水和各种固体废弃物的增加，也加剧了洪湖水体污染。

（5）2012 年出台的《湖北省湖泊保护条例》，天然湖泊禁止渔业养殖。2016 年 12 月 31 日前，洪湖上的 15.5 万亩围网将全部拆除，渔民上岸安置，洪湖将回归"人放天养、捕捞生产"的生态渔业。总的来说，洪湖流域的水产养殖污染的程度将逐渐减轻，工业污水和生活污水排放绝对量将有所下降，但是短期内污染还将继续加重，非点源污染也将会增加。未来经济总量的增加和用水量的上升，非点源污染治理难度的加大，都会使得流域水环境污染在短期内还有加重的趋势，以农村生活污染和农药化肥、养殖业污染为主要形式的非点源污染将成为流域治理的重点。

可以看出，沙市区的各污染指标的污染负荷均最大，污染第二严重的为荆州区。这主要是因为沙市区和荆州区的城镇化率较高，工业废水和城镇生活污染较为严重，且沙市区土地面积较小，其污染负荷最大。COD 和 TN 污染负荷较小的地区均为潜江市，这是由于潜江市工业区不在洪湖流域范围内，其工业污染相对较少，且属于洪湖流域的城镇人口较少，其 COD 和 TN 污染负荷较小。

4.3　小　　结

2015 年洪湖流域范围内污染物入湖量 COD 为 46 029.44 t，TN 为 8 979.82 t，TP 为 1 381.42 t，NH_3-N 为 5 811.24 t。折算后入湖量 COD 为 13 808.84 t，TN 为 2 693.95 t，TP 为 414.42 t，NH_3-N 为 1 743.37 t。入湖污染物中，COD 主要来自水产养殖、工业污染及农业种植。TN 主要来自农业种植、畜禽养殖及水产养殖。TP 主要来自畜禽养殖、水产养殖、农业种植。NH_3-N 主要来自农业种植、畜禽养殖及水产养殖。

第5章 洪湖水生态环境状况调查分析

近年来，由于洪湖流域内工业、农业、畜牧业迅速发展，洪湖作为受纳水体，水体中的TN、TP 等含量一直呈上升趋势。同时，洪湖大规模的围网和围堤养鱼活动，也成为洪湖水质变差的主因之一。据资料显示，洪湖生物资源已经严重减少，从 20 世纪 70 年代到 2000 年，洪湖鱼类已经减少到 57 种，且大型经济鱼类越来越少。20 世纪 60 年代，洪湖水生植物优势为菱、苔草、竹叶眼子菜、莲等。到 80 年代，优势群落变为微齿眼子菜和穗状狐尾藻。到 90 年代这两种水生植物成为全湖的绝对优势种。目前，湖内野生的芦苇、菰、菱、芡实等经济植物逐渐消失。本章洪湖水生态环境状况分析将从水生生物、鸟类、湖滨带植物三个层面进行调查与分析。

5.1 水生生物监测布点和方法

1. 监测点位

项目组对洪湖进行了水生生物调查检测，分别采集浮游动物、浮游植物和底栖动物，共设 18 个采样点（采样点见图 5.1），18 个采样点均取表层水样。

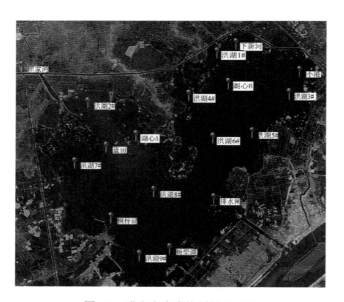

图 5.1 洪湖水生生物采样点分布

2. 取样检测方法

取 0.1 mL 摇匀后的浮游植物样品置于 0.1 mL 浮游植物计数框内镜检鉴定计数，每次重复 3～5 次，以均值推算各种浮游植物原始密度；取 1 mL 摇匀后的浮游动物样品置于 1 mL 浮游生物计数框内镜检鉴定计数。浮游植物的种类鉴定参考胡鸿钧等（2006）《中国淡水藻类-系统、分类及生态》；枝角类和桡组类的种类鉴定分别参考蒋燮治等（1979）的《中国动物志淡水枝角类》和沈嘉瑞（1979）《淡水桡足类志》。

5.2　浮　游　植　物

浮游植物通常就是指浮游藻类，是洪湖自然保护区重要的初级生产者，是湖泊水体生态系统食物链的重要组成部分。洪湖丰富的浮游植物资源不但为动物提供能量和食物，而且藻类的群落结构、种群数量等藻相变化与水环境相适应，会随水环境的变化而改变，因此藻类藻相的组成及其季节变化也是反映水体的富营养化程度、水质好坏的重要指标。

5.2.1　浮游植物的组成情况

历史调查数据显示洪湖共有浮游植物 7 门 77 属 280 种（包括变种、变形种），按种类多少依次有绿藻门 32 属 133 种，占全部种类的 47.5%；硅藻门 20 属 97 种，占全部种类的 34.6%；蓝藻门 13 属 26 种，占全部种类的 9.3%；还有裸藻门、金藻门、甲藻门、隐藻门等。

2016 年洪湖生态调查发现洪湖水体有蓝藻门、硅藻门、绿藻门、隐藻门、裸藻门、甲藻门、金藻门等 7 门 63 属 93 种浮游植物（表 5.1）。

表 5.1　2016 年洪湖水体浮游植物种类

浮游植物门	浮游植物属	拉丁属名
蓝藻门	鱼腥藻	*Anabaena*
	螺旋藻	*Spirulina*
	伪鱼腥藻	*Pseudanabaena*
	螺旋藻	*Spirulina*
	颤藻	*Oscillatoria*
	尖头藻	*Raphidiopsis*
	平裂藻	*Merismopedia*
	纤维藻	*Ankistrodesmus*
	色球藻	*Chroococcus*
	微囊藻	*Microcystis*
	鞘丝藻	*Lyngbya*
	棒条藻	*Rhabdoderma*
	束丝藻	*Aphanizomenon*
	拟柱胞藻	*Cylindrospermopsis*

浮游植物门	浮游植物属	拉丁属名
硅藻门	小环藻	*Cyclotella*
	桥弯藻	*Cymbella*
	舟形藻	*Navicula*
	辐节藻	*Prestauroneis*
	针杆藻	*Synedra*
	脆杆藻	*Fragilaria*
	菱形藻	*Nitzschia*
	直链藻	*Melosira*
	肋缝藻	*Frustulia*
	卵形藻	*Cocconeis*
	拟菱形藻	*Pseudonitzschia*
绿藻门	衣藻	*Chlamydomonas*
	翼膜藻	*Pteromonas*
	四鞭藻	*Carteria*
	小球藻	*Chlorella*
	刚毛藻	*Chladophora*
	实球藻	*Pandorina*
	空球藻	*Eudorina*
	栅藻	*Scenedesmus*
	四角藻	*Tetraedron*
	四星藻	*Tetrastrum*
	盘星藻	*Pediastrum*
	十字藻	*Crucigenia*
	月牙藻	*Selenastrum*
	顶棘藻	*Chodatella*
	四棘鼓藻	*Arthrodesmus*
	转板藻	*Mougeotia*
	胶网藻	*Dictyosphaerium*
	蹄形藻	*Kirchneriella*
	肾形藻	*Nephrocytium*
	纤维藻	*Ankistrodesmus*
	拟韦斯藻	*Westellopsis*
	空星藻	*Coelastrum*
	角星鼓藻	*Staurastrum*
	角丝鼓藻	*Desmidium*
	新月藻	*Closterium*

浮游植物门	浮游植物属	拉丁属名
绿藻门	卵囊藻	*Oocystis*
	弓形藻	*Schroederia*
	鼓藻	*Cosmarium*
	多芒藻	*Golenkinia*
	集星藻	*Actinastrum*
隐藻门	蓝隐藻	*Chroomona*
	隐藻	*Cryptomonas*
甲藻门	裸甲藻	*Glenodinium*
	多甲藻	*Peridinium*
金藻门	黄群藻	*Synura*
裸藻门	陀螺藻	*Strombomonas*
	裸藻	*Euglena*
	囊裸藻	*Trachelomonas*

2016 年洪湖浮游植物组成情况见表 5.2。

表 5.2　2016 年洪湖浮游植物组成情况

门	属	种	种类比例/%
绿藻门	30	45	48.39
硅藻门	11	16	17.20
蓝藻门	14	22	23.66
裸藻门	3	4	4.30
甲藻门	2	2	2.15
隐藻门	2	3	3.23
金藻门	1	1	1.08
总计	63	93	100.00

根据表 5.2 可知，2016 年洪湖浮游植物主要为绿藻门，硅藻门和蓝藻门，种类分别占 48.39%，17.20% 和 23.66%。主要原因是洪湖水体中 N、P 超标且 8 月水体温度适宜、pH 偏高、光照强度充足，绿藻门、硅藻门和蓝藻门的浮游植物生长迅速，是优势微生物。

5.2.2　浮游植物种类和生物量的空间变化

2016 年洪湖水体浮游植物种类的空间分布如图 5.2 所示，除瞿家湾和湖心 A 外，各采样点的生物种类量都大于 30，瞿家湾浮游植物种类只有 18 种，该点为四湖总干渠汇入洪湖的主要入湖口，四湖总干渠是洪湖流域污染物最主要的受纳水体，因而瞿家湾采样点污染严重，受水质的影响，该点浮游生物种类较少。湖心 A 围网养殖密集，该点 TN、TP、NH₃-N超标，水体处于中营养状态，一些对水质要求高的微生物无法生存，该点浮游生物种类为28 种。

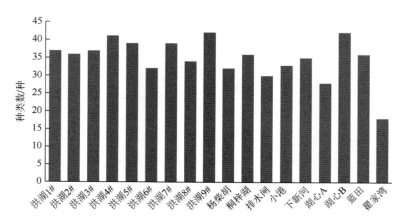

图 5.2　2016 年洪湖浮游植物种类的空间变化

图 5.3 为 2016 年洪湖不同监测点位浮游植物生物量的变化。由图 5.3 可知，洪湖 18 个监测位点中，以 2#、9#、杨柴湖和湖心 A 的浮游植物生物量最大，1#、排水闸和瞿家湾浮游生物量最少。结合前面对各位点的水质情况和营养状分析，可以发现在水质污染较严重，富营养化程度越高的位点，其浮游植物生物量也越大，但由于瞿家湾该点处于进湖口，水流速度较快，所以该点浮游生物量较少，生物种类也较少。

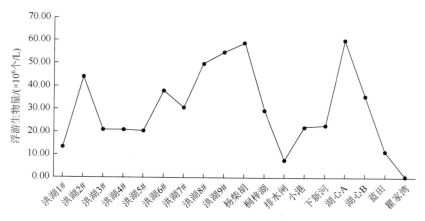

图 5.3　洪湖不同监测点位浮游植物生物量的变化

5.2.3　浮游植物组成变化情况

与 2012 年相比，2016 年洪湖浮游植物的属和种数量都有所减少（表 5.3），且 2016 年监测数据中并未发现黄藻门类浮游生物。绿藻门和硅藻门相对来说减少比例较大；蓝藻门中属数增加了 3 种，种数增加了 7 种，增加幅度较大，这可能与近几年水体富营养化程度增加有关；隐藻门和裸藻门属数未发生改变，但种数有所增加；金藻门的情况保持不变。

表 5.3　2012 年与 2016 年洪湖浮游植物组成比对比

门类	2012 年			2016 年		
	属	种	种类比例/%	属	种	种类比例/%
绿藻门	34	64	59.26	30	45	48.39
硅藻门	16	20	18.52	11	16	17.2
蓝藻门	11	15	13.89	14	22	23.66
裸藻门	3	3	2.78	3	4	4.30
甲藻门	3	3	2.78	2	2	2.15
隐藻门	1	1	0.93	2	3	3.23
金藻门	1	1	0.93	1	1	1.08
黄藻门	1	1	0.93	0	0	0
总计	70	108	100	66	93	100

5.2.4　洪湖浮游植物种类与生物量的年代变化

20 世纪 80 年代初，浮游植物数量和生物量的年平均值分别为 108.17×10^4 md/L 和 2.437 6 mg/L，其数量和生物量均以硅藻类为最大；至 90 年代初，浮游植物数量和生物量分别为 698.98×10^4 md/L 和 1.24 mg/L，其中以蓝藻数量变化最明显，也反映了洪湖的富营养化趋势。

5.2.5　洪湖浮游植物资源的总体评价

洪湖浮游植物优势种群的数量和生物量特征呈现出一定的富营养化趋势，但从总体上来看，浮游植物无论是种类、数量还是生物量，都反映了典型的草型湖泊特征。其数量和生物量不仅不能和武汉市郊附近肥水性湖泊相比，亦比太湖等小得多。这主要和水中不同生物之间存在竞争有关，特别是洪湖中繁茂的水草成为湖中浮游植物的主要制约因素。

5.3　生物环境评价

5.3.1　评价方法

1. 指示生物评价法

指示生物评价法是根据湖水中水生生物的种类和数量来反映水环境质量（湖泊营养状态）

的方法。藻类群落的组成与水体本身的自净能力、污染源远近、污染物的性质等有关。德国的 Kolkwitz 等（1909）将河流划分为多污带（重污带）、α-中污带（强中污带）、β-中污带（弱中污带）、寡污带（微污带）和清洁带，并指出每一带水体中都生存有不同的藻类，形成污水生物系统，并运用这一系统来评价水质的污染程度。

湖泊富营养化研究结果表明，不同营养状态水域中所生存的生物种类差异较大。以浮游植物为例，在一般情况下，贫营养型湖泊中的浮游植物是以金藻为主；中营养型湖泊是以硅藻为主；富营养化湖泊以绿藻、蓝藻为主。

在评价工作中，首先根据湖泊生物调查资料的分析，确定该水域中占优势的浮游生物种类。然后，根据相关判定原则，分析水生生物所处的环境。值得注意的是，由于影响湖泊水域中生物种类变化的因子很多，水生生物对营养状态和其他环境条件变化的适应能力亦很强，在各种不同的地理条件下会有不同的表现，因此，优势种分析仅是对水生生物环境作出大致粗略的评定。

2. 多样性指数评价

在正常水体中，浮游藻类群落结构是相对稳定的。当水体受到污染后，群落中不耐污染的敏感种类往往会减少或消失，而耐污种类的个体数量则大大增加。污染程度不同，减少或消失的种类不同，耐污染种类的个体数量增加亦有差异。在不同的污染区，藻类种类和数量的比值也不同。清洁水体中藻类的种类多、数量少；而污染水体中藻类种类减少，数量增加。因此，通常可采用物种多样性指数来反映水体环境的状况。常见的多样性指数为香农-维纳（Shannon-Wiener）多样性指数。香农-维纳多样性指数水质评判标准见表 5.4。

表 5.4　香农-维纳多样性指数水质评判标准

生物指数	清洁	轻污染	中污染	重污染	严重污染
H	>4.5	4.5~3	3~2	2~1	<1
I_P	>0.8	0.8~0.5	0.5~0.3	0.3~0.1	<0.1

香农-维纳多样性指数（H）为

$$H = -\sum_{i=1}^{S} P_i \cdot \ln P_i \qquad (5.1)$$

式中：P_i 为 n_i/N；n_i 为第 i 种生物的个体数；N 为总个体数；S 为群落总种数。

均匀度指数（I_P）为

$$I_P = H / \ln S \qquad (5.2)$$

5.3.2　评价结果

在 18 个检测点位中 1#、5#、排水闸、瞿家湾生物量较少但是这四个点位的香农-维纳生物多样性指数较高，物种均匀度较好。其他点位物种丰富度和物种均匀度虽然相对于这四个点来说较小，但分布也较均匀。总体来说洪湖水质达到轻度污染及中度污染，香农-维纳多样性指数较高，均匀度较好。洪湖水生生物评价结果见表 5.5、图 5.4 和图 5.5。

表 5.5　洪湖水生生物评价结果

采样点	H	I_P	指示水质状况
洪湖 1#	2.44	0.68	轻度污染
洪湖 2#	1.55	0.43	中度污染
洪湖 3#	1.67	0.46	中度污染
洪湖 4#	2.12	0.57	轻度污染
洪湖 5#	2.27	0.62	轻度污染
洪湖 6#	1.67	0.48	中度污染
洪湖 7#	1.97	0.54	中度污染
洪湖 8#	2.01	0.57	轻度污染
洪湖 9#	1.82	0.49	中度污染
杨柴胡	1.63	0.47	中度污染
桐梓湖	1.93	0.54	中度污染
排水闸	2.04	0.60	轻度污染
小港	1.89	0.54	中度污染
下新河	1.58	0.44	中度污染
湖心 A	1.72	0.51	中度污染
湖心 B	1.97	0.53	中度污染
蓝田	2.26	0.63	轻度污染
瞿家湾	2.36	0.82	轻度污染

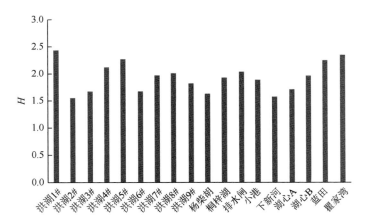

图 5.4　洪湖各采样点浮游生物香农-维纳多样性指数变化图

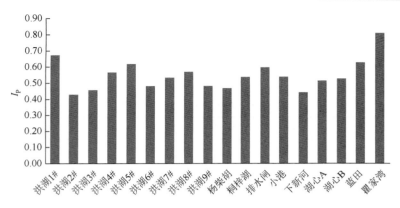

图 5.5　洪湖各采样点浮游生物均匀度指数变化图

5.4　浮游动物

浮游动物作为次级生产力在水态系统中起着重要的作用，是中上层水域中鱼类和其他经济动物的重要饵料，对渔业的发展具有重要意义。某些浮游动物对环境污染极为敏感，有不少种类可作为水污染的指示生物，如在富营养化体中，裸腹溞、剑水蚤、臂尾轮虫等种类一般形成优势群。淡水中的浮游动物主要包括原生动物、轮虫、枝角类和桡足类四大类。洪湖浮游动物的调查结果见表 5.6 和图 5.6。洪湖的浮游动物主要包括原生动物、轮虫、甲壳动物三大类型。其中原生动物 198 种，轮虫 103 种，甲壳动物 78 种（包括枝角类 50 种，桡足类 28 种）。

表 5.6　浮游动物的组成及其数量

类型		种类数/种	平均数量/(ind/L)	生物量/(mg/L)
原生动物		198	8 272	0.413 6
轮虫		103	208	0.249 6
甲壳动物	枝角类	50	14.5	0.290 5
	桡足类	28	47.8	0.182 2

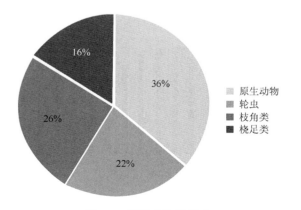

图 5.6　浮游动物的组成

　　洪湖浮游动物中原生动物 198 种，隶属于 8 纲，29 目，63 科 99 属。优势种类为卵形隐滴虫、马氏隐滴虫、球衣滴虫、针棘匣壳虫，大弹跳虫、陀螺侠盗虫和有肋楯虫。其中数量上植鞭毛虫最多，纤毛虫其次，动鞭毛虫最少。

　　洪湖浮游动物中轮虫 103 种，隶属于轮虫纲的 14 科 45 属。优势种为针簇多肢轮虫、独角聚花轮虫、盘状鞍甲轮虫、敞水胶鞘轮虫、囊形单趾轮虫，在生物量上，以臂尾轮科轮虫为主。

　　甲壳动物中枝角类常年可见的种类有圆形盘肠溞、龟状笔纹溞、矩形尖额溞、晶莹仙达溞、直额弯尾溞；桡足类中的球状许水蚤、汤匙华哲水蚤以及锯缘真剑水蚤等种类也常年可见。老年低额溞、肋形尖额溞等主要出现于冬春季节；角突网纹溞、方形网纹溞、广布中剑水蚤以及几种秀体溞则主要出现于夏秋季节。还有一些种类，如枝角类中的透明薄皮溞、透明溞、长额象鼻溞、底栖泥溞，桡足类中的舌状叶镖水蚤、特异荡镖水蚤、透明温剑水蚤等仅属稀有种。

　　综上所述，决定洪湖浮游动物数量变动的最主要因素是原生动物，其数量最高峰在夏季，为 13 958 ind/L；次高峰在秋季为 9 292 ind/L。夏、秋季最多，春季次之，冬季最少。洪湖浮游动物主要寄生在沿岸一带草丛，因此在地区分布上以菰群丛中的数量为多。

5.5　底　栖　动　物

　　大型底栖动物是水生生态系统食物链中的重要组成部分，水体中优势类群主要包括水生寡毛类、水生昆虫、软体动物。由于底栖动物个体较大，寿命长，活动能力和活动范围较小，对环境条件反应敏感，可综合反映出污染物对环境和生物产生的影响，其种类组成和群落结构特征可作为水质评价的指示生物。

5.5.1　种类组成

　　洪湖主要底栖动物有 98 种，隶属于软体动物、环节动物、节肢动物和线形动物 4 个门。其中腹足纲 17 种，瓣鳃纲 4 种，寡毛纲 13 种，蛭纲 9 种，甲壳纲 6 种，昆虫纲 46 种，其他底栖动物 3 种。仍然以软体动物、水生昆虫和水栖寡毛类三大类群为主，另有水蛭和几种虾、蟹等。

　　底栖动物组成以软体动物的种类最多，共有 11 种，其中优势种为铜锈环棱螺、长角涵螺、纹沼螺、椭圆萝卜螺和凸旋螺 5 种，每次出现率都在 40%以上，其中以纹沼螺分布最广。

5.5.2　分布特征

　　洪湖底栖动物分布主要取决于水体底质的性质、水深和流速，同时与水生高等植物有着密切的关系，淤泥底和水生植物密布是其生境的主要特征。调查得知，水深 1.5~2.5 m 最适合底栖动物生长发育。软体动物以植物碎屑和小的浮游生物为食，钢锈环棱螺及长角涵螺多在植物根部淤泥间活动和摄食；萝卜螺多附在植物叶片上，并可在浮叶植物叶片的反面栖居蚕食所在的叶片；苏氏尾鳃蚓在寡毛类中各个季节都占有数量和生物量的绝对优势，特别是有机物丰富的淤泥底极适合该种类的生长和发育。

5.5.3　数量与生物量

洪湖底栖动物数量与生物量随季节变化而发生变化。四个季度每平方的底栖动物个体数量，以冬季最多，春季和秋季次之，夏季略偏低，但变动幅度不大。与冬季的数据比较，夏季偏低系由于鱼类摄食强度增加所致。春秋季略低系由正值昆虫羽化高峰所致。生物量的变动则主要决定于软体动物个体的差异，铜锈环棱螺的重量为长角涵螺或纹沼螺的 5～10 倍。

洪湖主要底栖动物以软体动物的种类和生物量占优势，其次是水生昆虫，寡毛类再次之。平均数量为 592 ind/m^2，生物量为 109 g/m^2。一年中平均每亩生物量 72.67 kg。

5.5.4　洪湖底栖动物的特点

（1）洪湖底栖动物中腹足类占绝对优势，瓣鳃类极少。腹足类的数量和生物量所占比例大，而瓣鳃类在样品中仅属偶见。这种情况的出现，是由于洪湖水生高等植物密度大、生物量高，尤其是菹草和篦齿眼子菜充塞整个湖底，这对草栖性腹足类动物的繁殖、摄食和生长是极为有利的，从而发展为优势类群。

（2）总生物量大。洪湖底栖动物现存量每亩高达 72.67 kg，与国内一些大中型湖泊比较，底栖动物的生物量比较高。究其原因，还是洪湖水生高等植物丰盛，有利于底栖动物繁衍。

（3）草丛种类多。洪湖是一个水生植物十分旺盛的浅水湖泊。因此，在底栖动物种类组成中，往往含有与之相适应的生态类群。腹足类中优势种类几乎都栖息、生活在草丛中，或附着在植物的茎叶上，其数量与季节变化和水生高等植物的兴衰有明显的相关性，而且种群数量极大。洪湖的虾类有 75%亦属草丛的小型种类，如细足米虾、中华新米虾和中华小长臂虾。它们的栖息、生长和繁殖均有赖于水生植物的存在。

5.6　洪湖植被的演化历史

洪湖作为一个大型浅水草型湖泊，水生植被既是一类独特的自然景观，也是构成湖泊生态系统的基本骨架。近四十年来，受湖泊水文、水质条件以及人类活动的影响，水生植被群落发生了明显的演替过程，主要表现为种类组成和优势种群结构的演变。

20 世纪 60 年代初，洪湖面积为 600 km^2，分布最广的水生植物是菱、竹叶眼子菜、苦草、黑藻，其次为穗状狐尾藻（聚草）、微齿眼子菜（黄丝草）、金鱼藻、篦齿眼子菜、菰、莲、芦苇和黄花狸藻等。水生植被明显地分为湿生植被带、挺水植被带、浮叶植被带和沉水植被带，并以浮叶植被带面积为最大。主要的植物群落有 11 种，包括苦草群落、

苔草 + 黑藻群落、菱-微齿眼子菜群落、菱-竹叶眼子菜 + 聚草群落、菱-竹叶眼子菜 + 微齿眼子菜群落、菱-聚草 + 微齿眼子菜群落、微齿眼子菜群落、莲群落、菰群落、芦苇 + 菰群落。

20 世纪 80 年代初，洪湖面积约 355 km²，组成洪湖植被的优势种类是微齿眼子菜、穗状狐尾藻、菰、金鱼藻和黑藻五种，其次为莲、睡莲、轮藻、水鳖、竹叶眼子菜、大茨藻和菱等，从频度上看，分布较广的水生植物为：微齿眼子菜，穗状狐尾藻、黑藻、金鱼藻、菱、菰、轮藻、睡莲、莲、竹叶眼子菜、苦草、槐叶苹、大茨藻、小茨藻，水鳖、狸藻。水生植被分布较为明显的只有挺水植被带和沉水植被带，20 世纪 60 年代初分布面积最大的浮叶植被带已不明显，湿生植被带基本消失。60 年代的主要优势种为菱、竹叶眼子菜、苦草、篦齿眼子菜、莲、菹草，到 80 年代已大为减少，而微齿眼子菜和穗状狐尾藻则成为全湖的优势种。

20 世纪 90 年代初，微齿眼子菜和穗状狐尾藻是洪湖沉水植物中的绝对优势种，并遍布全湖，其次为金鱼藻、黑藻、菹草、轮藻和竹叶眼子菜。浮叶植物菱等分布零散，未能形成大面积的群落。生物量也有所减少。优势群落增至 18 个，且大多数为新增的优势群落。

洪湖水生植被演替的原因：现代洪湖是明代开始形成的一个浅水河间洼地，经过几百年的自然演化和人类活动的影响，已初步向沼泽化发展。在此过程中，水生植物尤其是挺水植物承担着沼泽化先锋的作用。莲、菰和芦苇等群落，其植物的水上部分和水下的根状茎极为发达，其残体以及淤积的泥沙逐渐聚集起来，使湖泊基底不断抬高，而最终露出水面，土壤水分也随之减少；这就为湿生植物创造了条件，逐渐为禾本科、莎草科以及灯心草科的一些喜湿的植物所演替，而形成新的植被类型。芦苇和菰群落则向原浮水植物区域侵移，依次类推，原浮水植物群落向原沉水植物区域侵移，而原沉水植物群落则向原深水域侵移，由于各水域内植物残体的积累，泥沙的堆积，年复一年，湖底不断抬高，由深水湖变为浅水湖，进而变为湖沼。由于环境条件的变化，加速了水生植物向沼生植物甚至湿生植物的演替过程，出现草甸、灌草丛和森林植被，导致出现"沧海桑田"变化。以洪湖为代表的江汉湖群水生植物群落自然演替的基本规律如图 5.7 所示。

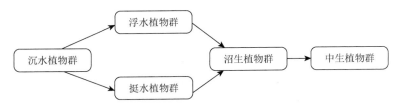

图 5.7 洪湖水生植物群落自然演替示意图

近四十年来，洪湖水生植被在自然因素和人为因素的共同作用下，经历了三个不同的演替阶段。

20 世纪 50 年代江湖阻隔以前，洪湖植被以自然演替为主，植被类型分布主要受长江、汉水泛滥泥沙和水位大涨大落的影响，湿生植被占有明显的优势。

20 世纪 50 年代末江湖阻隔之后，水利建设和围湖垦殖使洪湖的面积由阻隔前的 600 km²

左右减至 80 年代的 355 km²，原有几乎全部的湿生植物带和大部分挺水植物带被围垦，由于水位落差减少，而挺水植物带由浅水区向湖心扩展，至 1987 年达到顶峰，超过全湖面积的 50% 以上，这是洪湖植被演替的第二个阶段。沉水植物微齿眼子菜等在湖水运动显著减少、水位落差波动较小情况下快速扩展，使竹叶眼子菜和苦草等 60 年代以前的优势种退缩。在与挺水植物和沉水植物的竞争过程中，菱等竞争力较弱的浮叶植物处于劣势，进而使浮叶植物带为挺水植物和沉水植物带所演替。

20 世纪 80 年代中期以后，围湖圈养草食性鱼类快速发展，水生植被被开发利用的强度不断加大，至 90 年代基本形成了水生植物开发利用下的恢复性演替过程。具体表现有两个特点。①挺水植物菰群落的面积不断减少。虽然菰有发达的地下茎系统，能与水面叶片系统一起将氧气转输到地下高度厌氧环境以维持正常生理代谢；但大规模刈割菰叶饲养草食性鱼类，一方面减少了地下部分的氧气供应，另一方面水从菰轴条断面进入维管系统，阻断了植物体内的交换过程，使得菰地下茎系统无法进行正常的生理活动而腐烂，从而导致菰群落大面积死亡。②沉水植被的演替也是人为干扰作用的结果。由于微齿眼子菜和穗状狐尾藻皆主要依赖无性繁殖来实现种群的恢复、更新和扩展，但两者的繁殖策略迥然不同：微齿眼子菜主要依靠其匍匐茎和营养茎的生长扩展，而穗状狐尾藻主要靠丛生的茎的破碎及随后的飘流来实现。因而，随着洪湖水产养殖业大规模开发，对微齿眼子菜的压力越来越大，尤其是在绞草过程中使用铁耙，破坏了微齿眼子菜赖以生成的匍匐茎，造成对该群落毁灭性的破坏；而穗状狐尾藻则相反，养殖活动对其影响较小，甚至绞草过程中加速穗状狐尾藻的断裂还有助于其扩展，通过茎的破碎及随后的飘流迅速占据以前微齿眼子菜，但是现在由于绞草而几乎成为裸地的区域。

从植被的现状看，洪湖水生植物正处于剧烈变动的阶段。在目前利用压力继续增大前提下，具有较高渔业价值的微齿眼子菜和黑藻的生物量和分布范围将继续下降，而相对渔业价值较低的穗状狐尾藻和金鱼藻等植物的分布范围和生物量将继续扩大。

5.7　沉水植被调查

5.7.1　采样点分布

2017 年 5 月对洪湖沉水植被进行了调查，根据洪湖湖泊外形，采用断面法进行调查和采集植物，调查和采样过程中用 GPS 进行定位，并记录采样点坐标，根据采样点获取的植物种类信息和采样途中目视范围内的植被分布，对植物群丛进行标注。全湖共设 15 个断面、61 个采样点，洪湖沉水植被监测断面及监测点分布如图 5.8 所示。

5.7.2　植被分布面积与覆盖率的求算方法

根据采样过程中采集的植物分布信息，实地绘制的简易植物分布图以及采样点的地理坐标，利用地理信息系统（geographic information system，GIS）软件求算各群丛的分布面积。

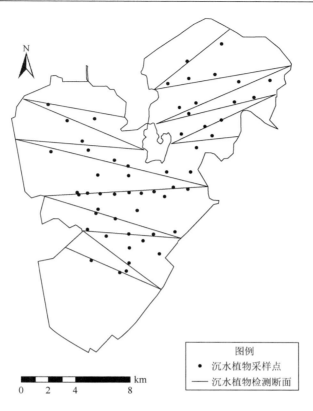

图 5.8　洪湖沉水植被监测断面及监测点分布

具体为在 GIS 软件 ARC/INFO 的支持下进行调查点位及丛群边界线条绘制，并进行拓扑关系建立，求算各丛群类型的实际分布面积及湖泊总植被面积，其中由于洪湖周围存在未拔起的围网残桩，采样船只难以进入，尤其是洪湖西北区域和靠近螺山干渠的洪湖南部。最后将总植被面积除以该湖泊总面积得到全湖沉水植被覆盖率。

5.7.3　植被面积及分布

调查结果显示，该时期洪湖分布的沉水植物主要有 8 类：菹草、篦齿眼子菜、穗状狐尾藻、微齿眼子菜、金鱼藻、苦草、竹叶眼子菜和黑藻。全湖沉水植物覆盖面积约为 171.13 km²，占全湖面积的 49.14%。

分布面积最广的沉水植物为菹草，分布面积为 132.34 km²，占全湖面积的 38.03%，该季节菹草生长旺盛，几乎遍布湖面大部分地区。其次为篦齿眼子菜，分布面积为 70.93 km²，蓝田、湖心 A、排水闸、杨柴湖、小港和湖心 B 周围都有分布，分布面积占全湖面积 20.38%。由于该季节菹草和篦齿眼子菜生长旺盛，且这两种植物植株较长，在洪湖湖面上可看到大片的水草浮于水面。穗状狐尾藻分布面积约为 45.03 km²，主要分布在排水闸和杨柴湖附近，分布面积占全湖面积的 12.94%。微齿眼子菜、苦草和金鱼藻分布面积大致相近，分别为 33.85 km²、29.60 km² 和 34.79 km²，分别占全湖面积的 9.73%、8.51% 和 10.00%。微齿眼子菜主要分布在两片区域，一片区域在桐梓湖、杨柴湖附近，另一片在湖心 B、小港附近。苦草主要分布在蓝田、桐梓湖附近，小港与杨柴湖也有少量分布。金鱼藻分布相对来说也较为分散，在小港和排水闸附近有两个稍微较大的群落，面积分别为 17.89 km^2 和 8.07 km^2，在桐梓湖和蓝田也有发现其群落的存在。竹叶眼子菜和黑藻分布面积相对较小，分布也较集中，竹叶眼子菜分布面积为 12.02 km^2，分布面积占全湖面积的 3.45%，仅在桐梓湖和杨柴湖中间的位置有出现。黑藻分布面积为 3.91 km^2，占全湖面积的 1.12%，仅在杨柴湖附近发现其存在。具体分布情况见附图 11。

5.7.4　沉水植被群丛分布

调查发现洪湖群丛分布共有 48 种，面积小于 2 km^2 的群丛未单独在附图 12 中标出。具体情况见表 5.7 和附图 12。

表 5.7　洪湖沉水植物群丛统计表（2017 年 5 月）

序号	名称	群丛面积/hm^2	序号	名称	群丛面积/hm^2
1	篦齿眼子菜 + 菹草	3 955.32	19	苦草 + 篦齿眼子菜 + 微齿眼子菜 + 菹草 + 金鱼藻	93.74
2	苦草 + 菹草	1 167.60	20	篦齿眼子菜 + 黑藻	91.17
3	竹叶眼子菜 + 微齿眼子菜 + 穗状狐尾藻 + 菹草	1 133.66	21	篦齿眼子菜 + 微齿眼子菜 + 菹草	81.11
4	微齿眼子菜 + 穗状狐尾藻 + 菹草	898.76	22	苦草 + 篦齿眼子菜 + 菹草	80.99
5	篦齿眼子菜 + 菹草 + 金鱼藻	857.98	23	微齿眼子菜 + 菹草 + 金鱼藻	69.05
6	穗状狐尾藻 + 菹草	645.01	24	黑藻 + 穗状狐尾藻	65.82
7	苦草 + 穗状狐尾藻 + 菹草	392.30	25	竹叶眼子菜 + 穗状狐尾藻 + 菹草	64.06
8	穗状狐尾藻 + 金鱼藻	383.79	26	苦草 + 篦齿眼子菜 + 金鱼藻	60.43
9	篦齿眼子菜 + 金鱼藻	281.27	27	黑藻 + 微齿眼子菜 + 穗状狐尾藻 + 菹草	55.09
10	菹草 + 金鱼藻	273.42	28	微齿眼子菜 + 穗状狐尾藻 + 金鱼藻	51.52
11	苦草 + 微齿眼子菜 + 穗状狐尾藻 + 菹草	216.87	29	苦草 + 微齿眼子菜 + 菹草	47.23
12	微齿眼子菜 + 菹草	211.58	30	穗状狐尾藻 + 菹草 + 金鱼藻	33.74
13	苦草 + 金鱼藻	186.41	31	篦齿眼子菜 + 黑藻 + 穗状狐尾藻	27.89
14	苦草 + 篦齿眼子菜 + 菹草 + 金鱼藻	180.53	32	篦齿眼子菜 + 微齿眼子菜 + 穗状狐尾藻 + 菹草	27.77
15	苦草 + 菹草 + 金鱼藻	167.66	33	篦齿眼子菜 + 穗状狐尾藻 + 金鱼藻	24.55
16	篦齿眼子菜 + 微齿眼子菜 + 菹草 + 金鱼藻	150.51	34	苦草 + 黑藻 + 穗状狐尾藻	24.32
17	微齿眼子菜 + 穗状狐尾藻	130.95	35	篦齿眼子菜 + 微齿眼子菜 + 穗状狐尾藻 + 金鱼藻	16.46
18	篦齿眼子菜 + 微齿眼子菜	108.08	36	苦草 + 黑藻 + 穗状狐尾藻 + 菹草	14.40

续表

序号	名称	群丛面积/hm²	序号	名称	群丛面积/hm²
37	篦齿眼子菜+微齿眼子菜+金鱼藻	13.35	43	竹叶眼子菜+穗状狐尾藻	3.94
38	篦齿眼子菜+穗状狐尾藻+菹草	8.53	44	苦草+黑藻	3.16
39	黑藻+穗状狐尾藻+菹草	8.17	45	苦草+微齿眼子菜+菹草+金鱼藻	3.00
40	黑藻+微齿眼子菜+穗状狐尾藻	7.70	46	篦齿眼子菜+穗状狐尾藻	1.77
41	微齿眼子菜+金鱼藻	7.14	47	篦齿眼子菜+黑藻+穗状狐尾藻+菹草	1.49
42	苦草+穗状狐尾藻草	5.05	48	苦草+黑藻+微齿眼子菜+穗状狐尾藻+菹草	0.02

由附图 12 可知，植物群丛主要分布在蓝田、湖心 B，以及杨柴湖以北区域。该季节群丛面积分布最大的是篦齿眼子菜+菹草群落，分布面积为 39.56 km²，主要分布在蓝田周围和湖心 B 以北的部分区域。其次为苦草+菹草群落，分布面积为 11.68 km²，主要分布在蓝田以西及桐梓湖以东的部分区域。竹叶眼子菜+微齿眼子菜+穗状狐尾藻+菹草群丛仅在杨柴湖以北、排水闸以西的地方出现，分布面积为 11.34 km²。微齿眼子菜+穗状狐尾藻+菹草分布在竹叶眼子菜+微齿眼子菜+穗状狐尾藻+菹草群丛周围，分布面积为 8.99 km²。在排水闸以西地区出现了穗状狐尾藻+金鱼藻群落，群落面积为 3.84 km²。在小港以西、湖心 B 以东地区有篦齿眼子菜+菹草+金鱼藻群丛的分布，分布面积为 8.58 km²。

该季节菹草分布最广泛，菹草是典型的冬春生长，夏季死亡的水生植物，主要依赖休眠芽度过不适季节，其繁殖个体较大、较重，水流对其影响较小。繁殖体在春末夏初开始散布，影响其繁殖的主要因素是其他植株的密度。5 月是春夏之交，所以在该季节能看到菹草大面积分布。金鱼藻是水中漂浮植物，与底泥几乎不发生紧密的联系，其营养繁殖体也只是松散的铺于水底，受水流影响较大，在入湖和出湖闸口处分布较少。穗状狐尾藻依赖茎的断裂和随后的漂流来实现种群的扩展，这一阶段从秋季开始。它扎根于基质中，与底泥联系较为紧密，由于此次采样为春夏之交，穗状狐尾藻种群还未扩散，因此分布区域较集中。

2016 年底洪湖的拆违行动使洪湖水质好转，洪湖沉水植物也有逐渐恢复的趋势。目前，洪湖沉水植物分布范围有所增加，但其水生植物群落类型多，破碎化程度较高。为加快洪湖生态修复，提高生态系统稳定性，应提高水体的透明度，增加水中光照强度。现对洪湖湿地保护提出如下建议：①进一步取缔围网、绞草、拖螺等人为干扰，同时改善入湖水质，增加水体透明度，促进沉水植物的恢复；②增加水位变幅，促进水生植物资源的合理利用，避免沼泽化。

5.8　湖滨带植被调查

湖滨带是陆地生态系统和水生生态系统之间的过渡带，承担物质、能量、信息交换的重要功能。湖滨带结构与湖泊水文、形态、生态因素有关，同时受湖泊水位涨落与波浪运动影响，分为水向带和陆向带。自然状态下，陆向界线为周期性高水位时湖泊影响地形、水文、基质和生物的上限，水向界线在深水期湖泊为大型植物分布的下限，或由深水波浪转为浅水波浪的界限。湖滨带具有诸多重要生态和服务功能：①消解与滞留污染物，水-土-植物-微生物系统通过渗透、过滤、沉积、吸收、分解等方式削减外源和内源污染物；②稳固湖岸和阻滞沉积物再悬浮；③支撑区域生物群落，维持自身生物多样性，且给相邻群落食物网输出能量；④美化环境；⑤生产生物产品；⑥娱乐休闲。因此，湖滨带对维持湖体水质优良和生态系统健康十分重要。

由于大面积的围湖造田和大规模养鱼养蟹，洪湖周边湿地面积大幅减小，即天然湖滨带在逐渐消失，王茜等（2006）利用遥感影像对洪湖进行动态分析，发现洪湖自然湿地的滨湖滩地面积自 1967 年的 219.19 km^2 减少到 2001 年的 36.54 km^2，减幅达 83%；刘毅等（2015）通过实地勘察和遥感影像资料计算，2011 年洪湖滩地的面积为 62.72%，较 2001 年有所增加，这是因为 2011 年洪湖遭遇 70 年一遇的严重干旱，湖泊几乎见底，湖滨带干涸数月，面积因此扩大。同时，由于人为原因，植被覆盖面积大大减少。资料显示，挺水植物带从 20 世纪 60 年代的 216 km^2 减少到 90 年代的 30 km^2。赵淑清等（2001）根据遥感影像分析，1987～1993 年，湖滩植被的面积减少了 18.60%。且挺水植物群落分布破碎化现象越发明显。刘毅等（2015）对洪湖湖滨带调查 11 个样地发现 2011 年夏季共 44 科 86 属 102 种，秋季植物共 51 科 106 属 125 种。目前有关洪湖湖滨带研究报导较少，所以对于湖滨带的现状及物种资源，特别是植物物种调查极其重要。

5.8.1　洪湖湖滨带植被调查方案

1. 调查目的

通过洪湖湖滨带湿地植物群落调查、植被调查，获取洪湖湖滨带的植物物种组成、植物群丛分布等基础资料，结合水质调查分析，描述洪湖湖滨带的现状，为洪湖相关项目的开展提供可靠的依据。

2. 调查内容

调查内容包括洪湖湖滨带植被和水样，湖滨带的范围设定为最低水位 0.5 m 以下到最高水位 0.5 m 以上。

3. 实施方案

沿着洪湖湖滨带进行考察，在地图上标记各类不同的湖滨带类型以及所见岸坡上土地利用状况，再根据不同湖滨带植被类型以及实际情况进行设点调查。植被调查方案如下。

1）样带及样方设置

针对不同湖滨带植被进行样方设置，并且针对不同的植被格局设置样方数，当植被分布均匀时，采用 1 个样方，当植被分布不均匀时，采用 2～3 个样方。样方面积如下：

乔灌木植物层：样方面积为 25 m^2（5 m×5 m）；

湿生草本植物层：样方面积为 1 m^2（1 m×1 m）；

水生植物层：样方面积为 1 m²（1 m×1 m）。

2）调查内容

（1）湖滨带植物群落调查。

调查对象：湖滨带可能包含 3 大类型的植物，包括乔灌木、湿生草本和水生植物（挺水植物、浮叶植物和沉水植物）。

样点信息：记录调查样点的地理位置、样方号等。

群落属性标志：

种类组成：记录所调查样点中的每一高等植物的中文学名、拉丁学名及其科名；野外不能鉴别的植物种类，需采集标本鉴定；记录优势种。

数量特征：目测样点植被总盖度，记录各类植物的多度。植物多度采用 Braun-Blanquet 多度等级（表 5.8）进行登记，采用目测估计，多度小于 1%的用"+"号表示。

表 5.8　Braun-Blanquet 多度等级及经验值

等级	非常多	多	较多	较少	少	很少
经验值	5	4	3	2	1	+

乔灌木：记录盖度、高度、胸径、冠幅等。

挺水植物：记录高度、盖度等。

生物量调查：乔木监测参照《林地分类》（LY/T 1812—2009））和《森林资源规划设计调查主要技术规定》（国家林业局 2003 年）进行监测并计算得出。灌木、草本和水生植物采取收割法。

（2）湖滨带植被调查内容。

对群落调查的乔灌木、草本和水生植物的科、属、种的名称、物种数进行统计和汇总；

参照生态-外貌原则，按植物群落重要值的分析结果，依据《中国湿地植被》、《水生植物图鉴》和《中国湿地植物图鉴》，确定植被类型。名录中未包括的湿地植被类型，自行列入。

湖滨带植被利用和破坏情况调查，以已有资料为主。充分搜集已有的研究成果、文献，结合访问，了解湖滨带植被利用和受破坏情况，在开展野外作业调查时进行现场核实。

5.8.2　洪湖湖滨带调查位点设置及分布图

本调查工作于 2017 年 5 月进行。洪湖部分沿岸线围网残桩和地笼较多，船只很难进入，只能通过现有的航道进行观测及点位设置。而且近年来周边的河道挖掘等工作也改变了湖的形态，周边鱼塘的围建更是使天然的湖滨带发生巨大改变，以致难以辨认分界线，且沿湖道路不通，最终在当地渔民的协助下，采用普通机船，对沿湖地区设置了 24 个样点，具体见图 5.9。

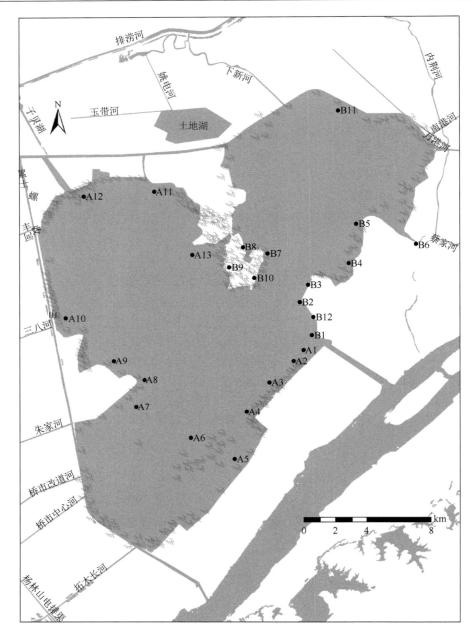

图 5.9　洪湖湖滨带样点设置

5.8.3　洪湖湖滨带调查结果

1. 洪湖湖滨带利用及湖滨带现状调查结果

　　洪湖近岸围网数量多面积大，尽管洪湖拆围行动效果显著，但是拆围过程中，很多围网杆并没有直接拔出湖底，而是从底部折断，导致很多围网桩仍残留在湖底。而且，许多渔网也未清理，船只难以进入，所以多数岸边难以靠近。拆围后的桅杆桩和残留渔网，见图 5.10。

根据能观察到的湖滨带的调查，多数地方已经通过夯土筑堤围建成鱼塘，可见部分天然的湖滨带正在受到人为破坏或干扰；有些湖滨带地区已经成为耕地，种植了农作物，耕地与洪湖湖泊主体水体之间非常接近，缺乏湖滨带缓冲；还有部分沿岸土地上已经建立村庄，沿岸陡坡采用水泥固堤，见图 5.11。

图 5.10　洪湖拆围后的桅杆桩和渔网

图 5.11　洪湖湖滨带现状

洪湖天然湖滨带已经萎缩，周边河道的开挖建设以及鱼塘的围建改变了洪湖的形态，使天然湖滨带更加难以辨认。根据本项目中设置的位点调查结果来看，洪湖湖滨带陆上土地多为陡坡，且面积小。浅水水体中沉积物较厚，含腐殖质较多。

2. 湖滨带植物及植被调查结果

1）植物种及群丛类型调查结果

综合25个样地的调查结果，洪湖湖滨带2017年5月植物共40科93属107种，李伟（1995）1992年对洪湖及附近小水体的植被调查的结果为36科67属123种，湖北大学2012年9月对洪湖湖滨带调查的结果为44科86属102种，刘毅等（2015）2014年5月对洪湖湖滨带植物的调查结果为51科106属125种。总体上，结果相差不大，一般夏季植物种类多于秋季。按照生境特征将湖滨带植被分为湿生植物带、挺水植物带、浮叶或漂浮植物带和沉水植物带。

洪湖湖滨带2017年5月各个植物带主要的物种包括：

（1）湿生植物带：主要包括狗尾草（*Setaria viridis*）、喜旱莲子草（*Alternanthera philoxeroides*）、稗（*Echinochloa crusgalli*）、毒芹（*Cicuta virosa*）、小蓬草（*Conyza canadensis*）、水芹（*Oenanthe javanica*）、水蓼（*Polygonum hydropiper*）、狗牙根（*Cynodom dactylon*）、沿沟草（*Polygonum hydropiper*）、千金子（*Leptochloa chinensis*）、齿果酸模（*Rumex dentatus*）、长刺酸模（*Rumex trisetifer*）、野黍（*Eriochloa villosa*）、巴天酸模（*Rumex patientia*）、狼杷草（*Bidens tripartita*）、接骨草（*Herba Saururi Chinensis*）、蛇床（*Cnidium monnieri*（Linn.）*Cuss.*）、牛鞭草（*Hemarthria altissima*）、乌蔹莓（*Cayratia japonica*）、酸模叶蓼（*Polygonum lapathifolium*）等。在洪湖湖滨带，也出现的几种乔灌木物种包括桑树（*Morus alba*）、楝树（*Melia azedarach*）、构树（*Broussonetia papyrifera*）、香樟（*Cinnamomum camphora*）、垂柳（*Salix babylonica*）、枫杨（*Populus simonii*）等。

（2）挺水植物带：主要包括挺水植物物种莲（*Nelumbo nucifera*）、菰（*Zizania caduciflora*）、芦苇（*Phragmites communis*）以及香蒲（*Typha orientalis*）等。

（3）浮叶或漂浮植物带：湖滨带浅水水域中主要的浮叶植物包括野菱（*Trapa incisa var. sieb.*）、凤眼蓝（*Eichhornia crassipes*）、浮萍（*Lemna minor*）、槐叶萍（*salvinia natans*）、睡莲（*Nymphaea tetragona*）、金银莲花（*Nymphoides indica*）、水鳖（*Hydrocharis dubia*）等。

（4）沉水植物带：沉水植物带往往和浮叶植物带交错在一起，主要的沉水植物包括黑藻（*Hydrilla verticillata*）、金鱼藻（*Ceratophyllum demersum*）、穗状狐尾藻（*Myriophyllum spicatum L.*）、菹草（*Potamogeton crispus*）、苦草（*Vallisneria natans*）等。

将湖滨带植被的主要群丛类型分为湿生草型植被群丛和水生植被群丛。湿生草型植被群丛主要包括：菰-狗牙根群丛，其伴生种为狼杷草、马唐、葎草等；菰-芦苇群丛，其伴生种包括水芹、水蓼、接骨草等；菰-艾-莲子草群丛，其伴生种有水毛茛、香附子、一年蓬等；白茅-鬼针草群丛，其伴生种有酸模叶蓼、鳞籽莎、葎草等；糠稷-拂子茅群丛，其伴生种有齿果酸模、千金子等；芦苇群丛，其伴生种有长刺酸模、牛鞭草、毒芹、乌蔹莓等。水生植被群丛主要包括莲群丛，其伴生种包括芦苇、凤眼蓝、金鱼藻、菹草、苦草等；凤眼蓝群丛，其伴生种有水芹、水绵、槐叶萍、喜旱莲子草、毒芹等；野菱群丛，其伴生种为莲、菹草等、金银莲花、水鳖等；苦草-菹草群丛，其伴生种为野菱、睡莲、金鱼藻等、金银莲花等。

综合24个样地的调查结果，洪湖滨带植物共40科92属107种，各个样地物种的Braun-Blanquet多度等级大于等于1的具体名录见表5.9。洪湖湖滨带植物物质名录见表5.10。

表 5.9　洪湖湖滨带 24 个样地植物 Braun-Blanquet 等级大于等于 1 的物种名录

样地号	序号	物种	多度	样地号	序号	物种	多度
A1	1	狗牙根	4	A3	11	金银莲花	1
	2	菰	4		12	香附子	1
	3	芦苇	3		13	苦草	1
	4	凤眼蓝	2		14	毛酸浆	1
	5	喜旱莲子草	2		15	一年蓬	1
	6	狼杷草	2	A4	1	菰	4
	7	狗尾巴草	2		2	野菱	3
	8	鳢肠	2		3	凤眼蓝	3
	9	钻形紫菀	1		4	狗牙根	3
	10	马唐	1		5	青葙	2
	11	莲	1		6	乌蔹莓	2
	12	节节草	1		7	金鱼藻	2
	13	葎草	1		8	莲	2
	14	小蓬草	1		9	喜旱莲子草	2
A2	1	野菱	4		10	稗	1
	2	菰	3		11	雀麦	1
	3	芦苇	2		12	甘野菊	1
	4	凤眼蓝	2		13	苦草	1
	5	水芹	2		14	菹草	1
	6	艾	2	A5	1	菰	4
	7	水蓼	1		2	凤眼蓝	3
	8	盒子草	1		3	狗牙根	3
	9	接骨草	1		4	白茅	2
	10	杠板归	1		5	毒芹	2
	11	苦草	1		6	双穗雀稗	2
	12	铁苋菜	1		7	钻形紫菀	1
A3	1	莲	4		8	喜旱莲子草	1
	2	菰	4		9	鬼针草	1
	3	野菱	3		10	荇菜	1
	4	凤眼蓝	2	A6	1	芦苇	5
	5	艾	2		2	白茅	4
	6	金鱼藻	2		3	凤眼蓝	4
	7	水毛茛	2		4	野菱	3
	8	喜旱莲子草	2		5	鬼针草	3
	9	爵床	1		6	酸模叶蓼	2
	10	黑藻	1		7	狗牙根	2

样地号	序号	物种	多度	样地号	序号	物种	多度
A6	8	喜旱莲子草	2	A9	3	水蓼	2
	9	野黍	2		4	凤眼蓝	2
	10	水芹	1		5	金银莲花	2
	11	牛鞭草	1		6	普通水绵	1
	12	虮子草	1		7	浮萍	1
	13	葎草	1		8	稗	1
	14	马唐	1		9	鳞籽莎	1
	15	苍耳	1		10	刺儿菜	1
A7	1	芦苇	5	A10	1	狗牙根	4
	2	香蒲	4		2	野菱	4
	3	凤眼蓝	3		3	喜旱莲子草	3
	4	菰	3		4	凤眼蓝	2
	5	狗牙根	3		5	蔺草	1
	6	喜旱莲子草	3		6	毒芹	1
	7	芒	2		7	细叶益母草	1
	8	地肤	2		8	青葙	1
	9	穗状狐尾藻	2		9	凹头苋	1
	10	毒芹	2	A11	1	喜旱莲子草	3
	11	千金子	1		2	狗牙根	3
	12	牵牛子	1		3	野菱	2
	13	黑藻	1		4	凤眼蓝	2
	14	蛇床	1		5	细叶益母草	1
	15	野黍	1		6	浮萍	1
	16	凹头苋	1		7	金鱼藻	1
A8	1	糠稷	3	A12	1	芦苇	4
	2	拂子茅	3		2	葎草	3
	3	齿果酸模	3		3	菰	3
	4	千金子	2		4	拂子茅	3
	5	白茅	2		5	长刺酸模	3
	6	狗牙根	2		6	柔枝莠竹	2
	7	打碗花	1		7	蛇床	2
	8	天名精	1		8	细叶益母草	2
	9	菹草	1		9	喜旱莲子草	2
	10	穗状狐尾藻	1		10	小蓬草	2
A9	1	野菱	3		11	龙葵	2
	2	菰	2		12	野菱	2

续表

样地号	序号	物种	多度	样地号	序号	物种	多度
A12	13	钻形紫菀	2	B3	1	狗牙根	3
	14	凤眼蓝	1		2	野菱	3
	15	毒芹	1		3	喜旱莲子草	3
	16	水芹	1		4	莲	2
	17	刺儿菜	1		5	凤眼蓝	2
	18	毛茛	1		6	巴天酸模	2
	19	构树	1		7	钻形紫菀	2
	20	浮萍	1		8	苦草	1
B1	1	芦苇	5		9	毒芹	1
	2	野菱	4		10	鳢肠	1
	3	菰	4	B4	1	芦苇	4
	4	喜旱莲子草	3		2	狗牙根	3
	5	稗	2		3	乌蔹莓	3
	6	凤眼蓝	2		4	凤眼蓝	2
	7	蒌蒿	2		5	长刺酸模	2
	8	水芹	2		6	菱角	2
	9	浮萍	1		7	枫杨	1
	10	鬼针草	1		8	菹草	1
	11	金盏银盘	1		9	细叶益母草	1
	12	苦草	1		10	野胡萝卜	1
	13	狼杷草	1	B5	1	芦苇	5
	14	菹草	1		2	酸模叶蓼	4
B2	1	芦苇	4		3	野黍	4
	2	野菱	4		4	莴草	3
	3	菰	3		5	牛筋草	3
	4	狗牙根	3		6	天名精	2
	5	莲	2		7	水蓼	2
	6	水芹	2		8	喜旱莲子草	2
	7	菹草	2		9	菖蒲	2
	8	苔草	2		10	凤眼蓝	2
	9	一年蓬	2		11	黑三棱	2
	10	水莎草	2		12	巴天酸模	1
	11	反枝苋	1		13	菹草	2
	12	长穗赤箭莎	1		14	虮子草	1
	13	鳞籽莎	1	B6	1	狗牙根	4
	14	葎草	1		2	狼杷草	4

续表

样地号	序号	物种	多度	样地号	序号	物种	多度
B6	3	牛鞭草	4	B7	18	多穗蓼	1
	4	稗	3		19	小蓬草	1
	5	巴天酸模	3	B8	1	芦苇	4
	6	小蓬草	2		2	牛鞭草	3
	7	杠板归	2		3	菖蒲	3
	8	喜旱莲子草	2		4	凤眼蓝	3
	9	野菱	2		5	狗牙根	3
	10	葎草	2		6	铁苋菜	2
	11	沿沟草	1		7	齿果酸模	2
	12	金鱼藻	1		8	芸薹	2
	13	蛇床	1		9	野菱	2
	14	野豌豆	1		10	喜旱莲子草	2
	15	菹草	1		11	水芹	1
	16	睡莲	1		12	蒌蒿	1
	17	接骨草	1		13	盒子草	1
	18	龙葵	1		14	垂柳	1
	19	毛茛	1		15	槐叶萍	1
	20	棱子芹	1		16	浮萍	1
	21	蒮草	1	B9	1	芦苇	4
B7	1	芦苇	5		2	凤眼蓝	3
	2	莲	5		3	长刺酸模	3
	3	喜旱莲子草	4		4	狗牙根	2
	4	浮萍	3		5	喜旱莲子草	2
	5	马唐	3		6	毒芹	2
	6	狗牙根	3		7	齿果酸模	2
	7	黑三棱	2		8	皱叶酸模	2
	8	甘野菊	2		9	臭鸡矢藤	2
	9	蛇床	2		10	浮萍	2
	10	长刺酸模	2		11	葎草	2
	11	水莎草	2		12	狗尾巴草	2
	12	水蓼	2		13	龙葵	1
	13	水芹	1		14	蛇莓	1
	14	毛茛	1		15	小蓬草	1
	15	苍耳	1		16	构树	1
	16	牛筋草	1		17	艾	1
	17	盒子草	1		18	毛酸浆	1

样地号	序号	物种	多度	样地号	序号	物种	多度
	19	接骨草	1		14	莲子草	1
	20	野蔷薇	1	B10	15	楝树	1
	21	枫杨	1		16	垂柳	1
	22	槐叶苹	1		1	野菱	3
B9	23	地肤	1		2	菰	2
	24	皱果苋	1		3	水芹	2
	25	菵草	1	B11	4	稗	1
	26	香樟	1		5	浮萍	1
	27	苘麻	1		6	金银莲花	1
	1	芦苇	4		7	水鳖	1
	2	狗牙根	3		8	野胡萝卜	1
	3	凤眼蓝	2		1	喜旱莲子草	3
	4	臭鸡矢藤	2		2	狗牙根	3
	5	接骨草	2		3	稗	3
	6	毒芹	2		4	长刺酸模	2
	7	小蓬草	2		5	凤眼蓝	2
B10	8	尼泊尔酸模	2	B12	6	乌蔹莓	2
	9	巴天酸模	2		7	接骨草	2
	10	龙葵	2		8	小蓬草	2
	11	葎草	2		9	蒲公英	1
	12	桑树	1		10	构树	1
	13	牵牛子	1		11	水鳖	1

表 5.10　洪湖湖滨带植物物种名录

序号	科名	序号	属名	序号	种名	拉丁名
1	天南星科	1	菖蒲属	1	菖蒲	*Acorus calamus*
2	唇形科	2	益母草属	2	细叶益母草	*Leonurus sibiricus*
3	大戟科	3	铁苋菜属	3	铁苋菜	*Acalypha australis*
4	桑科	4	葎草属	4	葎草	*Humulus scandens*
5	豆科	5	野豌豆属	5	野豌豆	*Vicia sepium*
6	浮萍科	6	浮萍属	6	浮萍	*Lemna minor*
		7	白茅属	7	白茅	*Imperata cylindrica*
		8	稗属	8	稗	*Echinochloa crusgalli*
7	禾本科	9	拂子矛属	9	拂子茅	*Calamagrostis epigeios*
		10	狗尾草属	10	狗尾草	*Setaria viridis*
		11	狗牙根属	11	狗牙根	*Cynodon dactylon*

序号	科名	序号	属名	序号	种名	拉丁名
7	禾本科	12	菰属	12	菰	*Zizania caduciflora*
		13	芦苇属	13	芦苇	*Phragmites communis*
		14	马唐属	14	马唐	*Digitaria sanguinalis*
		15	芒属	15	芒	*Miscanthus sinensis*
		16	牛鞭草属	16	牛鞭草	*Hemarthria altissima*
		17	披碱草属	17	披碱草	*Elymus dahuricus Turcz.*
		18	千金子属	18	虮子草	*Leptochloa panacea*
				19	千金子	*Leptochloa chinensis*
		19	雀稗属	20	毛花雀稗	*Paspalum dilatatum*
				21	双穗雀稗	*Paspalum paspaloides*
		20	雀麦属	22	雀麦	*Bromus japonicas*
		21	穇属	23	牛筋草	*Eleusine indica*
		22	黍属	24	糠稷	*Panicum bisulcatum*
		23	菵草属	25	菵草	*Beckmannia syzigachne*
		24	莠竹属	26	柔枝莠竹	*Microstegium vimineum*
		25	沿沟草属	27	沿沟草	*Catabrosa aquatica*
		26	野黍属	28	野黍	*Eriochloa villosa*
8	葫芦科	27	盒子草属	29	盒子草	*Actinostemma tenerum*
9	槐叶萍科	28	槐叶苹属	30	槐叶苹	*Salvinia natans*
10	金鱼藻科	29	金鱼藻属	31	金鱼藻	*Ceratophyllum demersum*
11	锦葵科	30	苘麻属	32	苘麻	*Abutilon theophrasti*
12	菊科	31	白酒草属	33	小蓬草	*Conyza canadensis*
		32	苍耳属	34	苍耳	*Xanthium sibiricum*
		33	刺儿菜属	35	刺儿菜	*Cirsium setosum*
		34	飞蓬属	36	一年蓬	*Erigeron annuus*
		35	鬼针草属	37	鬼针草	*Bidens pilosa*
				38	金盏银盘	*Bidens biternata*
				39	狼杷草	*Bidens tripartita*
		36	蒿属	40	艾	*Artemisia argyi*
				41	蒌蒿	*Artemisia selengensis*
		37	菊属	42	甘野菊	*Dendranthema lavandulifolium*
		38	醴肠属	43	鳢肠	*Eclipta prostrata*
		39	蒲公英属	44	蒲公英	*Taraxacum mongolicum*
		40	天名精属	45	天名精	*Carpesium abrotanoides*
		41	紫菀属	46	钻形紫菀	*Aster subulatus*

序号	科名	序号	属名	序号	种名	拉丁名
13	爵床科	42	爵床属	47	爵床	*Rostellularia procumbens*
14	藜科	43	地肤属	48	地肤	*Kochia scoparia*
15	莲科	44	莲属	49	莲	*Nelumbo nucifera*
16	楝科	45	楝属	50	楝树	*Melia azedarach*
17	蓼科	46	蓼属	51	多穗蓼	*Polygonum polystachyum*
				52	杠板归	*Polygonum perfoliatum*
				53	水蓼	*Polygonum hydropiper*
				54	酸模叶蓼	*Polygonum lapathifolium*
				55	习见蓼	*Polygonum plebeium*
		47	酸模属	56	巴天酸模	*Rumex patientia*
				57	齿果酸模	*Rumex dentatus*
				58	尼泊尔酸模	*Rumex nepalensis*
				59	长刺酸模	*Rumex trisetifer*
				60	皱叶酸模	*Rumex crispus*
18	菱科	48	菱属	61	野菱	*Trapa incisa*
19	毛茛科	49	毛茛属	62	扬子毛茛	*Ranunculus sieboldii*
		50	水毛茛属	63	水毛茛	*Batrachium bungei*
20	木贼科	51	木贼属	64	节节草	*Equisetum ramosissimum*
21	葡萄科	52	乌蔹莓属	65	乌蔹莓	*Cayratia japonica*
22	茜草科	53	鸡矢藤属	66	臭鸡矢藤	*Paederia foetida*
23	蔷薇科	54	蔷薇属	67	野蔷薇	*Rosa multiflora*
		55	蛇莓属	68	蛇莓	*Duchesnea indica*
24	茄科	56	茄属	69	龙葵	*Solanum nigrum*
		57	酸浆属	70	毛酸浆	*Physalis pubescens*
25	忍冬科	58	接骨木属	71	接骨草	*Herba Sauuri Chinensis*
26	伞形科	59	毒芹属	72	毒芹	*Cicuta virosa*
		60	胡萝卜属	73	野胡萝卜	*Daucus carota*
		61	棱子芹属	74	棱子芹	*Pleurospermum camtschaticum*
		62	蛇床属	75	蛇床	*Cnidium monnieri*
		63	水芹属	76	水芹	*Oenanthe javanica*
27	桑科	64	构属	77	构树	*Broussonetia papyrifera*
		65	桑属	78	桑	*Morus alba*

续表

序号	科名	序号	属名	序号	种名	拉丁名
28	莎草科	66	赤箭莎属	79	长穗赤箭莎	*Schoenus calostachyus*
		67	鳞籽莎属	80	鳞籽莎	*Lepidosperma chinense*
		68	莎草属	81	香附子	*Cyperus rotundus*
		69	水莎草属	82	水莎草	*Juncellus serotinus*
		70	薹草属	83	苔草	*Carex tristachya*
29	十字花科	71	芸苔属	84	油菜	*Sambucus chinensis*
30	双星藻科	72	水绵属	85	普通水绵	*Spirogyra communis* (Hass.) Kütz
31	水鳖科	73	黑藻属	86	黑藻	*Hydrilla verticillata*
		74	苦草属	87	苦草	*Vallisneria natans*
		75	水鳖属	88	水鳖	*Hydrocharis dubia*
32	睡莲科	76	睡莲属	89	睡莲	*Nymphaea tetragona*
33	睡菜科	77	莕菜属	90	莕菜	*Nymphoides peltatum*
				91	金银莲花	*Nymphoides indica*
34	苋科	78	莲子草属	92	莲子草	*Alternanthera philoxeroides*
		79	莲子草属	93	喜旱莲子草	*Alternanthera philoxeroides*
		80	青葙属	94	青葙	*Celosia argentea*
		81	苋属	95	凹头苋	*Amaranthus lividus*
				96	反枝苋	*Amaranthus retroflexus*
				97	皱果苋	*Amaranthus viridis*
35	香蒲科	82	黑三棱属	98	黑三棱	*Sparganium stoloniferum*
		83	香蒲属	99	香蒲	*Typha orientalis*
36	小二仙草科	84	狐尾藻属	100	穗状狐尾藻	*Myriophyllum spicatum*
37	旋花科	85	打碗花属	101	打碗花	*Calystegia hederacea*
		86	牵牛属	102	牵牛子	*Pharbitis nil*
38	眼子菜科	87	眼子菜属	103	菹草	*Potamogeton crispus*
39	杨柳科	88	柳属	104	柳树	*Salix babylonica*
		89	杨属	105	枫杨	*Populus simonii*
40	雨久花科	90	凤眼蓝属	106	凤眼蓝	*Eichhornia crassipes*
41	樟科	91	樟属	107	香樟	*Cinnamomum camphora*

5.9　鸟　　类

5.9.1　鸟类区系及其分布

洪湖是我国湿地水禽重要的迁徙地、栖息地和越冬地，是湖泊生物多样性和遗传多样性的重要区域。据 1996～2004 年的考察结果表明：洪湖共有鸟类 138 种，隶属 16 目、38 科。与 1981～1982 年考察结果相比较（167 种、16 目、42 科）减少了 4 科、29 种。洪湖鸟类的留居期及种类分别是：冬候鸟，占 39%；夏候鸟，占 24%；留鸟，占 23%；旅鸟，占 11%。目前洪湖地区鸟类的留居生态类群特点是以从北方迁来的越冬湖泊水禽为主体。

20 世纪 60 年代以来，有关单位曾多次对洪湖水禽及周边的鸟类进行过考察。在 70 年代以前洪湖有湿地水禽 112 种及 5 个亚种，隶属 11 目、22 科。其中留鸟 12 种，夏候鸟 25 种，冬候鸟 61 种，旅鸟 14 种，以冬候鸟占优势，为 54.44%。在繁殖鸟类 37 种中：广布种 13 种，占 35.13%；古北种 8 种，占 21.62%；东洋种 16 种，占 43.24%。其区系表现了过渡性地带，南北物种兼具，以东洋种占优势的特征。洪湖水禽在经过 30 年的演变以后，其种类组成和种群数量都发生了很大的变化。现有水禽种数仅有 63 种，隶属 7 目、13 科，比 70 年代以前减少了将近一半。目前，在洪湖极度濒危的种类有：疣鼻天鹅、赤嘴潜鸭、白头硬尾鸭、灰鹤（在 60 年代为罕见种，在 80 年代和 90 年代均未发现）；较为罕见的物种有：东方白鹳、黑鹳、中华秋沙鸭、白尾海雕、白肩雕、大天鹅、小天鹅、鸳鸯、普通秋沙鸭；数量大幅下降的种类有：雁属和鸭属中体型较大的种类，如鸿雁、豆雁、白额雁、灰雁、绿头鸭、斑嘴鸭等；数量较稳定的种类有：鹈鹕科、鹭科、秧鸡科、鸥科及小型鸭科鸟类。洪湖现有鸟类中被列为国家重点保护野生动物的有 I 级：白鹳、黑鹳、中华秋沙鸭、白尾海雕、白肩雕、大鸨共 6 种；II 级：白琵鹭、白额雁、大天鹅、小天鹅、鸳鸯、鸢、松雀鹰、大鵟、普通鵟、红脚隼、斑头鸺鹠、短耳鸮、草鸮共 13 种。湖北省重点保护鸟类共 38 种。

鸟类的分布格局与生境格局密切相关，在长期的进化过程中，各种鸟类都形成了自己的适应性，从而占据了各自最适宜的生态位。洪湖自然保护区冬春鸟类分布格局大致分为以下三个区域。

（1）草滩沼泽区。包括洪湖岸边的森林植被带和湖周滩涂草甸区。本区面积约 4 000 hm²，约占洪湖自然保护区总面积的 11%，草滩植被主要有：芦、菰、苦草、苔草、莎草、荻等，是大鸨、白鹳、黑鹳、大天鹅、小天鹅、苍鹭、大白鹭、白鹭、鸿雁、白额雁、灰雁、小白额雁、赤麻鸭、鹌鹑等涉禽和雁鸭类的栖息地和觅食地。

（2）浅水区。本区是越冬游禽的主要觅食和栖息场所，面积约 30 000 hm²，占洪湖自然保护区的 80%，常年平均水深在 0.2～2.5 m，水生生物资源极其丰富，是鸭类、鸥类、鹬类、鹈鹕等鸟类的重要觅食地。此区内有天鹅、绿头鸭、赤麻鸭、青脚鹬、骨顶鸡、红嘴鸥、凤头麦鸡等。

（3）田园居民区。该区有以水杉、池杉、意大利杨、风杨、柳树等为主要组成树种的森林植被和农田、鱼池、河渠、居民区，面积约 3 000 hm²，占自然保护区面积的 9%。鸟的种类和数量也比较多，是鹰科、隼科及留鸟的栖息区域，其珍稀种、优势种和常见普通种有：

白尾海雕、白肩雕、鸢、大鵟、松雀鹰、夜鹭、水雉、珠颈斑鸠、普通翠鸟、小云雀、家燕、白鹡鸰、白头鹎、红尾伯劳、棕背伯劳、黑卷尾、灰喜鹊、喜鹊、寒鸦、北红尾鸲、大山雀、黄腰柳莺等 34 种，为洪湖鸟类的 26%。

5.9.2　鸟类资源的演变特征及其原因

（1）鸟的种类减少，种群结构发生变化。

根据历年调查结果显示，洪湖鸟类种数在不断减少，种群结构也在发生较大变化。通过比较 981～1982 年与 1996～1997 年的考察结果，洪湖鸟类在 15 年间共减少 2 科 34 种，平均每年减少 2 种以上。过去数量较多的种类其物种多样性呈明显下降的趋势，种群结构也在发生很大改变。如在 20 世纪 50 年代至 60 年代初期，洪湖地区白鹳、黑鹳、中华秋沙鸭、赤麻鸭、额雁、豆雁、灰雁等鸟类较多，但到 80 年代末期已经罕见。而数量较多的鹭科、鸭科和秧鸡科的种类，如苍鹭、大白鹭、白鹭、绿翅鸭、绿头鸭、罗纹鸭、赤颈鸭、骨顶鸡等，到 90 年代初期其数量也在下降，并且鸟的种群结构也发生了大的变化。鸭科中以潜鸭类、赤膀鸭和斑头秋沙鸭为优势种，约占洪湖野鸭的 95%，但其中又以潜鸭类（主要红头潜鸭）为主，约占 60%，秧鸡科以骨顶鸡为主，其比例达到 87.22%。

（2）湖泊水禽资源比较丰富，但种群数量波动幅度大并呈下降趋势。

洪湖水禽在 20 世纪 70 年代以前有 112 种及 5 个亚种、隶属 11 目、22 种，湿地水禽占全市鸟类的 67%。其中留鸟 12 种，夏候鸟 25 种，冬候鸟 61 种，旅鸟 14 种，但以冬候鸟占优势，为 54.44%。具有商品价值的经济水禽有 33 种，占总数的 29.5%，占冬候鸟的 50% 以上。包括骨顶鸡在内的雁鸭类，最高产量达 35 万 kg，为江南六省主要的野鸭产区。到 90 年代后期，洪湖水禽种类仅有 63 种，占全市鸟类的 47.4%。种类以鸭科和鹭科等冬候鸟占优势，其比例达 60.3%，分别为 26 种和 12 种；而种群数量以秧鸡科和鸭科占优势，高达总数的 80% 以上。

2003 年 1 月 30 日～2 月 2 日，世界自然基金会组织专家在洪湖水禽的主要分布区进行了为期三天的水鸟调查，只发现越冬水鸟 14 种。为抢救保护洪湖日益恶化的生物资源和生态环境，2003 年国家正式启动了洪湖保护与恢复示范工程项目，世界自然基金会也在洪湖市启动了洪湖生物多样性保护与重建江湖联系项目，经过一年多建设，洪湖保护与恢复示范区的生境和物种得到了改善。2004 年 2 月 15 日～16 日，世界自然基金会组织专家对洪湖保护与恢复示范区的水鸟进行了为期两天的调查，记录越冬水鸟 27 种，同时发现该区域内新增记录鸟类 5 种。示范区的生物恢复效果得到了专家的充分认定。但要真正保护好洪湖水禽，距实际恢复还很远，就最近十年的数据表明，洪湖水禽无论种类还是种群数量均在减少，并呈波动下降趋势。为了保护洪湖生态系统，恢复鸟类资源，1996 年洪湖市率先在全省建立了湿地自然保护区。荆州市人民政府、洪湖市人民政府相继出台了关于加强野生动物保护的地方性法规，洪湖市、监利县林业局分别成立了野生动物保护站，专门就洪湖地区的野生动物特别是鸟类进行了较好的保护，湿地水禽资源开始有所恢复。

（3）洪湖鸟类演替的主要原因。

近 40 年来，洪湖鸟类种群结构和数量均发生了很大变化。究其原因，一是由于湖泊环境变化引起。从 20 世纪 60 年代以来，因为兴修水利和大面积围湖造田，洪湖面积从初始的

760 km² 减少到现在的 348.2 km²，湖泊植被特别是挺水植物（主要是芦苇和蒿草）遭到大面积破坏；另外随着人口的不断增长，从 80 年代初期开始，湖区渔民为了生存或获取更大经济利益而大搞拦围网养鱼，水面不断被分割，大大缩小了湖面，使水草大为减少。这种湖泊环境的改变不但减少了湖泊鸟类的栖息地和隐蔽所，而且对依赖这种环境而生存的其他野生动植物也造成了破坏或损害。生物结构的改变，导致整个湖泊生态系统发生变化，物种多样性指数下降；二是滥猎乱杀加剧了湖泊鸟类栖息环境的恶化和物种的迁移。当地人采用铳打、毒杀等不法手段滥猎乱杀湖泊水禽，对鸟类资源造成直接破坏。自从成立洪湖自然保护区后，尽管洪湖市政府对此采取了很多打击措施，但仍存在极少数不法分子毒杀水禽的现象；三是破坏性地开发利用湖泊资源影响了湖泊水禽的生存条件。比如大湖中对鱼类的无节制捕捞，会造成鱼类资源的减少，导致以鱼虾为食的水禽鸟类缺乏食物而另择栖息地；过度打草也直接影响植食性水禽鸟类的生存。

湖泊生态系统中食物链网结构很复杂，生物因子和非生物因子（包括以上几个主导因子）与鸟类的栖息、越冬、繁衍密切相关。在对洪湖自然保护区鸟类的保护和建设工作中，首先要按生态学原理恢复和优化洪湖生态系统，杜绝人为捕杀，为湖泊水禽营造良好的生存和繁衍环境。

5.9.3　洪湖珍稀鸟类

记录到国家 I 级保护的鸟类有 6 种：白鹳、黑鹳、白尾海雕、白肩雕、中华秋沙鸭、大鸨；国家 II 级保护的鸟类有 13 种：白额雁、白琵鹭、大天鹅、小天鹅、鸢、鸳鸯、松雀鹰、大鵟、普通鵟、红脚隼、斑头鸺鹠、短耳鸮、草鸮；湖北省重点保护鸟类有 38 种：苍鹭、大白鹭、白鹭、中白鹭、绿头鸭、普通秋沙鸭、董鸡、水雉、银鸥、四声杜鹃、大杜鹃、家燕、红尾伯劳、灰喜鹊、喜鹊等。以上这些主要保护鸟类占洪湖现有鸟类的 41.5%。过去 60 年代罕见至今未见踪迹的鸟类有：疣鼻天鹅、赤嘴潜鸭、白头硬尾鸭、灰鹤；现在较为罕见的鸟类有：白鹳、黑鹳、大天鹅、小天鹅、鸬鹚、鸳鸯、中华秋沙鸭、普通秋沙鸭等。

5.10　鱼　　类

5.10.1　鱼类种类及变化

20 世纪 50 年代中期以前，洪湖直接与长江相通，湖水随江水涨落，洪湖有 114 种鱼类。50 年代后期江湖隔绝以来，对洪湖鱼类资源所进行过的三次大规模调查结果表明，受江湖阻隔、酷渔滥捕、水位调控等人类活动的影响，洪湖渔业资源的数量和质量逐渐产生了明显的改变，天然渔业资源呈现衰退趋势。50 年代末以来，曾对洪湖鱼类组成进行过 4 次较大规模的调查，每次所记录的种类数量都有所差别，其中 1959 年记录到 64 种、1964 年 74 种、1982年 54 种、1990～1993 年为 57 种。历次调查共记录到鱼类 81 种，隶属于 10 目 18 科。洪湖未阻隔前的野生鱼类种类无准确的记录，但据其他通江湖泊的资料推测，应不下 100 种。多年来所记录到的 81 种鱼类中，实际能在洪湖繁衍生息的只有 30 余种，是洪湖鱼类组成的稳定成分。鲚类、银鱼类、四大家鱼等 28 种是江湖半洄游性或河海洄游性鱼类，可能是闸门开启时由长江或相邻水体偶然进入或从养殖场所进入湖中的。由此可见，洪湖的鱼类区系与长江中游鱼类组成密切相关。

比较江湖阻隔后洪湖鱼类资源的几次调查结果，表明洪湖的鱼类群落演替具有三大特点：

（1）种类逐渐贫乏，结构趋于单一。最近一次调查的 57 种鱼类中，短颌鲚、太湖短吻银鱼、草鱼、青鱼、鲢鱼、鳙和逆鱼、铜鱼、胭脂鱼等 23 种，均系当年 5 月、6 月"灌江"进入河道的长江鱼类。实际在湖内所得仅 33 种，如鲫、黄颡、红鳍鲌、乌鳢、鳜、鲇、黄鳝、泥鳅、刺鳅、鲦、鲤等。种类逐渐贫乏，且多属草丛生活的浅水湖泊型种类。

（2）肉食性种类多。在近年调查的 57 种鱼类中，按食性划分，凶猛和肉食性鱼类共 31种，占 57.4%，如乌鳢、鳜、鲇、黄颡鱼、沙鳢、黄鳝、刺鳅、鳗鲡、红鳍鲌、青梢鲌和青鱼等；杂食性鱼类有 12 种，占 22.2%，如鲫、鲤、鱼管、泥鳅、斗鱼和胭脂鱼等；草食性的仅草鱼、鳊和舫等，占 7.4%；以水生藻类和腐屑为食的有鲳鲏鱼、鲴类等共 7 种，占 13%；滤食性的仅鲢、鳙 2 种。由优势鱼类的组成来看，当前洪湖的渔获量中，鲫鱼、黄颡鱼、红鳍鲌和乌鳢 4 种鱼占总产的 95% 以上。而后三种均是凶猛性鱼类，占优势种类的 75%，产量则超过总产的 60%，可见凶猛和肉食性鱼类在洪湖鱼类中占优势地位。其次是杂食性种类，而野生草食性和滤食性鱼类极少。

（3）鱼的数量减少，个体趋于小型化。1959～1964 年，渔获物主要以大、中型鱼类为主，占 46.0%，其中鲤鱼最多，占渔获量的 36%，鲫鱼等小型鱼类占 35.0%；80 年代初，大、中型鱼类急剧下降，仅占 9.8%，其中仅乌鳢比例有所上升，为 8.7%，鲫的比例上升至 36.8%，黄颡鱼和红鳍原的渔获量有更明显的增加，各占 26.3% 和 22.5%，鲤的比例下降至 0.4%。目前，鲫在渔获物中的比例达到 53.7%，加上沙塘鳢等比例的上升，使得小型鱼类共占渔获量的 89.9%，虽然有关部门对鲤实施人工放流、繁殖保护等增殖措施，资源量有所恢复，但鲤、乌鳢和鳜等大、中型鱼类仍仅占 6.7%。

5.10.2　鱼类群落演替的原因

引起洪湖鱼类群落演替的原因是：

（1）江湖阻隔，洪湖由一个开放式的生态系统转变成为一个半封闭的系统，进而影响了洪湖鱼类资源的补充，而洪湖鱼类群落的四个生态类型中，除定居型鱼类主要产自湖泊外，河海洄游性、江湖洄游性和河流性鱼类资源与洪湖源自长江。

（2）植被群落的演替，改变了饵料生物的结构，直接或间接引起鱼类结构的相应变化。

（3）围垦与水位调控造成洪湖消落区的消失，直接破坏了鱼类繁殖、栖息和摄食场所；为防洪调蓄，洪湖冬季腾出湖容导致水位过低，使鱼类难以寻觅越冬场所，还为酷渔滥捕提供了便利。

（4）过度捕捞。洪湖在解放初期，江湖相通，湖面广阔，鱼类资源极为丰富，渔业生产的发展形势很好。后来，由于兴建水利设施、江湖隔断、围湖造田，酷渔滥捕等原因，使资源减少，鱼的产量和质量都大为下降。1950～1959 年，年均产量 10 145 t；1960～1969 年，年均产量 7 705 t，比前十年下降 24%，1970～1979 年，年均产量 5 165 t，比 1950 年代下降 49%，比 1960 年代下降 33%；1980 年代年均产量下降到不足 3 500 t，比 1950 年代减产 66%。

由于江湖隔断,在长江产卵繁殖、进入洪湖育肥的青、草、鲢、鳙、鳡等高值鱼类,原占总产量的 40%,这些鱼类在湖中比例降低,低龄群的低值鱼类占绝对优势,个体重在 50 g 以下的低值鱼类,占 50% 以上。

与捕捞下降相对应的是,养殖量大幅增长。1958～1977 年,建立起集体渔场 31 个,养殖水面发展到 5 740 hm²;1959 年养殖产量达 960 t,比 1957 年增加 3 倍。洪湖渔业在此期间实现了由捕捞向养殖的跨越。从 1977 年冬开始,洪湖市不断开挖连片的精养鱼塘,建设商品鱼基地渔场,至 1985 年,全县建立商品鱼场基地 76 个,精养面积 2 602 hm²,洪湖渔业逐渐由粗放低产型向精养高产型转化。

而洪湖大湖的渔业生产长期以捕捞为主,直至 20 世纪 80 年代中期通过围圈养殖控制洪湖沼泽化趋势,并对洪湖围圈养鱼技术、虾蟹等名特优水产品的养殖技术进行了科研攻关,所取得的丰硕成果极大地促进了洪湖大湖水产养殖的发展。至 1994 年,洪湖大湖圈养面积近 1 333 hm²,总产达 6 741 t,为 80 年代捕捞量的近 2 倍。直到现在洪湖的水产养殖势头有增无减。

随着养殖渔业的发展,洪湖地区丰富的渔业资源逐渐转化成为产业优势,洪湖水产品产量多年雄居湖北省之冠。特别是近十多年来,洪湖市水产养殖业快速发展。在水产养殖结构中,虾、蟹、鳖、贝壳(珍珠)、鳝鱼等的名特优水产品养殖起步快,养殖规模逐年扩大,产量稳步上升,逐步形成洪湖水产品的市场优势,畅销国内外,并出口创汇。

为了保护洪湖的渔业资源,采取了一系列天然渔业的保护和增殖措施。

(1)人工投放鱼苗。自 50 年代中后洪湖与长江的自然交流被堤闸阻隔后,采取人工放流鱼苗措施,补充洪湖的天然渔业资源,对维持洪湖经济鱼类的种群起到一定增殖作用。

(2)灌江纳苗。包括"顺灌"和"倒灌"两种方式,是江湖阻隔后所采取的补救措施。"倒灌"为洪湖冬春排水入江时鱼种成鱼逆流入湖,年年进行;"顺灌"则是汛期灌江引水入湖,由于调蓄湖容、泥沙淤积和灌江成效等问题存在一定争议,进行过多次试验。灌江纳苗的效果与灌江时期和引水量有关,是一种不可忽视的资源增殖措施。

(3)繁殖保护。早在 20 世纪 50 年代末,就在洪湖划定了一定范围的禁渔区,并规定了禁渔期;70 年代进一步明确规定了施墩口至湖口嘴、幺河口至高家墩、古井潭至三墩潭、清水堡至谭子河口、文家新嘴至小港等五片繁殖季节的禁渔区,禁渔期为 4 月 1 日～6 月 30 日。80 年代至今,繁殖保护的禁渔区在此基础上有所扩大,禁渔期也延长至 8 月 1 日。繁殖保护措施有效地保护了能在洪湖完成生活周期的鱼类。

(4)渔政管理。由于洪湖跨越洪湖、监利两市县,行政区划复杂,管理人员不足,管理设备落后,给渔政管理带来很大的困难。除有关禁渔区、禁渔期的规定外,还制定了《洪湖鱼类资源增殖和保护措施》,并明确规定密眼渔具网目在 4 指(50 mm)以上,坚决取缔网簖(迷魂阵)、鱼鹰、抛叉、炸鱼、电捕鱼、毒鱼等捕鱼方法。但酷渔滥捕没有得到有效遏止。1996 年洪湖建立市级湿地自然保护区以来,加强了宣传教育、法律和经济制裁相结合的手段,提高了渔民对洪湖鱼类资源保护措施的认识,管理措施的作用逐渐凸现。

5.11　小　　结

2016 年的洪湖生态调查中共发现浮游植物 7 门 66 属 93 种,属数和种数较 2012 年都有所下降，但蓝藻门种数和属数都有所增加，这与洪湖水质氮磷含量增加有关，水体有发生富营养化的趋势。浮游动物共发现 379 种，其种原生动物 198 种，轮虫 103 种，甲壳动物 78 种；底栖动物共发现 98 种，主要以软体动物、水生昆虫、水栖寡毛类为主，底栖动物具有生物总量大、草丛种类多、腹足类占优势等特点。

2017 年 5 月沉水植被调查中共发现 8 种，包括菹草、篦齿眼子菜、穗状狐尾藻、微齿眼子菜、金鱼藻、苦草、竹叶眼子菜和黑藻，其中菹草和篦齿眼子菜分布最广。

2017 年 5 月湖滨带调查中共发现 40 科 93 属 107 种，其中湿生植物带主要有狗尾草、喜旱莲子草、稗、狗牙根等，挺水植物包括莲、菰、芦苇、香蒲，浮叶植物包括野菱、凤眼蓝、槐叶萍等，沉水植物有菹草、篦齿眼子菜等种。洪湖的水禽无论种类还是种群数量均在减少，呈波动性下降趋势；鱼类种类逐渐贫乏，数量也在减少，并朝小型化趋势发展，但食肉类鱼类种类增多。

第6章 洪湖流域生态安全状况评估

近年来，伴随着经济的迅猛增长和人口的发展，我国湖泊生态环境已进入大范围生态退化和复合型污染的新阶段。湖泊水质下降，生态系统普遍退化甚至严重退化，藻类水华暴发事件频发，饮用水源服务功能及其他生态服务功能受损甚至丧失，湖泊生态安全状态令人担忧，严重影响湖区周围人民生产生活与饮用水安全，突显出湖泊生态安全问题已成为制约区域社会经济可持续发展的重大环境问题之一。

本章参照国内外湖泊评估模式，针对洪湖生态环境特点，从洪湖水生态健康评估、洪湖生态服务功能评估、流域社会经济影响评估以及灾变调查评估 4 个方向进行单项评估，进而在此基础上进行指标优选，构建湖泊生态安全综合评估指标体系，旨在通过生态安全"4＋1"评估诊断湖泊生态安全存在的问题，为洪湖生态环境保护提供理论依据和技术支持。

6.1 水生态健康评价

6.1.1 指标体系的选取

洪湖水生态系统健康评价的综合评价指标体系见图 6.1。综合评价指标体系由两个二级评价指标体系构成，两个二级评价指标体系分别为物理化学指标体系、生态指标体系。透明度（SD）、溶解氧（DO）、生化需氧量（BOD$_5$）、高锰酸盐指数（COD$_{Mn}$）、总氮（TN）、氨氮（NH$_3$-N）和总磷（TP）等指标构成了物理化学指标体系；浮游植物数量、浮游动物数量、底栖动物生物量、水生植物覆盖度、浮游植物多样性指数、浮游植物叶绿素 a（chla）、细菌总数等指标构成了生态指标体系。

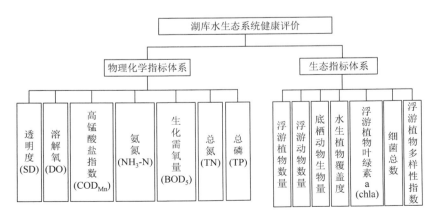

图 6.1 湖库水生态系统健康评价综合评价指标体系

6.1.2 评价指标权重的确定

权重是以某种数量形式对比、权衡被评价事物总体中诸因素相对重要程度的量值，用一个数值来表示其大小。在应用多个测度指标进行综合评价时，各项指标权重的确定是至关重要的，它反映了各因素指标在综合评判过程中所占的地位或所起的作用，直接影响评价的结果，反映评价的目标。直接关系到湖库水生态系统健康评价结果的客观性、公平性和合理性。因此，权重值应该具有以下特性。

客观性：权重应该真实地反映指标体系中各指标对综合指标值的贡献。权重是多数人公认的、相对稳定的数值，不能只反映某一个或几个人的认识，应该是多数人稳定的认识。人的大脑对某个指标相对指标体系的重要程度的数值表示，遵循幂律，随着认识的深入，这一数值也是不断改变的，直至认识最终稳定下来，这一数值也稳定下来，不再改变，因此，权重的确定是一个确定者改变认识，给出权重数值，再改变认识，给出权重数值的循环往复的过程。

范围性：只要指标体系是客观的、合理的，各指标的权重应该在特定的范围内，一般不宜特别大或特别小。如果某个（些）指标的权重特别大，可以忽略其他指标对综合指标的贡献，或者特别小，可以忽略其对综合指标的贡献，就需要调整指标体系的指标设置。

层次性：不同指标层指标的权重应该相互独立，不具有相关性。如果不同层次指标的权重具有相关性，则需要调整指标体系的指标设置或重新定义指标的范围。因此，权重的确定过程应自顶向下逐层分解，呈瀑布形，或自底向上逐层综合，呈金字塔形。

6.1.3 熵值分析法理论及方法

洪湖在多指标评价问题中，权重的确定是重点也是难点，目前有很多确定权重的方法，大致可分为两大类：主观赋权法和客观赋权法。主观赋权法是专家根据各指标的重要性来确定权重，容易受专家主观意识的影响而带来偏差，并且不能反映各指标统计数据的相互关系；而客观赋权法中的熵值法是在客观条件下，由评价指标值构成的判断矩阵来确定指标权重的一种方法，它能尽量消除各因素权重的主观性，使评价结果更符合实际。

在信息论中，熵是系统无序程度的度量，它还可以度量数据所提供的有效信息量。信息熵越小，系统无序度越小，信息的效用值越大；信息熵越大，系统无序度越高，其信息的效用值越小。对于所讨论的 n 个方案 m 个评价指标的初始矩阵，利用熵值法计算各指标的权重，其本质就是利用该指标信息的效用值来计算的，效用值越高，其对评价的重要性越大。其计算步骤如下：

（1）构建 n 个样本 m 个评价指标的判断矩阵。

（2）将判断矩阵归一化处理，得到归一化判断矩阵 B，B 中元素的表达式为 $R_{ij} = X_{ji}(n \times m)$。

在实际决策中，评价指标通常分为越大越优越小越优两类，各类指标对优的相对隶属度计算公式分别为

越大越优型

$$\boldsymbol{R}_{ij} = \frac{x_{ij} - x_{\min}}{x_{\max} - x_{\min}} \tag{6.1}$$

越小越优型

$$\boldsymbol{R}_{ij} = \frac{x_{\max} - x_{ij}}{x_{\max} - x_{\min}} \tag{6.2}$$

式中：$x_{\max}$、$x_{\min}$ 为同指标下不同样本中最满意者或最不满意者（越小越满意或越大越满意）。

根据式（6.1）和式（6.2）可将评价指标特征值矩阵转换为其对优的相对隶属度矩阵：

$$\boldsymbol{R}_{ij} = (r_{ij})$$

式中：r_{ij} 为方案 j 指标 i 的特征值对优的相对隶属度。

（3）根据熵的定义，n 个样本 m 个评价指标，可确定评价指标的熵为

$$H_i = -\frac{1}{\ln n}\left[\sum_{i=1}^{n} f_{ij} \ln f_{ij}\right] \tag{6.3}$$

式中：

$$f_{ij} = \frac{b_{ij}}{\sum_{i=1}^{n} b_{ij}} \tag{6.4}$$

式中：$0 \leqslant H_i \leqslant 1$，为使 $\ln f_{ij}$ 有意义，假定 $f_{ij} = 0$，$f_{ij}\ln f_{ij} = 0$，$i = 1, 2, \cdots, m$；$j = 1, 2, \cdots, n$。

（4）利用熵值计算评价指标的熵权。

$$W_i = -\frac{1 - H_i}{m - \sum_{i=1}^{m} H_i} \tag{6.5}$$

（5）计算湖泊生态系统熵权综合健康指数。各指标的归一化值和指标熵权确定后，代入生态系统健康综合指数公式，即可求得湖泊生态系统健康综合指数。

6.1.4　生态系统健康综合指数

应用生态系统健康理论，采用生态系统健康结构功能指标体系评价方法，根据评价指标的选取原则，建立了由物理化学指标体系、生态指标体系和社会经济指标体系三个二级指标体系组成的完整的综合评价指标体系，按照从上到下逐层整合的办法，得出水生态系统健康综合指数（ecosystem health comprehensive index，EHCI）。

生态系统健康综合指数公式为

$$\text{EHCI} = \sum_{i=1}^{n} W_i \cdot I_i \tag{6.6}$$

式中：EHCI 为生态系统健康的综合指数值，其值为[0, 1]；W_i 为评价指标在综合评价指标体系中的权重值，其值为[0, 1]；I_i 为评价指标的归一化值，其值为[0, 1]。

6.1.5　综合指数分级

综合指数数值大小的本身并无形象意义，必须通过对一系列数值大小的意义的限值界定，才能表达其形象的含义。目前在各类有关生态学方面的评价，特别是在生态系统健康评价中，并没有一个统一的关于评价标准分级的方法。这是由于研究区域的条件不同，评价目的不同，评价标准也会不一样。而且还由于各项指标的计算方法及考核目标不同，分级标准也会有所不同。

为此，本项目参考了国内外相关研究的有关标准，提出水生态系统健康评价标准，把生态系统健康状态分为很好、好、中等、较差、很差五级，详见表 6.1。

表 6.1　生态系统健康综合指数分级

分级	生态系统健康综合指数（EHCI×100）	健康状态	分级	生态系统健康综合指数（EHCI×100）	健康状态
I	80～100	很好	IV	20～40	较差
II	60～80	好	V	0～20	很差
III	40～60	中等			

6.1.6　洪湖水生态健康评估

根据资料的可得性，洪湖生态安全健康评估的因子选择 SD、COD_{Mn} 浓度、TN 浓度、TP 浓度、NH_3-N 浓度、DO 浓度、Chla 浓度作为评价指标，以 2012～2016 年为评价年，洪湖各参评水质指标的监测结果详见表 6.2。

表 6.2　洪湖 2012～2016 年水质指标监测结果

指标	2012 年	2013 年	2014 年	2015 年	2016 年
SD/m	1.32	1.38	1.31	1.02	0.7
COD_{Mn} 浓度/(mg/L)	4.42	4.32	4.37	4.32	4.14
TP 浓度/(mg/L)	0.019	0.026	0.027	0.047	0.053
TN 浓度/(mg/L)	0.73	0.72	0.78	1.19	0.88
NH_3-N 浓度/(mg/L)	0.27	0.25	0.32	0.40	0.55
DO 浓度/(mg/L)	8.23	8.30	8.10	8.14	8.10
chla 浓度/(μg/L)	3.15	3.22	3.02	2.67	2.55

对洪湖的不同年份的监测数据进行归一化处理，方法参照北京大学刘永等（2004）建立的方法进行，取 5 个时间点中相对最佳的值为 1，其余 4 个年份的各指标以其与最佳值的比值或者是比值的倒数作为归一化后的值。其中，SD 和 DO 浓度为越大越好指标，其归一化值取监测结果与最佳值的比值，其余 5 项指标取监测结果与最佳值的比值的倒数作为归一化值，结果见表 6.3。

表 6.3 洪湖 2012～2016 年水质指标归一化值

指标	归一化值（I_i）				
	2012 年	2013 年	2014 年	2015 年	2016 年
SD	0.96	1.00	0.95	0.74	0.51
COD_{Mn}	0.94	0.96	0.95	0.96	1.00
TP	1.00	0.73	0.70	0.40	0.36
TN	0.99	1.00	0.92	0.61	0.82
$NH_3\text{-}N$	0.93	1.00	0.78	0.63	0.45
DO	0.99	1.00	0.98	0.98	0.98
chla	0.81	0.79	0.84	0.96	1.00

权重（W_i）的计算首先由水环境学、生态学、水生生物学和湖泊学研究的专家对所选指标进行打分，然后利用层次分析法（analytic hierarchy process，AHP）进行确定，并通过了一致性检验。最终计算出洪湖的综合健康指数，详见表 6.4。

表 6.4 洪湖 2012～2016 年综合健康指数计算

指标	权重（W_i）	$W_i \cdot I_i$				
		2012 年	2013 年	2014 年	2015 年	2016 年
SD	0.161 3	0.154 8	0.161 3	0.153 2	0.119 4	0.082 3
COD_{Mn}	0.145 6	0.136 9	0.139 8	0.138 3	0.139 8	0.145 6
TP	0.156 8	0.156 8	0.114 5	0.109 8	0.062 7	0.056 4
TN	0.152 5	0.151 0	0.152 5	0.140 3	0.093 0	0.125 1
$NH_3\text{-}N$	0.142 7	0.132 7	0.142 7	0.111 3	0.089 9	0.064 2
DO	0.126	0.124 7	0.126 0	0.123 5	0.123 5	0.123 5
chla	0.115 1	0.093 2	0.090 9	0.096 7	0.110 5	0.115 1
EHCI		0.950 2	0.927 7	0.873 1	0.738 8	0.712 2

根据洪湖水生态健康评估方法计算，得出洪湖水生态健康评估指数和生态系统健康状态，详见表 6.5。计算结果表明，2012～2016 年洪湖生态健康综合指数有所下降。2012 年洪湖综合健康指数为 0.950 2，随着年份的增加，综合健康指数逐年下降，2016 年为 0.712 2。2012～2013 年下降缓慢，2013～2014 年下降较明显，2014～2015 年下降最为显著，2015～2016 年下降速度放慢，可见 2013～2015 年是水质恶化最快阶段。

表 6.5 洪湖水生态健康综合指数

项目	2012 年	2013 年	2014 年	2015 年	2016 年
生态健康综合指数	0.950 2	0.927 7	0.873 1	0.738 8	0.712 2
生态系统健康指数	95.02	92.77	87.31	73.88	71.22
生态系统健康状态	很好	很好	很好	好	好

洪湖水生态健康指数判断标准及结果见附表 1，洪湖生态系统健康状态表现为从 2012 年的"很好"降为 2015、2016 年的"好"。从整体评价结果来看，洪湖水生态健康状态处于比较好的健康水平，健康状态也呈现明显下降趋势，主要是由于 SD、TP 浓度、TN 浓度升高显著。其中，透明度由 1.32 m 降为 0.7 m，下降严重；2015 年 TP 浓度接近Ⅲ类水标准，而 2016 年直接降为Ⅳ类水；NH_3-N 也是由Ⅱ类水质降为Ⅲ类水质，下降明显。N、P 元素的增多会引起水体富营养化，SD 下降会引起沉水植物生长受到威胁，进而影响水生生态系统平衡，从而导致水生态健康状态发生变化。

6.2　生态服务功能评价

6.2.1　湖库生态服务功能状态评估指标体系

生态系统的服务功能是指生态系统为人类提供各种利益的能力，反映为人类从生态系统获得的各种效益及其大小。生态系统的服务功能可分为两个部分，即直接给人类带来利益和服务功能（产品供给、调节服务、文化服务等）以及维持这些直接服务功能所需要的基础服务功能。生态系统服务功能的好坏，直接或间接影响人类的生活质量与福利状况。

我国的湖库，尤其是像太湖、巢湖这样的长江下游浅水型湖泊，最典型、重要的直接服务功能有：①产品供给服务功能：作为当地人民重要的饮用水源地和鱼、虾、蟹类等的栖息地，湖库为人民提供着饮用水源地服务功能和水产品供给服务功能，是当地渔民赖以生存的资源；②调节服务功能：包括洪水调节、气候调节和水质净化服务功能；③文化服务功能：湖库为当地人民提供休闲娱乐的重要场所，可以开展游泳、划船、垂钓、观景活动，甚至成为重要的旅游观光地。根据洪湖的实际情况，在上述湖库生态服务功能中，选取饮用水源地、水产品供给、鱼类栖息地和休闲娱乐这四项服务功能对洪湖湖泊进行评估。

1. 饮用水源地服务功能评估指标体系

评估湖库的饮用水源地服务功能，当然必须考虑生活饮用水源地水源水质标准中规定的指标。关于生活饮用水源地的质量标准，《地表水环境质量标准》（GB 3838—2002）对集中式生活饮用水源地地表水源地规定了 24 项基本指标，5 项补充指标，以及 80 项特定指标（特定指标由县级以上人民政府环境保护行政主管部门选择确定）。作为集中式生活饮用水源地地表水源地，该标准分了两级：一级保护区标准和二级保护区标准。在 24 项基本指标中，只有 13 项指标在一级保护区标准和二级保护区标准中有不同的取值规定，其他 11 项指标的规定值相同。而补充指标和特定指标只有标准限值。

在中华人民共和国城镇建设行业标准《生活饮用水水源水质标准》（CJ 3020—1993）中，一共规定了 34 项指标，包括 3 项物理性指标、3 项生物性指标和 28 项化学性指标。标准共分为两级：一级水源水（水质良好）和二级水源水（水质受轻度污染）。在这 34 项指标中，只有 8 项指标（1 项物理指标，即水色；7 项化学指标，即总硬度、溶解铁、DO、铅、NH_3-N、硝酸盐和挥发酚）在一级水源水（水质良好）和二级水源水（水质受轻度污染）的标准中有不同的规定值，其他 26 项指标规定值相同。

因此可以认为，《地表水环境质量标准》中的 13 项基本指标和《生活饮用水源地水源水质标准》中的 8 项指标是能很好表征饮用水源地服务功能的、最值得关注的指标。同时，又由于这些指标在一级和二级水源水标准中具有不同规定值，也符合本项目制定针对湖库服务功能评估指标的评估标准中的分级原则，因此，这些指标纳入饮用水源地服务功能评估指标体系是合理的。

有 5 项指标两个标准中都有规定，而且还有规定值不同的情况。对于这种情况，在本评估方法中将采取《地表水环境质量标准》优先的原则。

本章的生态安全评估工作中关注的重点是湖库富营养化导致的生态安全问题。在湖库富营养化对于饮用水源地服务功能的影响方面，藻毒素和异味是典型的、影响大的、能很好表征湖库富营养化对于饮用水源地服务功能的影响的两个指标。因此，将这两项指标纳入饮用水源地服务功能评估指标体系也是合理的。

饮用水源地供给服务功能评估指标体系如下：铅浓度、NH_3-N 浓度（以氮计）、COD_{Mn} 浓度、挥发酚浓度（以苯酚计）、DO 浓度、BOD_5 浓度、TP 浓度（以 P 计）、TN 浓度（以 N 计）、汞、氰化物浓度、硫化物浓度。

2. 水产品供给服务功能评估指标体系

水产品的数量和质量是反映湖库水产品供给服务功能的重要指标。本章将单位渔产量作为水产品数量的一项指标。水产品质量比较复杂，其中由于湖库污染和富营养化导致的水产品质量下降是本评估指标体系考虑的问题。

污染物质进入鱼体的方式有：直接水中吸收；从底泥中吸收；从饵料中吸收。一旦鱼体被人类所食用，这些污染物质就会转嫁到人体中，从而对人体造成危害。因此，鱼体中污染物含量是反映水产品质量的一个指标，当然也是湖库水产品供给服务功能的一个指标。

本章的生态安全评估工作中关注的重点是湖库富营养化导致的生态安全问题。在湖库富营养化对于水产品供给服务功能的影响方面，藻毒素和异味是典型的、影响大的、能很好表征湖库富营养化对于水产品供给服务功能的影响的两个指标。因此，将这两项指标纳入水产品供给服务功能评估指标体系也是合理的。

此外，可以认为消费者按色、香、味的食感状态（水产品食用价值）对水产品质量的判断，也是反映水产品质量以及湖库水产品服务功能好坏的另一个重要指标。

水产品供给服务功能评估指标体系：单位渔产量（kg/hm^2）、异味物质、藻毒素水产品质量（色、香、味）。

3. 鱼类栖息地服务功能评估指标体系

鱼类健康反映鱼类栖息地环境的质量，受污染水体中的鱼类常常呈现病理学状态，例如烂鳃、皮肤溃疡、骨骼异常、表皮增生等。而且，这些异常很可能也是对鸟类、哺乳动物甚至人类的健康威胁的一个指标。因此，鱼类健康不仅是鱼类资源开发者关心的问题，同时也是行政管理部门和人民群众所关心的问题。此外，随着水体环境的恶化，我国大部分湖库的鱼类种类数发生了显著的变化。湖库生物多样性的维持是反映生物栖息地服务功能的一个重要指标，因此鱼类种类数（或其多样性）可以间接反映鱼类栖息地服务功能的变化。另一方面，水环境质量导致的鱼类健康的变化，也会通过食物链影响到鱼食性鸟类的种群变化，因此通过调查候鸟的种群数量和多样性的变化，也可以反映鱼类栖息地服务功能的实际情况。基于上述考虑，本项目将鱼类感染疾病和外形异常个体的比例以及鱼类种类数和鱼食性鸟类种群变化列作湖库鱼类栖息地服务功能的评估指标体系。

湖库鱼类栖息地服务功能的评估指标体系：鱼类种类数（占 20 世纪 80 年代前的比例）（%）、水产品尺寸（个体重量）变化、候鸟的种群数量变化、候鸟的种类变化。

4. 游泳、休闲娱乐服务功能评估指标体系

湖泊是由湖盆、湖水及水中所含的物质、有机质和生物等所组成的。作为游泳、休闲娱乐水域，其景观特点以不同的地貌类型为存在背景，具有形、影、声、色、甘、奇六大方面的美学特征，更重要的是水质水平、水与山体、水与生物、水与气候、水与建筑等方面通过相互结合交融、渗透。

关于湖库游泳、休闲娱乐服务功能的评估，尽管采用一系列表征该服务功能好坏的指标并非不可能，但更常用的一个方法是综合评分法。美国在湖泊生态调查中采用评估专家根据影响美学、娱乐价值的一些因素，例如垃圾废物情况，藻类生长与透明度情况，拥挤情况（人类活动度）对湖库的休闲娱乐及景观服务功能价值和吸引力进行打分的综合方法。本章也将采用这一评估方法，但将通过社会调查的方法，请居民、游客进行打分。此外，通过调查居民对游泳后的感受，对湖库的游泳服务功能进行打分。打分结果通过数据统计计算评分值。

6.2.2　评估标准

通过分析，确定了饮用水源地服务功能各项评估指标的评分标准见表 6.6。

表 6.6　饮用水源地服务功能各项评估指标的评分标准　　　　　（单位：mg/L）

指标浓度	评分标准		
	5	3	1
挥发酚（以苯酚计）	≤0.002	0.002～0.005	>0.005
铅	≤0.01	0.01～0.05	>0.05
NH_3-N（以 N 计）	≤0.5	0.5～1.0	>1.0
COD_{Mn}	≤4	4～6	>6
DO	≥6	6～5	<5
BOD_5	≤3	3～4	>4
TP（以 P 计）	≤0.025	0.025～0.05	>0.05
TN（以 N 计）	≤0.5	0.5～1.0	>1.0
汞	≤0.000 05	0.000 05～0.001	>0.000 1
氰化物	≤0.05	0.05～0.2	>0.2
硫化物	≤0.1	0.1～0.2	>0.2

水产品供给服务功能各项评估指标的评分标准见表 6.7。

表 6.7　水产品供给服务功能各项评估指标的评分标准

指标	评分标准				
	5	4	3	2	1
单位渔产量/(kg/hm²)	>100	—	40～100	—	<40
异味物质	未检出	—	检出但低于 WHO 标准	—	高于 WHO 标准
藻毒素	未检出	—	检出但低于 WHO 标准	—	高于 WHO 标准
水产品质量*（色、香、味）	好多了	明显变好	差不多	明显变差	差多了

*以 1979 年数据为比较基准。根据每位受调查人员的评分值和人数，统计计算该评估指标的得分值

鱼类栖息地服务功能各项评估指标的评分标准见表 6.8。

表 6.8　鱼类栖息地服务功能各项评估指标的评分标准

指标	评分标准				
	5	4	3	2	1
鱼类种类数（占 1980s 年代前的比例/%）	>80	—	60～80	—	<60
水产品尺寸（个体重量）变化*	小多了	明显变小	差不多	明显变大	大多了
候鸟种类变化*	多得多	明显增加	差不多	明显减少	少得多
候鸟种群数量变化*	多得多	明显增加	差不多	明显减少	少得多

*以 1979 年数据为比较基准。根据每位受调查人员的评分值和人数，统计计算该评估指标的得分值

游泳与休闲娱乐服务功能的评分标准如下：采取一种简化的评估方法（该方法也是美国湖泊生态调查中采用的方法）。根据影响美学、娱乐价值的一些因素，例如垃圾废物情况，藻类生长与透明度情况，拥挤情况（人类活动度）对湖库的休闲娱乐及景观服务功能价值和吸引力，由居民和游客按表 6.9 的评分标准进行打分。

表 6.9　湖库休闲娱乐服务功能的评分标准

湖库休闲娱乐服务功能水平	综合评分值	湖库休闲娱乐服务功能水平	综合评分值
很不满意，以后不会再去了	1	较好，比较适合消闲娱乐	4
不太满意，环境有待改善	2	很惬意，环境很好，以后还会再去	5
一般，有个消遣的地方罢了	3		

采用类似的五级评分标准，按表 6.10 由居民对湖库游泳的感受进行评分，以评估湖库的游泳服务功能。

表 6.10　湖库游泳服务功能的评分标准

湖库游泳服务功能水平	综合评分值	湖泊游泳服务功能水平	综合评分值
很不满意，以后不会再去了	1	较好，比较适合游泳	4
不太满意，环境有待改善	2	很乐意去，水质不错，环境很好，以后还会再去	5
一般，有个游泳的地方罢了	3		

6.2.3 湖库服务功能状态指数的计算方法与模型

1. 饮用水源地服务功能评估方法

饮用水源地服务功能状态指数按式（6.7）计算

$$DS_{indx} = \frac{\sum\limits_{1}^{n} DS_i}{n} \tag{6.7}$$

式中：DS_{indx} 为饮用水源地服务功能状态指数；DS_i 为评估区域第 i 个饮用水源地服务评估指标得分值；n 为评估区域饮用水源地服务功能评估指标总个数。

根据得到的饮用水源地服务功能状态指数，按下列标准对饮用水源地服务功能进行评估：

$$DS_{indx} \geqslant 4, \qquad 很好$$
$$3 \leqslant DS_{indx} < 4, \qquad 好$$
$$2 \leqslant DS_{indx} < 3, \qquad 不太好$$
$$1 \leqslant DS_{indx} < 2, \qquad 不好$$
$$DS_{indx} < 1, \qquad 很不好$$

2. 水产品供给服务功能评估方法

水产品供给服务功能状态指数式（6.8）计算：

$$FS_{indx} = \frac{\sum\limits_{1}^{n} FS_i}{n} \tag{6.8}$$

式中：FS_{indx} 为水产品供给服务功能状态指数；FS_i 为评估区域第 i 个水产品供给服务评估指标得分值；n 为评估区域水产品供给服务功能评估指标总个数。

根据得到的水产品供给服务功能状态指数，按下列标准对水产品供给服务功能进行评估：

$$FS_{indx} \geqslant 4, \qquad 很好$$
$$3 \leqslant FS_{indx} < 4, \qquad 较好$$
$$2 \leqslant FS_{indx} < 3, \qquad 不太好$$
$$1 \leqslant FS_{indx} < 2, \qquad 不好$$
$$FS_{indx} < 1, \qquad 很不好$$

3. 鱼类栖息地服务功能评估方法

鱼类栖息地服务功能状态指数式（6.9）计算：

$$HS_{indx} = \frac{\sum\limits_{1}^{n} HS_i}{n} \tag{6.9}$$

式中：HS_{indx} 为鱼类栖息地服务功能状态指数；HS_i 为评估区域第 i 个鱼类栖息地服务评估指标得分值；n 为评估区域鱼类栖息地服务功能评估指标总个数。

根据得到的鱼类栖息地服务功能状态指数，按下列标准对鱼类栖息地服务功能进行评估：

$$HS_{indx} \geqslant 4, \qquad 很好$$

$$3 \leqslant HS_{indx} < 4, \qquad 好$$

$$2 \leqslant HS_{indx} < 3, \qquad 不太好$$

$$1 \leqslant HS_{indx} < 2, \qquad 不好$$

$$HS_{indx} < 1, \qquad 很不好$$

4. 游泳、休闲娱乐服务功能评估方法

先根据式（6.10）分别计算游泳、休闲娱乐及景观服务功能的状态指数：

$$RS_{indx} = \frac{\sum_1^n RS_i}{n} \tag{6.10}$$

式中：RS_{indx} 为游泳，休闲娱乐及景观服务功能状态指数；RS_i 为每位评估人员的评分值；n 为评估人员的人数。

再将游泳、休闲娱乐及景观服务功能状态指数进行平均，获得用于游泳、休闲娱乐及景观服务功能状态指数。根据得到的游泳，休闲娱乐及景观服务功能状态指数，按下列标准对游泳、休闲娱乐及景观服务功能进行评估：

$$RS_{indx} \geqslant 4, \qquad 很好$$

$$3 \leqslant RS_{indx} < 4, \qquad 好$$

$$2 \leqslant RS_{indx} < 3, \qquad 不太好$$

$$1 \leqslant RS_{indx} < 2, \qquad 不好$$

$$RS_{indx} < 1, \qquad 很不好$$

5. 湖库生态服务功能状态的总体评估

在湖库各项生态服务功能评估完成的基础上，最后对湖库生态服务功能进行总体评估，以了解湖库生态服务功能的总体状态。由于各个湖库具有不同的特点（湖深，湖盆大小，底质状况，营养状况，化学性质，地理位置，气候特征等），其提供的生态服务功能也不尽相同，也就是说不同的服务功能在不同的湖库具有不同的相对重要性。这就要求在湖库生态服务功能进行总体评估时，必须确定不同服务功能的权重。在权重确定后，可按下述湖库服务功能总体评估模型计算湖库生态服务功能综合状态指数：

$$TLES_{indx} = \left(\sum_1^n LES_i Q_i \right) \times 20 \tag{6.11}$$

式中：$TLES_{indx}$ 为湖库服务功能综合状态指数；LES_i 为第 i 个服务功能的状态指数；Q_i 为第 i 个服务功能评估指标权重；n 为受评湖库服务功能总个数。

湖库生态服务功能总体评估标准如下：

$$TLES_{indx} \geqslant 90, \qquad 很好$$
$$70 \leqslant TLES_{indx} < 90, \qquad 好$$
$$55 \leqslant TLES_{indx} < 70, \qquad 不太好$$
$$40 \leqslant TLES_{indx} < 55, \qquad 不好$$
$$TLES_{indx} < 40, \qquad 很不好$$

6.2.4　洪湖生态服务功能评估

根据现有资料，以 2015 年为评价年份分别对洪湖饮用水源地服务功能、水产品供给功能、鱼类栖息地服务功能、游泳及休闲娱乐功能进行评估。

洪湖饮用水源服务功能评估见表 6.11。

表 6.11　洪湖饮用水源服务功能评估

指标	评价年状况	饮用水源生态服务指数 DS_i	指标	评价年状况	饮用水源生态服务指数 DS_i
挥发酚（以苯酚计）	0.000 15	5	TP（以 P 计）	0.047	3
铅	0.005	5	TN（以 N 计）	1.19	1
NH_3-N（以 N 计）	0.39	5	汞	0.000 025	5
COD_{Mn}	4.31	3	氰化物	0.002	5
DO	8.14	5	硫化物	0.01	5
BOD_5	1.94	5			

根据洪湖水产品供给服务功能评估结果（表 6.12）显示，洪湖单位渔产量为 350.29 kg/hm^2。洪湖水中的藻毒素和异味物质目前尚缺乏数据，但鉴于洪湖叶绿素 a 含量低，尚无发生水体富营养化现象的记录，且和洪湖水质接近的澴东湖中未检出异味物质，故对异味物质和藻毒素的评分估计为 5 分。通过大量的洪湖湖区居民问卷调查获取水产品质量（色、香、味）统计数据，结果为 2.76。

表 6.12　洪湖水产品供给服务功能评估

指标	评分标准					洪湖	
	5	4	3	2	1		
单位渔产量/(kg/hm^2)	>100	—	40～100	—	<40	350.29	5
异味物质	未检出	—	检出但低于 WHO 标准	—	高于 WHO 标准	估计值	5
藻毒素	未检出	—	检出但低于 WHO 标准	—	高于 WHO 标准	估计值	5
水产品质量*（色、香、味）	好多了	明显变好	差不多	明显变差	差多了	明显变差	2.76

注：*以 1979 年数据为比较基准。根据每位受调查人员的评分值和人数，统计计算该评估指标的得分值

洪湖鱼类栖息地服务功能评估见表 6.13。

表 6.13　洪湖鱼类栖息地服务功能评估

指标	评分标准					洪湖	
	5	4	3	2	1		
鱼类种类数（占 1980s 年代前的比例/%）	>80	—	60～80	—	<60	78%	3
水产品尺寸（个体重量）变化*	小多了	明显变小	差不多	明显变大	大多了	明显变小	4
候鸟种类变化*	多得多	明显增加	差不多	明显减少	少得多	明显减少	2
候鸟种群数量变化*	多得多	明显增加	差不多	明显减少	少得多	明显减少	2

注：*以 1979 年数据为比较基准。根据每位受调查人员的评分值和人数，统计计算该评估指标的得分值

洪湖生态服务功能评估得分及权重见表 6.14。

表 6.14　洪湖生态服务功能各项评估得分及权重

指标	权重	2015 年得分	2012 年得分
饮用水源服务功能	0.35	4.3	4.5
水产品供给服务功能	0.2	4.44	4.0
鱼类栖息地服务功能	0.3	2.75	3.5
游泳与休闲娱乐服务功能	0.15	4.1	4.5
生态服务功能总体总体状态指数 TLES$_{indx}$		76.7	82

根据调查所得数据，将洪湖各项生态服务功能的评价结果表示于附表 2。表中各项生态服功能和总体服务功能的状态均分为五级，分别为很好（深绿色）、好（浅绿色）、不太好（黄色）、不好（橙色）和很不好（红色）。

由附表 2 可知，饮用水源地服务功能中的 COD_{Mn}、TP 指标为"不太好"，TN 指标为"很不好"；水产品供给服务功能中的水产品质量安全指标为"不太好"；鱼类栖息地服务功能中鱼类种类数变化为"不太好"，候鸟种类和候鸟种群数量变化为"不好"；游泳与休闲娱乐服务功能中的游泳服务功能"不太好"。

根据式（6.11）计算得，2015 洪湖生态服务功能状态的总体评估结果总分为 76.7。根据湖泊生态服务功能总体评估标准，判断洪湖的生态服务功能总体处于"好"的状态。其中，饮用水源地服务功能、水产品供给服务功能、游泳与休闲娱乐功能均为"好"，鱼类栖息地服务功能为"不好"（橙色预警）。比较湖北大学 2012 年做的洪湖生态服务功能指数（82，好），发现洪湖近年来生态服务功能状态没有变化，但其生态服务功能呈下降趋势，且 2015 年生态服务功能指数已接近"好"的下限值，生态环境如若得不到有效治理，洪湖生态服务功能状态有可能继续下降（附表 3）。

6.3　社会经济影响评价

6.3.1　指标体系

流域社会经济活动对湖（库）生态影响评价研究过程中需要考虑两方面的因素，一是人

类社会经济活动对湖库生态系统所施加的压力，二是湖库生态系统对压力的反应。因此，在评价指标体系的选择过程中，要综合考虑社会经济以及污染负荷两方面的因素，评价指标体系的选择要围绕流域人类活动对湖泊生态安全的影响，识别各指标的共性和差异，将各部分指标做出调整和综合。

依据生态安全的内在机理，根据流域自然、社会和经济特征，建立具有四层结构的评价指标体系，整个指标体系包括社会经济压力指标、水体污染负荷指标、水体环境状态指标三个部分，评价指标体系结构见图6.2。

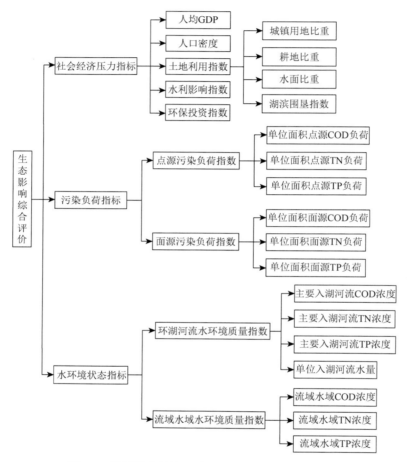

图 6.2 流域社会经济活动对湖泊生态影响评价指标

6.3.2 评价指标说明和测算方法

1. 社会经济压力指标

1）人均 GDP
指标说明：评价单元内，人均创造的地区生产总值；
测算方法：评价单元内 GDP 总量/评价单元内总人口；
单位：元/人；

选择理由：人均 GDP 是衡量社会经济发展水平和压力最通用的指标，不同的人均 GDP 水平，既能反映社会经济的发展状况，也在一定程度上间接反映了社会经济活动对环境的压力。

2）人口密度

指标说明：评价单元内单位土地面积的人口数量；

测算方法：评价单元总人口/评价单元面积；

单位：人/km^2；

选择理由：人口密度是社会经济对环境影响的重要因素，人口密度的大小影响资源配置和环境容量富余与否，是生态环境评价的一个重要因子。

3）水利工程影响指数

指标说明：评价单元水利投资总额占 GDP 的比重；

测算方法：评价单元内年水利投资总额/评价单元内年 GDP×100%；

单位：%；

选择理由：水利工程不仅对工程所在地、上游、下游、河口乃至全流域的自然环境和社会环境都会产生一定的影响，而且反映水利工程指数的湖库换水周期能够影响水环境容量、湖滨生态系统、水体自净能力及湖滨面源污染的截留能力。

4）城镇用地比重

指标说明：评价单元内城镇用地（包括交通及工矿用地）面积占土地总面积的比重；

测算方法：评价单元内城镇用地面积（包括交通及工矿用地）/评价单元总面积×100%；

单位：%；

选择理由：城镇用地是各种土地利用类型中，受人类活动影响最大的一种土地利用类型，城镇用地的比重，直接反映了人类活动对流域生态系统的影响程度。

5）耕地比重

指标说明：评价单元内耕地（包括有水田、旱地和坡地）面积占土地总面积的比重；

测算方法：评价单元内耕地（包括有水田、旱地和坡地）/评价单元总面积×100%；

单位：%；

选择理由：耕地是各种土地利用类型中，受人类活动较大的一种土地利用类型，耕地的比重，能够反映人类活动对流域生态系统的影响程度；同时，不同的耕地类型和利用方式，对流域水体环境也会造成一定影响。

6）水面比重

指标说明：评价单元水面面积占土地总面积的比重；

测算方法：评价单元水面面积/评价单元总面积×100%；

单位：%；

选择理由：水体在流域生态系统中承担重要功能，尤其是大型湖（库）上游的各种小型水体，在流域生态系统中，承担了前置库的重要功能，能够拦截、消纳各种面源污染物，对大型湖（库）的生态安全维护具有重要意义。目前，我国东部平原地区，流域水面面积的减小，已经成为危害湖泊生态安全的重要因素。

7）围垦指数

指标说明：评价单元围垦面积占水面面积的比重；

测算方法：评价单元围垦面积/评价单元水面面积×100%；

单位：%；

选择理由：围湖造田改变了湖区的生态环境，加速泥沙淤积，破坏了水生生物的繁殖栖息场所，造成生物资源量下降，种群结构变化，水生生态平衡失调；并使湖库本身防洪排涝负担加重，调节气候功能减弱，引起生态环境退化。

8）环保投入指数

指标说明：评价单元环境保护投资占地区生产总值的比重；

测算方法：评价单元环境保护投资/评价单元地区生产总值×100%；

单位：%；

选择理由：根据发达国家的经验，一个国家在经济高速增长时期，要有效地控制污染，环保投入要在一定时间内持续稳定地占到国民生产总值的 1.5%，只有环保投入达到一定比例，才能在经济快速发展的同时保持良好稳定的环境质量。

2. 水体污染负荷指标

1）单位面积面源 COD 负荷

指标说明：评价单元内单位土地面积的 COD 负荷量，主要包括种植业、畜禽养殖业、水产养殖业和农村居民生活四个方面的 COD 流失量；

测算方法：（种植业 COD 流失量 + 畜禽养殖业 COD 流失量 + 水产养殖 COD 流失量 + 农村居民生活 COD 流失量）/评价单元面积；

单位：$t/hm^2 \cdot a$；

选择理由：COD 是环境污染最主要的评价指标之一，考虑到不同的流域、不同的评价单元之间的横向比较，用单位面积 COD 负荷量作为评价指标。

2）单位面积面源 TN 负荷

指标说明：评价单元内单位土地面积的 TN 负荷量，主要包括种植业、畜禽养殖业、水产养殖业和农村居民生活四个方面的 TN 流失量；

测算方法：（种植业 TN 流失量 + 畜禽养殖业 TN 流失量 + 水产养殖 TN 流失量 + 农村居民生活 TN 流失量）/评价单元面积；

单位：$t/hm^2 \cdot a$；

选择理由：水体中的 N 是导致湖泊富营养化的主要因素，考虑到不同的流域、不同的评价单元之间的横向比较，用单位面积 TN 负荷量作为评价指标。

3）单位面积面源 TP 负荷

指标说明：评价单元内单位土地面积的 TP 负荷量，主要包括种植业、畜禽养殖业、水产养殖业和农村居民生活四个方面的 TP 流失量；

测算方法：（种植业 TP 流失量 + 畜禽养殖业 TP 流失量 + 水产养殖 TP 流失量 + 农村居民生活 TP 流失量）/评价单元面积；

单位：$t/hm^2 \cdot a$；

选择理由：水体中的 P 是导致湖泊富营养化的主要因素，考虑到不同的流域、不同的评价单元之间的横向比较，用单位面积 TP 负荷量作为评价指标。

4）单位面积点源 COD 负荷

指标说明：评价单元内，单位面积点源 COD 负荷量，包括城镇工业 COD 排放量和城镇生活 COD 排放量；

测算方法：（城镇工业 COD 排放量 + 城镇生活 COD 排放量）/评价单元面积；

单位：$t/hm^2·a$；

选择理由：COD 是环境污染最主要的评价指标之一，考虑到不同的流域、不同的评价单元之间的横向比较，用单位面积 COD 负荷量作为评价指标。

5）单位面积点源 TN 负荷

指标说明：评价单元内，单位面积点源 TN 负荷量，包括城镇工业 TN 排放量和城镇生活 TN 排放量；

测算方法：（城镇工业 TN 排放量 + 城镇生活 TN 排放量）/评价单元面积；

单位：$t/hm^2·a$；

选择理由：水体中的 N 是导致湖泊富营养化的主要因素，考虑到不同的流域、不同的评价单元之间的横向比较，用单位面积 TN 负荷量作为评价指标。

6）单位面积点源 TP 负荷

指标说明：评价单元内，单位面积点源 TP 负荷量，包括城镇工业 TN 排放量和城镇生活 TP 排放量；

测算方法：（城镇工业 TP 排放量 + 城镇生活 TP 排放量）/评价单元面积；

单位：$t/hm^2·a$；

选择理由：水体中的 P 是导致湖泊富营养化的主要因素，考虑到不同的流域、不同的评价单元之间的横向比较，用单位面积 TP 负荷量作为评价指标。

3. 水体环境状态指标

1）主要入湖河流 COD 浓度

指标说明：主要入湖河流的平均 COD 浓度；

测算方法：$C_1 \times W_1 + C_2 \times W_2 + \cdots + C_n \times W_n$，式中 C_n 为第 n 条入湖河流的总 COD 浓度，W_n 为第 n 条入湖河流的权重，权重根据该河流入湖水量占入湖河流总水量的比重确定；

单位：mg/L；

选择理由：入湖河流污染物浓度与湖（库）污染物浓度密切相关，入湖河流污染物浓度能够反映人类活动对湖泊的影响。

2）主要入湖河流 TN 浓度

指标说明：主要入湖河流的平均 TN 浓度；

测算方法：$N_1 \times W_1 + N_2 \times W_2 + \cdots + N_n \times W_n$，式中 N_n 为第 n 条入湖河流的 TN 浓度，W_n 为第 n 条入湖河流的权重，权重根据该河流入湖水量占入湖河流总水量的比重确定；

单位：mg/L；

选择理由：入湖河流污染物浓度与湖（库）污染物浓度密切相关，入湖河流污染物浓度能够反映人类活动对湖泊的影响。

3）主要入湖河流 TP 浓度

指标说明：主要入湖河流的平均 TP 浓度；

测算方法：$P_1 \times W_1 + P_2 \times W_2 + \cdots + P_n \times W_n$，式中 P_n 为第 n 条入湖河流的 TP 浓度，W_n 为第 n 条入湖河流的权重，权重根据该河流入湖水量占入湖河流总水量的比重确定。

单位：mg/L；

选择理由：入湖河流污染物浓度与湖（库）污染物浓度密切相关，入湖河流污染物浓度能够反映人类活动对湖泊的影响。

4）单位入湖水量

指标说明：单位入湖水量指入湖水量与湖（库）蓄水量的比值；

测算方法：入湖水量/湖（库）蓄水量；

单位：无量纲；

选择理由：单位入湖水量与湖（库）污染物浓度和水环境容量密切相关，单位入湖水量能够反映人类活动对湖泊的影响。

5）流域水域 COD 浓度

指标说明：流域内主要水体的平均 COD 浓度；

测算方法：$N_1 \times W_1 + N_2 \times W_2 + \cdots\cdots + N_n \times W_n$，式中 N_n 为第 n 个水体的 COD 浓度，W_n 为其所占的权重，权重根据该水体水量占流域总水量的比重确定；

单位：mg/L；

选择理由：流域水域污染物浓度与湖（库）污染物浓度密切相关，流域水域污染物浓度能够反映人类活动对湖泊的影响。

6）流域水域 TN 浓度

指标说明：流域内主要水体的平均 TN 浓度；

测算方法：$N_1 \times W_1 + N_2 \times W_2 + \cdots + N_n \times W_n$，式中 N_n 为第 n 个水体的总氮浓度，W_n 为其所占的权重，权重根据该水体水量占流域总水量的比重确定；

单位：mg/L；

选择理由：流域水域污染物浓度与湖（库）污染物浓度密切相关，流域水域污染物浓度能够反映人类活动对湖泊的影响。

7）流域水域 TP 浓度

指标说明：流域内主要水体的平均 TP 浓度；

测算方法：$N_1 \times W_1 + N_2 \times W_2 + \cdots + N_n \times W_n$，式中 N_n 为第 n 个水体的总磷浓度，W_n 为其所占的权重，权重根据该水体水量占流域总水量的比重确定；

单位：mg/L；

选择理由：流域水域污染物浓度与湖（库）污染物浓度密切相关，流域水域污染物浓度能够反映人类活动对湖泊的影响。

6.3.3　评价标准的制定

通常对事物优劣进行数量评价可采用两种方法，即相对评价方法与绝对评价方法，所谓相对评价方法，即是将若干个待评事物的评价数量结果进行相互比较，最后对各待评理事物的综合评价结果排出优劣次序；所谓绝对评价方法，则是根据对事物本身的要求，评价其达到的水平，包括较原状增长水平和接近潜势自然状态水平。

考虑到许多指标的绝对值研究目前尚不成熟，同时为了保证所有指标评价标准的一致性，因此在对单指标和综合指标的分析中均采用了相对评价的方法。按照综合评价的得分高低，从高到低排序，以反映生态系统状况从优到劣的变化，最终分析将流域生态系统状况分为五级，各级的含义如表 6.15。

表 6.15　社会经济活动对湖（库）影响等级说明

等级	表征状态	指标特征	赋分
一级	轻微	社会经济压力很小，对湖库生态系统影响轻微，湖库生态系统无明显异常改变出现，湖库水质处于 II-III 类水质状态	100≤分数＜80
二级	较轻	存在一定的社会经济压力，但对湖库生态系统影响较轻，湖库生态结构尚合理、系统结构尚稳定，湖库水质处于 III 类水质状态	80≤分数＜60
三级	一般	社会经济压力较大，接近生态阈值，系统尚稳定，但敏感性强，已有少量的生态异常出现，湖库水质处于 III-IV 类水质状态	60≤分数＜40
四级	较重	社会经济压力大，生态结构出现缺陷，系统活力较低，生态异常较多，生态功能已经不能满足维持生态系统的需要，湖库水质处于 IV-V 类水质状态	40≤分数＜20
五级	严重	社会经济压力很大，生态异常大面积出现，生态系统已经受到严重破坏，系统结构不合理，残缺不全，功能丧失。湖库水质处于 V-劣 V 类水质状态	20≤分数≤0

在开展流域社会经济活动对湖库影响评价的研究过程中，需要制定评价标准，根据相应的标准，确定某一评价单元特定的指标属于那一个登记。在指标标准值确定的过程中，主要参考：①已有的国家标准、国际标准或经过研究已经确定标准尽量沿用其标准值；②参考国内外具有良好特色的流域现状值作为分级标准；③依据现有的湖库与流域社会、经济协调发展的理论，定量化指标作为分级标准；④对于那些目前研究较少，但对其环境影响评价较为重要的指标，在缺乏有关指标统计数据时，暂时根据经验数据进行分级标准，具体情况见表 6.16。

表 6.16　社会经济活动对湖（库）影响评价标准及赋分

指标类别	指标名称	单位	指标等级及赋分				
			一级	二级	三级	四级	五级
			100≤分数＜80	80≤分数＜60	60≤分数＜40	40≤分数＜20	20≤分数≤0
社会经济压力指标	人均 GDP	元/人	＜1 000	1 000≤GDP＜4 000	4 000≤GDP＜5 000	5 000≤GDP＜10 000	≥10 000
	人口密度	人/km²	＜1 000	1 000≤密度＜1 500	1 500≤密度＜2 000	2 000≤密度＜2 500	≥2 500
	环保投入指数	%	＞2.5	1.5≤指数≤2.5	1≤指数＜1.5	0.5≤指数＜1	＞0.5
	水利影响指数	年	＜2.5	2.5≤指数≤10	10＜指数≤15	15＜指数≤20	＞20
	城镇用地比重	%	＜5	5≤比重＜10	10≤比重＜15	15≤比重＜20	＞20
	耕地比重	%	＞30	20≤比重＜30	15≤比重＜20	10≤比重＜15	＜10
	水面比重	%	＞35	30≤比重＜35	20≤比重＜30	15≤比重＜20	＜15
	围垦指数	%	＜5	5≤指数＜15	15≤指数＜25	25≤指数＜35	≥35
水体污染负荷指标	单位面积面源 COD 负荷量	kg/(hm²·a)	＜20	20≤负荷量＜40	40≤负荷量＜60	60≤负荷量＜80	≥80
	单位面积面源 TN 负荷量	kg/(hm²·a)	＜5	5≤负荷量＜10	10≤负荷量＜15	15≤负荷量＜20	≥20
	单位面积面源 TP 负荷量	kg/(hm²·a)	＜0.5	0.5≤负荷量＜1.0	1.0≤负荷量＜1.5	1.5≤负荷量＜2.0	≥2.0
	单位面积点源 COD 负荷量	kg/(hm²·a)	＜40	40≤负荷量＜60	60≤负荷量＜100	100≤负荷量＜150	≥150

指标类别	指标名称	单位	指标等级及赋分				
			一级	二级	三级	四级	五级
			100≤分数<80	80≤分数<60	60≤分数<40	40≤分数<20	20≤分数≤0
水体环境状态指标	单位面积点源TN负荷量	kg/(hm²·a)	<1.5	1.5≤负荷量<3.5	3.5≤负荷量<6	6.0≤负荷量<10	≥10
	单位面积点源TP负荷量	kg/(hm²·a)	<0.1	0.1≤负荷量<0.2	0.2≤负荷量<0.3	0.3≤负荷量<0.4	≥0.4
	主要入湖河流高锰酸盐指数浓度	mg/L	<3.5	3.5≤浓度<4.5	5.5≤浓度<6.5	6.5≤浓度<8.5	≥8.5
	主要入湖河流TN浓度	mg/L	<0.45	0.4≤浓度<0.85	0.85≤浓度<1.30	1.30≤浓度<2.50	≥2.50
	主要入湖河流TP浓度	mg/L	<0.11	0.11≤浓度<0.15	0.15≤浓度<0.25	0.25≤浓度<0.45	≥0.45
	单位入湖河流水量	无量纲	>3.5	2.5<水量≤3.5	1.5<水量≤2.5	0.8<水量≤1.5	≤0.8
	流域水体高锰酸盐指数浓度	mg/L	<4.0	4.0≤浓度<5.5	5.5≤浓度<8.0	8.0≤浓度<10	≥10
	流域水体TN浓度	mg/L	<0.50	0.50≤浓度<1.0	1.00≤浓度<1.85	1.85≤浓度<2.80	≥2.80
	流域水体TP浓度	mg/L	<0.15	0.15≤浓度<0.20	0.20≤浓度<0.35	0.35≤浓度<0.55	≥0.55

6.3.4　指标权重的确定

为了尽可能客观反映各个要素和子系统的权重，本节采用层次分析法确定权重。邀请专家，从最低层开始，确定每一层各个因子之间的相对重要性比值，然后按照前述的层次分析法的方法，计算每一层各因子相对于上一层次的相对重要性权重，经过调整，得出每一个指标及每一层次各个因子的权重。本节结合调查数据情况结合专家意见得出洪湖湖泊指标权重，见表6.17。

表 6.17　流域社会经济活动对洪湖湖泊影响评价指标体系的权重

指标类别		关键评价指数		评价指标	
名称	权重	名称	权重	名称	权重
社会经济压力指标	0.2	人均GDP	0.35	人均GDP	1.0
		人口密度	0.35	人口密度	1.0
		土地利用指数	0.3	城镇用地比重	0.3
				耕地比重	0.2
				水面比重	0.3
				围垦指数	0.2
水体污染负荷指标	0.4	面源污染负荷指数	0.6	单位面积面源COD负荷量	0.2
				单位面积面源TN负荷量	0.3
				单位面积面源TP负荷量	0.5
		点源污染负荷指数	0.4	单位面积点源COD负荷	0.2
				单位面积点源TN负荷	0.3
				单位面积点源TP负荷	0.5

续表

指标类别		关键评价指数		评价指标	
名称	权重	名称	权重	名称	权重
水体环境状态指标	0.4	入湖河流水环境综合指数	0.7	主要入湖河流 COD_{Mn} 浓度	0.15
				主要入湖河流 TN 浓度	0.25
				主要入湖河流 TP 浓度	0.3
				单位入湖河流水量	0.3
		流域水域环境质量综合指数	0.3	流域水体 COD_{Mn} 浓度	0.2
				流域水体 TN 浓度	0.3
				流域水体 TP 浓度	0.5

6.3.5　流域社会经济活动影响评估

根据上述方法，本小节以 2015 年为评价年，评估流域社会经济活动对洪湖的影响，各项指标具体的指标值见表 6.18。

表 6.18　流域社会经济活动对洪湖影响评估指标值

指标项目	单位	数值	指标项目	单位	数值
人均 GDP	元/人	25 372	单位面积点源 TN 负荷量	$kg/hm^2 \cdot a$	1.84
人口密度	人/km^2	563	单位面积点源 TP 负荷量	$kg/hm^2 \cdot a$	0.13
城镇用地比重	%	12.25	主要入湖河流高锰酸盐指数浓度	mg/L	6.502
耕地比重	%	48.97	主要入湖河流 TN 浓度	mg/L	2.22
水面比重	%	33.98	主要入湖河流 TP 浓度	mg/L	0.20
围垦指数	%	0.00	单位入湖河流水量	无量纲	4.5
单位面积面源 COD 负荷量	$kg/hm^2 \cdot a$	41.99	流域水体高锰酸盐指数浓度	mg/L	6.44
单位面积面源 TN 负荷量	$kg/hm^2 \cdot a$	10.45	流域水体 TN 浓度	mg/L	2.17
单位面积面源 TP 负荷量	$kg/hm^2 \cdot a$	1.77	流域水体 TP 浓度	mg/L	0.281
单位面积点源 COD 负荷量	$kg/hm^2 \cdot a$	20.93			

根据表 6.18 各个指标数值，对照评估标准对该评估体系中的各个指标进行赋分，得出各个指标的分值，然后根据表表 6.17 中各个指标的权重进行相乘计算得出上一级指标层的得分，具体的计算结果见表 6.19，流域内社会经济压力指数得分 59.7 分，水体污染负荷指数得分 58.2 分，水体污染环境指数得分 54 分，最后得出流域社会经济活动对洪湖生态影响评估分值为 56.82，社会经济压力指数为“一般”，处于环境压力“一般”的末端，其中社会经济、水体污染负荷、水体环境状态三者的压力相当，得分最低的是水体环境状态，可见水体环境质量不容忽视，污染最严重的是 TN、TP。

表 6.19　流域社会经济活动对洪湖影响评估分值

指标类别		关键评价指数		评价指标	
名称	得分	名称	得分	名称	得分
社会经济压力指数	59.7	人均 GDP	15	人均 GDP	15
		人口密度	100	人口密度	90
		土地利用指数	76.5	城镇用地比重	50
				耕地比重	95
				水面比重	75
				围垦指数	100
流域污染负荷指数	58.2	面源污染负荷指数	45	单位面积面源 COD 负荷量	60
				单位面积面源 TN 负荷量	60
				单位面积面源 TP 负荷量	30
		点源污染负荷指数	78	单位面积点源 COD 负荷量	90
				单位面积点源 TN 负荷量	75
				单位面积点源 TP 负荷量	75
水体环境状态指数	54	入湖河流水环境综合指数	57.3	主要入湖河流 COD 浓度	40
				主要入湖河流 TN 浓度	25
				主要入湖河流 TP 浓度	50
				单位入湖河流水量	100
		流域水域环境质量综合指数	46.5	流域水体 COD 浓度	55
				流域水体 TN 浓度	35
				流域水体 TP 浓度	50

　　湖北大学 2012 年分析的洪湖社会压力指数为 78.44（较轻），发现近年来洪湖社会经济压力指数状态由"较轻"变为"一般"，可见其社会经济活动的压力越发加重，这与洪湖流域近年来工农渔业的发展有直接关系，主要变现为水体污染严重，尤其是 TN、TP 浓度增加（附表 4）。

6.4　生态灾变评价

6.4.1　生态灾变的概念及指标体系制定的原则

　　灾变是指事物的变化对主体造成了损害。湖库生态灾变是指由于湖泊富营养化或其他人为活动引起湖泊水体生态系统结构和功能发生巨大变化，并因水质恶化而威胁人民生活和身体健康的与生态安全有关的灾害。生态灾变指标体系制定的原则包括以下几个方面：

　　（1）科学性。指标体系应充分体现蓝藻水华生态灾变的特点，遵循蓝藻水华灾变的规律，符合对蓝藻水华生态灾变评估的基本要求。

　　（2）代表性。指标体系的设置应反映蓝藻水华生态灾变的共性特征，对其造成的主要影响也能较好的得到反映。

（3）可定量。在制定指标体系时力求做到指标的项目内涵明确、简明，重点突出，有较好的可测性，可以定量来表示的，最大限度地减少由于不同的人判断上的误差。

（4）可达性。所选指标的数值应该是比较容易获取的。尽管有的指标有比较好的代表性，但如果极难获取指标的数值，则在实际应用中可操作性不强，不予选取。

6.4.2　指标的分类

生态灾变的评估指标按照重要性分为三个层次：关键性指标、重要指标和一般指标。

关键性指标是能够最大限度地表征蓝藻水华灾害特征的指标，这一指标值对于蓝藻水华灾害的定级具有决定性作用，其取值的范围直接影响到蓝藻水华灾害的分级。

重要指标是指能够较完整地反映蓝藻水华灾害特点、其取值变化对蓝藻水华灾害具有较大影响的指标。

一般性指标是指描述蓝藻水华灾害某一方面的特征，其取值对于蓝藻水华灾害的定级具有一定影响的指标。

用于此次蓝藻水华生态灾害评估的关键性指标为"chla 浓度"，重要指标为"发生范围占评价区面积""受影响人口""水质等级"，一般指标为"发生频率""直接经济损失""鱼类死状况""水生高等植物死亡率""救灾投入资金"。如表 6.20 所示。

表 6.20　蓝藻水华生态灾变指标分类

指标性质	指标项
关键性指标	chla 浓度
重要指标	发生范围占评价区面积、受影响人口、水质等级
一般指标	发生频率、直接经济损失、鱼类死状况、水生高等植物死亡率、救灾投入资金

对湖泊生态灾变损失进行科学的评估具有重要的意义。生态灾变损失评估方法是在湖泊价值评估研究的基础上，依据湖泊灾变的、损失综合系数指标、直接经济损失指标、间接经济损失指标、应急消耗损失指标 4 个指标建立的新的评估方法。

（1）直接经济损失评估。湖泊生态灾变的直接经济损失比较直观，可以通过生态灾变发生后的直接损失用货币来表示的损失。由于损失的评估是在一定的时空界限内进行的，所以对一般的湖泊生态灾变的直接经济损失的计算考虑以灾变后的直接投入计算，空间界限则可以根据实际的需要确定对某一城市或某一地区来进行。湖泊生态灾变的直接经济损失主要包括养殖业的损失和应急费用，其中应急费用应包括一次性耗费费用、车船租赁费用、应急人员费用等，养殖业的直接损失和应急费用直接相加即可以得到直接的经济损失。需要注意的是，应急费用应该包括了相关的水利工程等方面的固定投入，而这些固定投入以后是否会产生效益则需另外评价。

（2）间接损失评估。生态灾变的间接经济损失的内容较多。由于湖泊灾变的事件一般发生的时间较短，且也可以在较短时期内得到恢复，间接损失可以在灾变发生后的 1～3 个月内进行评估。评估的方法可以通过生产率法来计算，并将计算得到的损失制定成表格汇总。间接损失中需要注意一些部门的损失可能得到了政府的补偿，因此这部分的损失应该计算在直接经济损失中，间接损失不能再重复计算。间接损失的计算需要在一定的时间界限内进行，以防止部分产业在灾变后反弹因此减小了间接损失。

由于系统影响区域的复杂性和不确定性，污染事件生态经济损失的空间边界识别比较困难。由于灾变在不同受体系统空间边界也不一样，因此需要首先确定灾变损失评估的空间范围。空间边界和评估范围的确定一般有以下原则。

（1）选择与评估目的相辅的区域。评估目的是确定评估边界的主要决定因素。如果损失评估针对的是一个或几个城市或地区，则必须明确计算的是城市、区域还是国家的损失。一个城市商业的损失可能使另一个城市获利，这可以看作城市的损失，但小于地区的损失。对于一个大型的突发事故来说国家可能受到损失，但是对于地区而言，由于有国家拨款，损失与收益可能同时存在。

（2）以污染途径和受影响途径线索划分边界。确定评估区域时，需首先分析事故污染途径、各个受体及受影响的途径、经济受影响的范围，以此为线索划分评估边界，不能简单行政区划划分或根据地形图来确定。这影响有关事故信息的增加，原定空间边界可能需要变化。分析边界的定对于非直接损失的经济价值分析尤重要。另外，由于不同受体（农业、工业、居民等）受影响的途径和方式不同，不同的受体可能采用不同的评估方法划分范围。

（3）确定目标人口，以目标人口在范围为评估范围。目标人口指受事直接或间接影响的那部分人口。例如太湖生态灾变事件后，太湖周围的工厂、养殖厂以及部分渔业捕捞也受到限制甚至禁止，因此这部分也应该属于生态灾变的间接影响。至于这些活动限制甚至禁止后对当地的环境从长远程度来看是否是有利则需要另外进行评估。

（4）以敏感区域和受体为标准分评估范围。对于受影响重大或易受响的敏感区和受体，评估时应特别注意。例如太湖的蓝藻水华发生在有水草贡湖湾，而蓝藻水华会在一定程度上使水草消失，因此该湖区的评估需要与湖心等区域区别对待。

（5）生态敏感区。生态敏感区指生态系统的物种、种群、群落、生境及生态食物链等易受破坏的区域。如生态灾变事件会造成水生生态系统脆弱，甚至生态退化和崩溃，降低生态系统的承载能力、调解能力及生产能力，从而对社会经济带来直接或间接的经济损失。

（6）防治修复过程必须从正面和负面影响两方面考虑。在考虑应急措施对防治污染的贡献的同时，必须考虑其可能造成的负面影响，例如对当地生态环境及社会、经济生活的影响。

确定评估时间边界是进行系统分析和经济评估的前提。评估时间边界的确定一般有以下原则：确定评估时间的起始点必须将事故造成的影响从其他途径造成的受体变化中区分出来。同时，对于非直接损失和无形损失，时间边界至少要3～6个月，除非能确定这些损失不需要计算在内。损失评估应在事故发生至少 3 个月后进行。而理想情况下，评估应该在事故发生 6 个月以后开始进行。如果评估需要尽快进行，则需要估算可能发生的间接损失。在进行经济评估时必须注意一些损失，尤其是间接损失，可能随时间的变化变大或变小。例如，太湖生态灾变导致无锡市停水，对洗浴业造成的营业额损失可能在恢复供水后有所反弹。

由于对灾变的损失评估的目的是评估突发性事故对一定空间区域造成的经济影响；关注的是事故造成的该区域内的净经济损失，包括直接和间接损失、有形和无形损失。根据国内外经验，在对损失进行经济分析时应遵循以下假设、原则和问题：

（1）任何物品的总效用为得到物品所支付的费用和消费者剩余之总的个人福利（以及进一步的社会福利）等于总支出和消费者剩余之和；

（2）从最明显、最容易用市场价来衡量、可以直接测量的生产力变化起始分析。对于事故造成的二级或三级影响，按影响情况的不同，确定是否计在内；

（3）允许把经济系统中在某个区所观察到的价格用于其他地区无法估价的物品和服务上。为了将个人需求曲线相加得到市场需求曲线，要求在收入分布上没有变化，或者要求每个人的需求收入弹性都是相同的；

（4）评估必须在系统分析中所定的空间和时间边界内进行；

（5）避免重复计算。水资源本身有多功能、可重复利用的特点。在评估区域中，如果一种损失在另一方面可作为另外一部分人的收益，那么计算这部损失就会出现重复计算。同时，如果评估的时间边界内，企业在事故发生的利润损失会得到补偿（如洗浴业在供水恢复后反弹），那么其在事发生期间由于不能进行商业活动而造的损失就不能计算在内。但是，如果企业在事故发生期间损失了机械资产，在这些机械被替代的过程中，发生了物品损失，那么这些机械资产的市场值，或者利润损失就应该被计算在内但不能同时计算；

（6）引入一个"发生或者不发生"的对比，而不是"事前或者事后"的评价。因为在"事前事后评估"中，经济社会和环境的发展趋势与事故本身有必然联系。尽管各国对于具体的灾害赔偿概念有所不同，但其最高指导原则是大同小异的，无论损失计算体如何操作，大的原则应该是着眼假如事故未发生的可能情况与当前情况的比较；

（7）如果不能直接使用市场价格，那么也许可以通过替代市场技术来间接使用这些价格。在这些方法中，会用替代品或者互补品的市场价格来估算没有市场价格的环境物品或服务的值；

（8）区分影响和损失。由于突发水域污染的影响受体的复杂性、影响因素的不确定性、以及评估目的不同等因素，应将受影响和受损失两个概念区分开。某些受体可能在一定程度上受到影响，但由于该影响没有造成任何形式的经济损失或者损失无法度量，那就称此事故对该受体有影响无损失；

（9）在评估应急工程措施的经济效益时，应识别每一项工程措施减少能发生的损失，并且从成本与效益两方面来分析，即工程措施的直接成本和其避免的损失两个角度；

（10）不确定性分析应该贯穿于分析的各个阶段。产生不确定性的原因：人的主观误差、参数的多变性、数据鸿沟、参数真实值的不确定性、采用的模型造成的不确定性等，为了充分强调不确定性，得出合理的结果，分过程中应该讨论所有的关键假设、可产生偏差和被忽略的地方。

6.4.3　指标的定义和度量

水体的评价单元，包括洪湖湖体的核心区、缓冲区、实验区。各指标定义及度量单位如下：

（1）发生范围占评价区面积：蓝藻水华灾害发生范围占单元水体的面积，单位为%。

（2）发生频率：蓝藻水华发生频率，单位为次/月。

（3）水质等级：蓝藻水华发生的单元水体的水质标准。

（4）chla 浓度：单位水体 chla 的平均浓度，单位为 µg/L。

（5）直接经济损失：蓝藻水华灾害造成各类直接经济损失之和，单位为万元。

（6）受影响人口：蓝藻水华灾害影响到的人口数量，单位为人。

（7）鱼类死状况：蓝藻水华灾害造成的鱼类死亡状况，为定性指标。

（8）水生高等植物死亡率：蓝藻水华灾害造成的水生高等植物死亡量占总量的比例，单位为%。

（9）救灾投入资金：为缓减或控制蓝藻水华灾害而投入的工程、非工程和人力资源折算成费用之和，单位为万元/次。

根据以上原则和分类体系，建立蓝藻水华生态灾变分类体系及其分级一览表（表 6.21）。

表 6.21　蓝藻水华生态灾变评估指标体系

指标	分级				
发生范围占评价区面积/%	>80	80～60	60～40	40～20	<20
发生频率/(天/月)	>10	5～10	3～5	1～3	<1
水质等级	劣 V	劣 V	V	VI	III
chla 浓度/(µg/L)	>80	50～80	30～50	10～30	<10
直接经济损失/万元	>105	103～105	102～103	10～102	<10
受影响人口/万人	>50	30～50	10～30	1～10	<1
鱼类死亡	严重		偶见		无
水生高等植物死亡率/%	>5	2～5	1～2	0.1～1.0	<0.1
救灾投入资金/(万元/次)	>104	103～104	102～103	10～102	<10
评分	5	4	3	2	1

不同水体单元的权重和指标的权重都有所不同，各水体权重和因子权重见表 6.22 和表 6.23。

表 6.22　水体单元类型及权重

水体单元类型	权重	水体单元类型	权重
饮用水源地	1.0	一般水源地	0.6
休闲娱乐等开发利用区	0.8	其他分区	0.5

表 6.23　生态灾变评价指标及权重

指标	权重	指标	权重
chla 浓度	0.4	发生频率	0.05
受影响人口	0.1	直接经济损失	0.05
水质等级	0.1	水生高等植物死亡率	0.05
发生范围占评价区面积	0.1	救灾投入资金	0.05
鱼类死亡率	0.1		

根据式（6.12）得到蓝藻水华生态灾变的分值，查询表 6.22 和表 6.23 对应的综合评级，得到蓝藻水华生态灾变的等级

$$G = \sum_{i=1}^{n} Y_i \cdot W_i \cdot C_i \qquad (6.12)$$

式中：Y_i 为指标 i 的打分结果；W_i 为指标 i 的权重；C_i 为水体单元权重；G 为综合评分。

全湖的蓝藻水华综合评级按照面积加权的方法得到，计算公式为

$$M = \sum_{i=1}^{n} G_i \cdot A_i \qquad (6.13)$$

式中：G_i 为第 i 个水体的蓝藻水华评级；A_i 为第 i 个水体面积占全湖面积的百分数。

表 6.24　灾害综合评级

灾害级别	极重灾	重灾	中灾	轻灾	无灾
分值	4.0<分值≤5.0	3.0<分值≤4.0	2.0<分值≤3.0	1.0<分值≤2.0	≤1.0

6.4.4　灾变风险的评估结果及其解析

灾变对生态环境的评估的研究还很少，由于生态环境本身的特殊性，难以用经济指标来衡量。将灾变的生态环境评估结果分为五个等级，即极重灾、重灾、重灾、轻灾和无灾。

极重灾：湖泊中的生态灾变给湖泊生态系统带来的影响是灾难性的，灾变发生数次后水生植被系统可能完全退化。

重灾：数年后生态系统会发生退化。

中灾：水生生态系统受到灾变的影响一般，例如水生植被有所退化，但是这种退化可以通过生态系统的发展达到自身修复，灾变与其他的环境变化条件（如人类活动）共同作用决定生态系统的发展方向，只有在经过较长时期（如 20～40 年）都没有得到改变时，水生植被才可能发生显著退化。

轻灾：灾变对生态环境有一定影响，但是灾变发生后生态系统可能通过自身的发展得到补偿，或者灾变对生态系统的影响容易修复。

无灾：无灾变现象发生，从短期的评估结果来看，基本上未对生态系统产生明显的负面影响。

6.4.5　洪湖生态灾变评估

洪湖 chla 浓度的变化见图 6.3。最大值出现在 8 月，为 16.21μg/L，全年 chla 浓度平均值为 13.65μg/L。

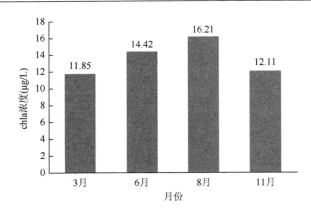

图 6.3　洪湖 chla 浓度变化图

根据 2015 年 1～12 月的《荆州市地表水环境质量公报》，整理得到洪湖 2015 年 12 个月份的水质类别，具体见表 6.25。水质类别最严重出现在 9、10 月，为 V 类，各月水质类别综合评价按照单因子评价法该月的水质，2015 年全年的水质类别按照《地表水环境质量评价办法（试行）》（2011 年）中的类别比例法进行水质定性评价，具体评价分级见表 6.26。

表 6.25　洪湖 2015 年水质类别汇总表

监测点	湖心 A		排水闸		湖心 B		杨柴湖		蓝田		小港		下新河		桐梓湖		综合
1 月	II	中	II	中	II	中	II	中	III	中	III	中	III	中	III	中	III
2 月	II	中	II	中	II	中	II	中	III	中	III	中	III	中	III	中	III
3 月	II	中	II	中	II	中	II	中	III	中	III	中	III	中	III	中	III
4 月	II	中	II	中	II	中	II	中	III	中	III	中	III	中	III	中	III
5 月	II	中	II	中	II	中	II	中	III	中	III	中	III	中	III	中	III
6 月	II	中	II	中	II	中	II	中	III	中	III	中	III	中	III	中	III
7 月	II	中	II	中	II	中	II	中	III	中	III	中	III	中	III	中	III
8 月	II	中	II	中	II	中	II	中	III	中	III	中	III	中	III	中	III
9 月	IV	中	V	中	IV	中	V	中	V	中	IV	中	IV	中	V	中	V
10 月	V	轻富	V	轻富	IV	轻富	IV	中	V	轻富	IV	轻富	IV	轻富	IV	中	V
11 月	IV	轻富	IV	轻富	IV	轻富	IV	中	IV	轻富	IV	轻富	IV	轻富	IV	中	IV
12 月	IV	中	IV	中	IV	中	IV	中	IV	中	IV	中	IV	中	IV	中	IV

注：表中"中"表示水体营养状态为中营养，"轻富"表示轻度富营养

表 6.26　水质定性评价分级

水质类别比例	水质状况	表征颜色
I-III 类水质比例≥90%	优	蓝色
75%≤ I-III 类水质比例<90%	良好	绿色

水质类别比例	水质状况	表征颜色
I-III类水质比例＜75%，且劣Ⅴ类比例＜20%	轻度污染	黄色
I-III类水质比例＜75%，且20%≤劣Ⅴ类比例＜40%	中度污染	橙色
I-III类水质比例＜60%，且20%≤劣Ⅴ类比例＜40%	重度污染	红色

洪湖 2015 年III类水质比例为 50%，劣Ⅴ类水质比例为 8.3%，水质状况为轻度污染，按照《地表水环境质量评价办法（试行）》（2011 年）中对轻度污染的水质定性为Ⅳ类水，划定洪湖 2015 年水质为Ⅳ类。

根据环保部门提供的资料，洪湖 2015 近年来无水华发生记录，除洪涝灾害造成经济损失外，无水环境和生态系统退化造成的经济损失。故生态灾变影响人口指标评分为 0，救灾投入资金指标评分为 0。本项目野外调查团队在洪湖进行水质、水生动植物调查时发现湖中偶见死鱼漂于水面，特别是靠近湖岸区域；水生高等植物一是被渔民破坏或打捞，二是受到渔船及游艇的搅动，造成部分水域水生高等植物死亡，故鱼类死亡指标评分为 2 分，水生高等植物死亡率指标评分为 1 分，所有指标评分具体见表 6.27。

表 6.27　洪湖生态灾变评估指标体系及结果

指标	分级					权重	洪湖	
打分	5	4	3	2	1		评分	评分指数
发生范围占评价区面积/%	＞80	(60, 80]	(40, 60]	(20, 40]	≤20	0.1	0	0
发生频率/(天/月)	＞10	(5, 10]	(3, 5]	(1, 3]	≤1	0.05	0	0
水质等级	劣Ⅴ	劣Ⅴ	Ⅴ	Ⅵ	III	0.1	2	0.2
Chla 浓度/(μg/L)	＞80	(50, 80]	(30, 50]	(10, 30]	≤10	0.4	2	0.8
直接经济损失/万元	＞10^5	(10^3, 10^5]	(10^2, 10^3]	(10, 10^2]	≤10	0.05	0	0
受影响人口/万人	＞50	(30, 50]	(10, 30]	(1, 10]	≤1	0.1	0	0
鱼类死亡	严重		偶见		无	0.1	2	0.2
水生高等植物死亡率/%	＞5	(2, 5]	(1, 2]	(0.1, 1]	≤0.1	0.05	1	0.05
救灾投入资金/(万元/次)	＞10^4	(10^3, 10^4]	(10^2, 10^3]	(10, 10^2]	≤10	0.05	0	0
综合评分指数（越小越好）								1.25

由表 6.27 可知，洪湖生态灾变综合评分为 1.25。洪湖于 2015 年首次出现水体成呈轻度富营养化状态的现象，2016 年洪湖整年水质的评价类别为Ⅳ-Ⅴ类，且部分月份部分点位依然为轻度富营养化状态，可见洪湖越发具备发生水华现象的条件，随着污染持续加重，很有可能会导致水华发生，故评价结果为 1.25，轻灾，基本上与实际情况相符。比较湖北大学 2012 年得到的洪湖生态灾变指数（1.0，轻灾），发现洪湖近年来生态子灾变分级没有变化，但其灾变压力愈发严重。2012 年洪湖生态灾变指数显示水体正进入轻灾阶段，现灾变风险加大，生态环境如若得不到有效保护，洪湖发生灾变的可能性会再次加大（附表 5）。

6.5　生态安全综合评价

生态安全是指生态系统的安全，是生态系统的相对于"生态威胁"的一种功能状态。其具有相对性，没有绝对的安全，只有相对的安全。生态安全还具有动态性和空间地域性。往往随着时间的发展和地域的不同，所谓的安全也是不同的。在进行生态安全评估时所采用的"生态安全综合评价"模式是 DPSIR 指标体系概念模型、层次分析综合指数评价法、标准生态安全指数归一法的三者的有机结合，具有一定的科学、可操作性。

6.5.1　评价指标体系及分级

目前被广泛应用的多因子大综合评价指标是经济与合作发展组织（Organization for Economic Co-operation and Development，OECD）最初针对环境问题提出的表征人类与环境系统的压力-状态-响应（P-S-R）框架模式。在此基础上，联合国可持续发展委员会（UNCSD）又提出了驱动力-状态-相应（D-S-R）概念模型（图 6.4）。而欧洲环境署则在 P-R-S 基础上添加了"驱动力"（drivin g force）和"影响"（impact）两类指标构成了 D-P-S-I-R 框架。

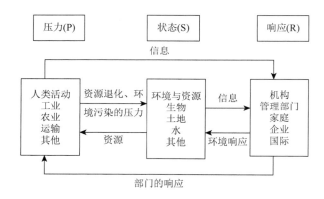

图 6.4　水生态安全评价指标体系

（1）驱动力指标：反映湖库流域所处的人类社会经济系统的相关属性。人类经济社会系统可以分为人口、经济和社会三个部分。

（2）压力指标：反映人类社会对湖库的直接影响，突出反映在水质和水量两个方面。

（3）状态指标：反映湖库生态健康状况。本研究借鉴前人的研究成果，认为可以通过水质与水生态两方面来反映湖库健康状态。

（4）影响指标：反映湖库健康变化对其服务功能的影响。借鉴国内关于湖泊和河流生态服务的研究，认为湖库的服务功能主要体现在水质净化、水产品和水生态支持等方面。

（5）风险指标：反映的是水华发生对生态安全的影响。综合现有研究，评价风险的指标主要可以分为四类：水质变化、水生态群落结构变化、服务功能损失和风险影响范围。

根据洪湖技术组推荐的生态安全评价方法与思路，结合洪湖生态系统特点，以 D-P-S-I-R 指标体系概念模型为借鉴，提出洪湖水生态安全评价指标体系（图 6.5）。

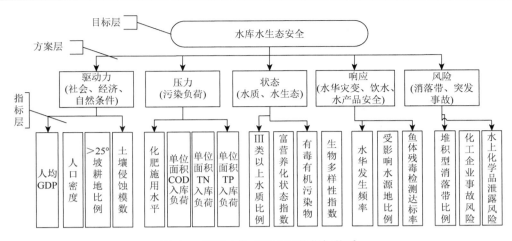

图 6.5 洪湖水生态安全评价指标体系

湖库生态安全指数等级划分标准见附表 6、附表 7。

6.5.2 生态安全指数（ESI）

在前述指标体系的建立过程中，已利用层次分析的思路，建立了多级层次结构：目标层 V，准则层 A，方案层 B，指标层 C，并已计算出方案层的 B 值。各指标指标值由乘（除）法运算给出，反映现有状态对标准状态的偏离程度，指标值的意义时现有状态相对标准状态的倍数。因此，建立在此基础上的指标体系计算中，加权几何平均值是比加权算术平均值更优的运算方式。模型选择加权的几何平均值法作为模型计算的基本算法。研究中，需要剔除 $B_i = 0$ 的部分。

方案层用式（6.14）计算

$$B_i = \prod_{i=1}^{n}(x_{ij}^{W_j}) \qquad (6.14)$$

式中：B_i 为第 i 个方案层（驱动力、压力、状态、影响、灾变）计算结果；x_{ij} 为第 i 个方案层的第 j 个指标；W_j 为其权重。

对于目标层即生态安全指数用式（6.15）计算

$$\text{ESI} = \prod_{i=1}^{n}(B_i^{W_i}) \qquad (6.15)$$

式中：ESI 为生态安全指数；B_i 为第 i 个方案的值；W_i 为其权重。

6.5.3 标准生态安全指数（SESI）

生态安全指数 ESI 反映各湖库相对标准值的偏离程度。评估选择的标准值主要来源于我国 1980 年代湖泊综合调查数据。然而，1980 年代时各湖库已经受到不同程度人类活动影响和水质污染，"标准"反映的状态存在差异，基于对比这一标准的 ESI 因而不具有直接的横向可比性。各湖库不受人类影响时的环境本底值是一个理想的标准，但这个值在当前环境污染条件下已不可直接测得，而模型模拟需要的数据难以支持。研究选择和环境本底值较为接近的我国 1970 年代中期的湖泊研究成果（施成熙 等，1996）作为近似。

　　20 世纪 70 年代时，我国环境已经有初步污染，但五大淡水湖的 DO、COD 和 NH$_3$-N 指标基本低于当时的地面水水质标准限制，相当于现行《地表水环境质量标准》（GB 3838—2002）的 I 类或 II 类水质。该项研究结果太湖、巢湖、洪泽湖和滇池外海均为轻污染，鄱阳湖和洞庭湖均为清洁，各湖泊水质污染总体状况良好（施成熙 等，1996）。因此，选择这一研究成果作为横向比较基础。

　　研究选择 DO、COD$_{Mn}$、NH$_3$-N 和浮游植物数量 4 项指标，使用数学方法计算修正系数，对 ESI 进行修正，使其对比标准所处的污染水平基本相当。使用几何平均值法计算修正系数，计算方法为

$$A = \sqrt[n]{\prod_{i=1}^{n} \frac{b_i}{c_i}} \qquad (6.16)$$

式中：A 为修正系数；c_i 为第 i 种污染物的标准值，b_i 为 1970 年代第 i 种污染物的浓度值。

　　利用修正系数和 ESI 计算标准生态安全指数 SESI。

$$\text{SESI} = A \times \text{ESI} \times 100 \qquad (6.17)$$

式中：SESI 是一个越大越好的指数。SESI ＝ 100 表示湖库的生态安全相当于湖库水质达到 I 类水时的生态安全水平，两者处于相当的良性循环的状态。SESI 可以大于 100，但在现阶段湖库普遍污染严重的状况下，SESI 会远远小于 100。对于太湖、巢湖、滇池外海、洞庭湖、洪泽湖，A 值计算使用参数及其计算结果如表 6.28 所示。

表 6.28　SESI 修正系数 A 计算结果

湖泊	70 年代数据				80 年代数据				A 值
	DO 浓度 /(mg/L)	COD$_{Mn}$ 浓度/(mg/L)	NH$_3$-N 浓度/(mg/L)	浮游植物/(万/L)	DO 浓度 /(mg/L)	COD$_{Mn}$ 浓度/(mg/L)	NH$_3$-N 浓度/(mg/L)	浮游植物/(万/L)	
太湖	9.35	3.63	0.250	6.93	9.00	3.16	0.300	32.07	0.668
巢湖	7.00	3.82	0.125	16.41	9.21	3.76	0.951	46.11	0.500
滇池外海	8.33	4.15	—	189.18	7.72	6.50	0.108	1 477.00	0.423
洞庭湖	8.20	1.70	—	8.70	—	2.13	—	13.53	0.716
洪泽湖	6.32	3.26	0.055	11.55	7.07	2.86	0.070	541.90	0.382

　　20 世纪 70 年代调查湖泊相对 80 年代较少，但涵盖我国湖泊的所有五大湖区。如果评估湖库不在 70 年代调查范围，可以选择同一湖区的清洁湖库作为参考对比。

6.5.4　生态安全评分标准和因子权重

　　为保证生态安全状态评估时间序列上的指标体系及权重一致性，沿用 2012 年湖北大学项目组对洪湖进行评估的指标体系和因子权重，具体见表 6.29。

表 6.29　生态安全指标评分标准

评价因子	单位	评价分值					
		6	5	4	3	2	1
人均 GDP	万元/人	>4	≤4	≤2	≤0.6	≤0.3	≤0.15
人口密度	人/km²	≤100	≤200	≤800	≤1 500	≤3 000	3 000
>25°坡耕地比例	—	≤5	≤10	≤25	≤30	≤50	>50
土壤侵蚀模数	t/(km²·a)	≤500	≤2 500	≤5 000	≤8 000	≤15 000	>15 000
化肥施用水平	kg/hm²	≤90	≤225	≤500	≤600	≤800	>800
单位面积 COD 入湖负荷	kg/(hm²·a)	≤2 000	≤3 000	≤5 000	≤8 000	≤10 000	>10 000
单位面积 TN 入湖负荷	kg/(hm²·a)	≤600	≤800	≤1 200	≤2 000	≤3 000	>3 000
单位面积 TP 入湖负荷	kg/(hm²·a)	≤30	≤50	≤100	≤200	≤300	>300
III类以上水质比例	%	100	≥90	≥80	≥60	≥40	≥20
富营养化状态指数	—	≤30	≤40	≤50	≤60	≤70	>70
有毒有机污染物	—	未检出	检出但达标	个别指标偶见超标	个别指标超标	部分指标超标	大部分指标超标
生物多样性指数	—	≥4.5	≥3	≥2	≥1	≥0.5	<0.5
水华发生频率	—	未发生	极鲜发生	少数支流（水域）偶见发生	少数支流（水域）时有发生	多数支流（水域）时有发生	多数支流（水域）经常发生
受影响水源地比例	%	0	≤5	≤10	≤25	≤50	>50
鱼体残毒检测达标率	%	100	≥95	≥90	≥75	≥50	<50
堆积型（或平坝型）消落带面积比例	%	≤5	≤10	≤25	≤50	≤75	>75
化工企业事故风险	—	极小	小	一般	较大	大	极大
水上化学品运输事故风险	—	极小	小	一般	较大	大	极大

6.5.5　洪湖生态安全评估结论

参照国内外相关文献、官方网站公布的数据、技术导则、国内国家级报告等相关资料，重点参考中国环境科学研究院等于 2012 年出版的《湖泊生态安全调查与评估》，同时结合洪湖流域实际情况，根据表 6.29 中各个指标对洪湖进行数据收集，并对其进行打分。

采用层次分析法（AHP）进行权重赋值。通过邀请专家两两比较构造判别矩阵，进而计算层次单排序和总排序，检验判别矩阵的一致性及群组决策一致性，最终采用加权几何平均综合排序向量计算得到各评价因子相对于目标层权重，评分和权重参照表 6.29。

按照式（6.15）计算生态安全综合指数，计算结果见表 6.30。

其中，">25°坡耕地比例"数据由国土资源局提供，"土壤侵蚀模数"数据参见《"人-自然"耦合下土壤侵蚀时空演变及其防治区划应用——以湖北省为例》中的结论："江汉平原区域除了部分丘陵区大多基本是无侵蚀区域"，评分为 6。根据洪湖 2015 年水质类别汇总表（表 6.25）计算得到洪湖III类以上（含III类）水质比例为 63%，营养状态指数年均值为 46.3。

表 6.30　洪湖生态安全指标体系权重和评分

目标层	方案层	权重	评价因子	单位	权重	现状数据	评分
洪湖生态安全	驱动力指标	0.15	人均 GDP	万元/人	0.015	2.74	5
			人口密度	人/km²	0.015	563	4
			>25°坡耕地比例	—	0.075	6.3%	5
			土壤侵蚀模数	t/(km²·a)	0.045	<500	6
	压力指标	0.25	化肥施用水平	kg/hm²	0.121	268	4
			单位面积 COD 入湖负荷	kg/(hm²·a)	0.040	6 298	3
			单位面积 TN 入湖负荷	kg/(hm²·a)	0.033	1 229	4
			单位面积 TP 入湖负荷	kg/(hm²·a)	0.056	189	3
	状态指标	0.25	III 类以上水质比例	%	0.031	63	3
			富营养化状态指数	—	0.094	46.3	4
			有毒有机污染物	—	0.031	未检出	6
			生物多样性指数	—	0.094	1.94	3
	响应指标	0.2	水华发生频率	—	0.115	未发生	6
			受影响水源地比例	%	0.057	0	6
			鱼体残毒检测达标率	%	0.028	100	6
	风险指标	0.15	堆积型（或平坝型）消落带面积比例	%	0.090	3.1	6
			化工企业事故风险	—	0.030	极小	6
			水上化学品运输事故风险	—	0.030	极小	6

根据表 6.30 中的评分和权重计算生态安全综合指数，由于洪湖和洞庭湖均属于东部湖区，且两湖地理位置和环境接近，根据《湖泊生态安全调查与评估》，可以选择洞庭湖的 A 值作为洪湖计算 SESI 的修正系数，$A = 0.716$，具体见表 6.31，雷达示意图见图 6.6。

表 6.31　洪湖生态安全综合评价结果

方案层	驱动力	压力	状态	响应	风险	合计
指标数	4	4	4	3	3	18
加权计算结果	0.13	0.145	0.156	0.2	0.15	0.781
	ESI×100					78.1
$A = 0.716$	IESI = A×ESI×100					55.9

洪湖 2015 年生态安全综合评估结果为安全（78.1），处于安全的初级阶段。2013 年湖北大学以 2012 年的基础数据，在调研、分析评估基础完成了《洪湖生态环境基线调查与生态安全评估报告》，经分析评价，报告结论为：2012 年洪湖生态安全指数为 94.81（附表 8），总体处于很安全状态。相比于 2012 年洪湖生态安全综合评价降了一级，虽仍处于安全界限内，但计算结果显示其有恶化的趋势，洪湖的压力指标分值最低，表明洪湖流域范围内 COD、TN、

TP 负荷高；其次为状态指标，表明洪湖流域水质下降严重，且生物多样性受到一定威胁。可见，保护洪湖生态安全的关键在于降低流域污染物质的负荷，保证水体不受污染，保证生物多样性处于稳定状态。

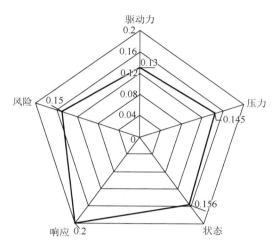

图 6.6　洪湖方案层评估结果雷达示意图

6.6　小　　结

2015 年洪湖生态安全状况评估中洪湖生态系统健康指数为 73.88，生态系统健康状态为"好"，相比于 2012 年的生态系统健康状态的"很好"，下降了一个等级。

洪湖生态服务功能状态总分为 76.7，生态服务功能总体处于"好"的状态，但生态服务功能呈下降趋势，已接近"好"的下线；洪湖流域社会经济活动对洪湖生态影响评估分值为 56.82，社会经济活动对洪湖的影响为"一般"，且处于"一般"的末端，相比于 2012 年洪湖的社会压力指数得分 78.44，社会经济活动对洪湖的影响"较轻"，下降了一个等级，可见社会经济活动的压力愈发严重；洪湖生态灾变综合评分为 1.25，灾害级别为"轻灾"，相比于 2012 年洪湖生态灾变指数 1.0，"轻灾"，分级虽未变化，但灾变压力愈发严重。

在湖泊水生态健康评估、生态服务功能评估、人类活动影响评估及灾害调查评估的基础上对生态安全综合评估的指标进行优选，最终 2015 年洪湖的生态安全综合评估的得分为 78.1，处于安全的初级阶段，相比于 2012 年的生态安全指数 94.81（很安全），降了一级，虽仍处于安全界线内，但有明显恶化的趋势，需引起注意。

第 7 章　洪湖生态环境主要问题、任务及对策建议

7.1　流域主要生态环境问题

　　随着社会经济的发展和人口的急剧增加，围绕洪湖开展的活动越来越多，对洪湖流域的生态环境造成了极大破坏。20 世纪 50 年代开始，先后进行了三次大规模的围湖造田活动，并且大修水利设施。大规模的围湖造田、筑堤建垸和兴修水利严重地改变了洪湖湖区的土地利用/土地覆盖类型，导致了洪湖湖泊湿地面积锐减，使湖泊湿地生态环境遭受极大的冲击与破坏，水生态系统结构趋于简单而不稳定。80 年代以后，由于不再实施围湖造田政策，湖泊水域面积急剧减少的趋势得到遏制，至 90 年代后，湖泊面积基本上无显著变化。

　　此外，农业污染与工业、生活污染的叠加，是流域生态环境恶化的又一大原因。通过对洪湖流域内各主要水体的监测和分析，发现其中两大主要湖泊洪湖和长湖局部均受到不同程度的污染，除洪湖在实施保护和防治措施后，水质得到明显的改善外，其余受污染水体的水质未得到改善，部分河流水质反而恶化，亟待治理。洪湖流域内的深层地下水水质尚好，但浅层地下水已受到污染，达不到饮用水标准，这主要是由于农业面源和工业、生活污染源的排放，这些受污染的地表水与浅层地下水直接水力联系，交替频繁，引发对浅层地下水的污染。而且工业园区经济发展较快，但部分地区缺乏统一规划，布局不合理，污染治理设施建设滞后，某些企业的废水、废气、废渣等"三废"超标排放，对周边农村地区环境质量造成很大威胁。

　　近年洪湖流域农村地区的畜禽养殖业发展迅猛，且发展规模有不断增加的趋势。畜牧业生产方式由农户散养转为专业大户、规模场、养殖小区。由于规模化畜禽养殖场多分布于城市周边和近郊，养殖业与种植业分离，畜禽粪便没有足够的土地消纳，畜禽粪便资源不能得到有效利用，成为了环境的一大污染源。

　　洪湖流域是湖北省重要的农产品生产基地，使得洪湖流域化肥的投入达到 268 kg/hm^2。多余的化肥通过雨水冲刷进入湖泊水体，导致水体氮磷浓度升高，引发富营养化。此外，洪湖流域自古以来就是鱼米之乡，水产养殖十分发达。但水产养殖过程中需要投加大量饵料，加重了湖河渠道水体的富营养化。使得湖泊的调洪蓄洪能力大大减弱，湿地水禽的种类、数量明显减少。乡村河道水花生等水生杂草泛滥成灾、堵塞严重、腐烂沉积，水生态退化严重。

　　环境基础设施相对滞后是洪湖流域污染的另一原因。目前，洪湖流域农村人口 167.48 万人，共有 70 个乡（镇、办事处、农场）。初步估算，农村生活污水年排放量达到 4 901.04 万 t，COD 排放量达 10 047.12 t。但大部分农村地区的生活污水至今也未能得到有效处理，直排入湖，对水体造成很大污染。农村生活垃圾也未经严格处置，一般堆放于房前屋后、坑边路旁，无人负责收集与处理。生活污水和垃圾的处理不力，对农村地区的环境质量造成极坏的影响，甚至导致疾病的发生。

7.1.1　流域水环境问题

20 世纪 80 年代以前，洪湖水质基本上为 I-II 类水质；80～90 年代，水质基本上为 II 类水质；2000 年后，洪湖围网养殖泛滥，水质恶化严重。之后虽然经历了 2005、2014 年两次大的拆围行动，但并没有从根本上解决洪湖围网养殖问题，水质状况依旧堪忧。

洪湖流域其他水体水质状况也不容乐观。近年来，四湖总干渠水质监测结果都是 IV-V 类水质，螺山干渠水质为 V 类水质，监新河火把堤水质近年评价为劣 V 类，其他河流水质也呈下降趋势。

（1）流域点源污染。近几十年来，流域内工业化生产发展迅速，年排放工业废水数亿吨，而且随着城镇化进程的加速，城镇生活垃圾和城镇生活污水也大量增加，入湖生活废水量猛增。根据洪湖流域各县市的统计年鉴及相关资料进行计算，2015 年洪湖流域主要污染物入湖情况，COD 为 46 664.26 t，TN 为 9 085.90 t，TP 为 1 388.83 t，NH_3-N 为 5 888.74 t。虽然工业污水处理收集系统等环保基础设施建设有所提高，但工业废水难处理性依旧导致大量工业废水排入河流，对洪湖流域的生态系统造成污染。

（2）流域面源污染。洪湖流域的面源污染主要有农村生活污水、农业种植、分散式畜禽养殖、水产养殖等污染源，随着近年来各方对洪湖流域点源污染的治理与控制，面源污染在水体污染中所占的比例不断增加，贡献率超过 80%。面源污染占比最大的是种植业污染，其产生的主要途径是化肥流失。洪湖流域的农田有 322.44 khm²，2015 年施化肥约 194 591.71 t，每年因农村种植业产生的污染物入湖量 COD 约为 11 290.60 t，TN 约为 2 492.98 t，TP 约为 424.28 t，农业种植业是 TN 入湖量的最大来源，占比为 39.8%。分散式畜禽养殖业为洪湖流域 TP 入湖量的最大贡献者，年入 704 吨，TP 污染物负荷分担率为 50.69%。洪湖流域的水产养殖总面积为 50 004.63 hm²，主要集中在监利县，水产养殖业污染是 COD 入湖量最大的来源，年入 11 967.6 t，污染物负荷分担率为 25.65%。农业面源污染加速了洪湖水域的富营养化，降低了该水体的功能，使得洪湖湿地生态系统遭到了破坏。

（3）湖泊面积萎缩，调蓄洪能力下降。从 20 世纪 50 年代末开始，洪湖人口和经济不断发展，为了解决湖区粮食问题和缓解洪湖水患之苦，人们在湖区先后进行了三次大规模的围湖造田活动，并且大修水利设施，洪湖湖泊湿地面积锐减。洪湖湖面面积从 20 世纪 50 年代的 760 km² 到 2015 年 348 km²，减少了 402 km²。面积只有 1950 年的 45.8%。大规模的围湖造田、筑堤建垸和兴修水利使得洪湖湖泊湿地面积锐减，生态空间遭到压缩，湖-陆生态联系遭到分割，严重改变了洪湖湖区的土地利用和土地覆盖类型。另外，由于湖面上生产规模扩大，人类活动增加，再加上大面积高密度的围网养殖使得水体流动受限，以及水利工程的年久失修导致湖水交换量小，从而造成湖里沉积物增多，湖底淤塞。由于这些原因，洪湖对洪水的调蓄功能大大降低，也增加了水旱灾害发生的频率。

7.1.2　流域水生态问题

由于人类对洪湖资源的不合理的开发利用，加之连绵不断的围网阻碍水体的流动，而且由于历史原因，对洪湖进行了江湖阻隔，造成其天然径流减少，水体置换频率下降。由于洪湖周围的点源、面源污染，使得洪湖水体污染，呈现富营养化的状态，局部地区出现沼泽化的趋势，因而使得水生植物种类减少，水体生物多样性降低。这些因素削弱了洪湖湿地的自净能力，减少了洪湖的环境容量，破坏了洪湖生态系统的稳定性。

（1）种类变少。资料显示，20 世纪中期，四湖流域鸟类有 100 多种，水生植物 50 多种，到 2004 年冬季调查仅记录到鸟类 30 余种，而短嘴天鹅、赤嘴潜鸭、白头颈尾鸭、灰鹤、鸳鸯、中华沙秋鸭等珍稀鸟类，从 20 世纪 90 年代开始均未发现；鸿雁、兰雁等雁属鸟类由 60 年代的丰富物种变为现在的少见物种。水生植物到现在已有 6 个物种消失，7 个群丛类型消失，尤其是水生高等植物种类减少很为明显，一些对水分要求较高的挺水和湿身植物，如芦苇、荻、棕苔、白菖蒲等逐渐消亡。鱼类减少的现象也较为明显，从未经江湖隔断时的资料推断，应有鱼类 90 种左右，目前仅有 50 余种，种群逐渐贫乏，结构趋于单一。

（2）个体变小。由于人类活动的影响，生物个体趋于小型化。从目前洪湖流域猎获的鸟类来看，20 世纪 60 年代占主要地位的鸿雁、豆雁、灰雁、白额雁等平均体重超过 2 500g 的大型物种已经很少了，多数为平均体重 800g 左右的骨顶鸡以及更小的平均体重 112g 的扇尾沙锥。随着流域环境的改变，植株高度在 1 m 以上的物种正在逐渐消失，新出现的车前、半山莲，高度都不超过 50 cm，适应低湿农田环境的湿生植物有取代高秆的苇、荻的趋势。鱼类出现小型化的现象也很严重，1959～1964 年，渔获物主要以大、中型鱼类为主，占 46.0%，目前小型鱼类共占渔获量的 89.9%，而鲤、乌鳢和鳜等大、中型鱼类仍仅占 6.7%。

（3）生物量减少。由于洪湖流域水面大幅缩减，以及渔民的酷捕滥渔，流域的生物量也急剧减少。与 1985 年相比，水生植被覆盖率降低了 54.85%，其中面积丧失最严重的是挺水植被与浮水植被。水生高等植物中除沉水植物微齿眼子菜的生物量大大超过从前外，其他种类，尤其是水生经济植物的生物量则远不如从前。鱼的产量也大为下降，1950～1959 年十年，年均产量 10 145 t，1980 年代年均产量下降到不足 3 500 t，比 1950 年代减产 66%。在洪湖栖息的水禽生物量也大幅减少，每年来洪湖过冬的候鸟一度由数万只锐减到不足 2 000 只。20 世纪 80 年代初，浮游植物生物量的年平均值为 2.437 6 mg/L，至 90 年代初，其生物量为 1.24 mg/L，生物量减少了近 50%。

7.1.3　环境基础设施问题

目前，农村面源污染在各种污染源中占据的比例越来越大，然而农村环保投入严重不足，加之农村环保监管机构缺失，法律法规不健全，环保工作人员缺少，基层环保执法能力薄弱，同时也缺乏有效的投融资机制和政策，使得城乡环境基础设施建设严重滞后，大量的不达标污水排入河、湖水体，成为地表水主要的污染源之一。

虽然通过国家和地方不断努力，特别是随着农村饮水安全工程规划的实施，解决了部分农村地区饮水安全问题，但由于流域内农村人口主要饮用分散式饮用水源，水源地水质多数未经处理，细菌超标、污染物超标等水质不达标问题突出，同时，洪湖流域为血吸虫病重疫区，农村居民取水条件较差，导致农村饮水不安全人数较多，荆州市农村安全饮水率仅 30% 左右。虽然城镇供水主要来自集中式供水水源地，但由于长江、汉江干流沿岸城市排污等影响，城市水源地水质状况也不容乐观。

7.1.4　环保治理资金保障不足

在 2014 年 12 月洪湖湿地被正式确定为洪湖国家级自然保护区以前，洪湖生态保护资金主要靠各级财政投入，尽管 2005 年湖北省委员会、湖北省人民政府提出抢救性保护，对洪湖超面积围网实施拆除，但地方财力有限，资金缺口较大，渔民的安置问题无法得到有效解决，生产、生活方式也没有得到有效提升，导致洪湖治理成效出现反弹，很多已批复的项目在执行过程中难以达到预期效果。

7.1.5　管理体制问题

洪湖流域地跨荆州、荆门、潜江三个城市，涉及水利、渔业、农业、环保等管理部门，各地区各部门出于不同的目的而实施不同的管理政策，责任不明，职能不清，许多工作不协调，导致不能形成有效的监管合力，从而影响洪湖流域水环境管理效率。

7.2　流域生态环境防治任务

通过洪湖流域生态安全保护方案的实施，洪湖流域水生态环境得到明显改善，污染防治适用技术得到大范围应用，相关政策措施取得明显成效，农村环境管理制度健全完善，把洪湖流域建设成长江中下游水生态安全保障区、新农村建设、生态文明示范区和湖泊安全保护示范区。

统一协调和控制水环境规划区和各水体的关系，将各规划区内的主要水体按其辖区范围和功能划分为相应的规划控制单元。实现入湖河流水质达到水环境功能区划，并使湖滨缓冲区湿地生态恢复率在 15%以上，流域农村生活污染治理、农业结构调整与污染控制等，实现污染负荷削减 6%。

洪湖省级湿地自然保护区已晋升为国家级自然保护区，列入国际重要湿地名录。应尽早理顺和健全洪湖管理体制，保护区管理局行使相对集中行政处罚权；建立洪湖保护管理协调机制、防洪调度机制、科研合作机制；制定出台洪湖保护管理办法、管理人员行为规范、洪湖渔业生产农药化肥饵料使用标准、旅游污染物排放标准、生活污染物排放标准等，实现洪湖流域经济和生态环境的协调发展，初步摸索出能够减少湿地资源使用量，增加群众收入的生产方法和经营模式。

此外，还应尽快恢复湿地面积，提高保护区植物覆盖率，恢复湿生植物、挺水植物、浮叶植物、沉水植物依次演替的自然景观，科学控制、延缓和努力遏制洪湖沼泽化进程。

7.2.1　农业生产污染控制

1. 水产养殖污染防治

（1）实施湖内撤围和退垸还湖。

围湖养殖不仅是湖体水质恶化最直接、最重要的原因之一，而且对湖内自然生态系统造成严重破坏，使生物多样性降低。近期以湖内围网养殖撤围为主，将洪湖围网养殖全部拆除，规定从2017年元月开始，洪湖禁止任何形式的渔业围网养殖行为，实现洪湖保护区"围网拆除一亩不留，渔民上岸一户不漏，设施撤离一处不剩"，确保洪湖进入休养生息的阶段。本调查团队于2017年5月的实地调研发现洪湖湖面上的竹竿、水泥柱等全部拆除或折断，但行船过程中，发现部分淹没在水底的地笼等渔具仍留在湖底，影响水体流动和水生生物的自由繁衍生息。渔民的撤离和围网的拆除势必会减轻洪湖水体的污染压力，但残留在湖底的渔具、渔民生活垃圾的分解仍需很长时间。

与此同时，撤围应与退垸还湖工程相配合，恢复沿岸植物群落，逐步恢复湖泊自然生态系统的功能，恢复湖滨带的污染物拦截作用，确保洪湖水质安全。

（2）推广清水养殖。

"清水养殖"是洪湖流域已有的一种较为成功的养殖模式，需要进一步优化和推广。清水养殖在提高水产品质量，满足食品安全的同时，可以减少饵、药投入，保护水体环境，只要做到优质优价，清水养殖可以提升洪湖流域的养殖水平和养殖收益。因此，清水养殖应成为洪湖流域水产养殖的主要方向，应通过制定有关政策来加强推广工作。

尽快制定统一的清水养殖标准和技术规程。清水养殖的水质应该达到国家地表水环境质量Ⅲ类水质标准，并参考A级绿色食品标准制定养殖技术规程。清水养殖的自然生态环境要清新优良，无任何污染，水源要丰富，而且确保长年流水不断。卫生指标应优于国家《无公害食品淡水养殖用水水质》（NY 5051—2001）。

对清水养殖技术进行示范推广。选择有基础、懂技术、环保意识好的养殖大户或者养殖场作为扶持对象，派驻科技特派员，通过技术培训、协助寻找市场、资金等扶持措施，指导养殖大户采用清水养殖技术，通过参观、学习、培训等方式，对示范成果进行宣传推广，引导其他水产养殖户采用清水养殖技术。探索推行企业＋技术人员＋养殖户的组织模式，形成饵料加工-养殖-销售一体化的供产销经营体系，增加经济效益的同时，提升环境效益。

（3）健全渔业管理制度。

湖泊内适度规模的养殖和捕捞不仅可以增加水产品产量，满足人类食物需求，而且有利于提高湖泊生态系统的生物多样性，并被证明有助于改善水质。

建立捕捞许可证制度，推进有序养殖。洪湖应划定休渔期，只允许在开渔期适度捕捞，严格控制捕捞船的数量和网眼大小，通过发放捕捞证收取一定费用，对撤围下来的没有其他经济来源的养殖户减免一定费用。洪湖完全撤围后，由洪湖管理局定期实施人工投放鱼苗，严格选择投放的品种，并科学计算投放量，进行自然放养，同时在长江汛期进行灌江纳苗，补充洪湖鱼种，增加生物多样性；禁止围网养殖和网箱养殖，不得投放人工饵药。

2. 种植业污染防治

防治种植业面源污染主要从"源头控制"和"过程阻断"着手。推广测土配方施肥和新型缓释肥，采用病虫害综合防治技术，开展秸秆资源化利用。通过减少农膜用量或者使用可重复利用农膜，降低农膜残留污染。充分利用洪湖流域现有垸塘沟渠，建设排水生态沟渠和前置湿地，截留农田排水中的氮磷。近期主要是推广测土配方施肥，秸秆粉碎还田，使用新型缓释肥料。中远期要促进土地流转（可首先在仙洪新农村试验区试点），实现土地规模化经营，降低化肥、农药等投入品总量，提高土地生产效率。

（1）推广测土配方施肥。

进一步加大测土配方施肥的推广力度。结合洪湖流域土壤养分现状和作物营养特性，确定主要作物的测土配方施肥技术，根据作物需肥规律，土壤供肥性能与肥料增产效应，在合理施用有机肥料的基础上，制定氮、磷、钾及中微量元素肥料施用品种、数量、比例、施肥时期和施肥方法。

制定县域施肥方案。建立流域土壤养分空间数据库，基于区域土壤养分状况，综合考虑行政区划、土壤类型、土壤质地、气象资料、种植结构、作物需肥规律等，制作区域性土壤养分空间分布图，明确不同县域的施肥方案，提高肥料使用效率。

设计肥料配方。参考国家《测土配方施肥技术规范（2011 年修订版）》，根据洪湖流域土壤养分含量和作物需肥规律，用各种单质肥料和（或）复混肥料为原料，配制成适合于特定区域、特定作物品种的肥料配方，有针对性地补充作物生长发育所缺的营养元素，使各种养分平衡供应。

科学配肥施肥。向当地农民发放配方建议卡，由农民自行购买各种肥料，配合施用；另外也可由配肥企业按配方加工配方肥，农民购买施用。在农业科技人员的指导下，科学施用配方肥。

（2）促进土地集约利用，提高农用化学品使用效率。

依照法规，扎实推进土地流转和规模经营管理。以《农村土地承包法》《农村土地承包经营权流转管理办法》以及地方有关法律法规为依据，提高土地资源的利用率和产出率，推进农村土地规模经营，实现集约利用，减少化肥、农药等投入品用量。通过编制或修订土地利用规划，发挥规划对土地流转引导促进作用。

探索建立农业土地规模经营试点。建议首先在仙洪新农村试验区开展试点建设，每年安排一定额度的土地流转规模经营专项资金，对规模经营中的基础设施建设和农业产业发展项目给予扶持，加大规模经营主体的信贷支持力度，解决规模经营主体所需生产经营资金。建立健全土地流转机制，建立农村土地流转服务中心，积极为农民流转土地提供中介服务，开展业务指导。健全激励机制，当地政府要进一步加大政策激励力度，调动农户转出土地经营权的积极性。健全补偿机制，统筹兼顾农村各业的发展，不能随意侵占土地规模经营基地，以确保土地规模经营的稳定性。

（3）发展绿色有机农产品生产。

优先在洪湖流域自然条件良好，利于发展有机食品生产的地区建设示范基地。对生产基地环境状况进行全面调查与评估，制定生产基地环境质量控制与保护规划，制定详细的有关生产技术与管理计划，开展生产基地水、土壤、大气环境质量定期监测，制定相关监测标准及技术规范，综合防治病虫害。全面提高农产品质量安全水平，加快安全优质农产品发展，通过实施"无公害食品行动计划"，以农产品质量安全认证为切入点和突破口，示范和推行农业标准化生产和全程质量控制。

（4）加大农机补贴，推进秸秆粉碎还田。

对秸秆还田项目实施补贴。洪湖流域秸秆田间焚烧量占秸秆总产量的 45%，流域内各市区县应充分利用国家的农机补贴政策，推进秸秆粉碎还田，加大秸秆还田补贴力度。对禁烧区内农民实施补贴，补贴标准每亩 60 元，充分调动农民秸秆还田的积极性。制定秸秆禁烧管理办法，在禁烧区焚烧秸秆的，根据情况给予相应处罚，并追究有关人员责任。

结合土地流转和规模经营，推广机械化收获、推进秸秆粉碎还田。实施农机购置补贴，安排专项资金用于秸秆机械化还田补助，流域内各市、区、县应充分利用国家对农机购置补贴的优惠政策，积极争取配套资金，保证补贴资金落实到位，充分发挥财政扶持资金的引导作用，最大限度地调动农民投入的积极性，加大秸秆机械化收获力度。建立秸秆机械化还田示范区（乡镇），通过培训、召开现场会等形式，推广秸秆机械粉碎还田技术。

（5）推广生态沟渠，建设农田面源污染拦截工程。

建成生态拦截沟渠系统。在农田田块间建设一定长度的沟渠，在沟渠中种植植物、设置透水坝、拦截坝等辅助性工程设施，对沟渠水体中氮、磷等物质进行拦截、吸附。充分利用洪湖流域现有垸塘沟渠，进行改造，使之在具有原有排水功能基础上，增加对农田排水中所携带氮磷等养分的吸附截留。加大对淤堵沟渠的疏浚治理力度，在尽量保留原有沟壁植物基础上，根据实际情况人工辅助种植吸附能力较强的植物，增加对污染物拦截能力。有选择性地在水体污染严重地段或沟渠系统末端摆放拦截箱，加强沟渠系统的去污功能。根据不同时期，在生态沟渠中种植不同的植物，如夏季种植空心菜、茭白等，冬季种植水芹等，也可全年在水底种植菹草、马来眼子菜、金鱼藻等沉水植物。利用流域内现有的湿地生态系统，构建前置湿地，通过湿地前置库进行生态过滤，使入湖水质得到改善。

3. 畜禽养殖污染防治

对于规模化畜禽养殖污染，首先要划定规模化畜禽养殖禁养区、限养区和允许养殖区，制定不同养殖类型区的管理要求。加强规模化畜禽养殖场粪便处理或者资源化利用设施建设。对于散养畜禽养殖污染，主要是结合户用沼气池建设，实现畜禽粪便资源化利用。

（1）划定畜禽养殖区域。

根据《畜禽养殖污染防治管理办法》等有关规定，划定畜禽养殖禁养区、限养区和允许养殖区：

禁养区主要包括洪湖流域洪湖、东干渠、西干渠等主要水体沿岸 1 km 与其支流水系沿岸 500m 范围以及水源保护区、城镇建成区。禁止新建规模化畜禽养殖场。原有规模化畜禽养殖场，应逐步搬迁或者关闭。

限养区是禁养区和允许养殖区之间的过渡区域。限定畜禽养殖数量，禁止新建规模化畜禽养殖场；现有的畜禽养殖场应限期治理，污染物处理达到排放要求；无法完成限期治理的，应搬迁或关闭。

允许养殖区是除禁养区、限养区以外区域，是畜禽养殖主要发展区。该区内从事畜禽养殖，应当遵守国家有关建设项目环境保护管理规定，开展环境影响评价。其污染物排放不得超过国家和地方规定的排放标准和总量控制要求。

（2）推进养殖小区建设，防治畜禽养殖污染。

在畜禽产业发展区域，建立一批适度规模的标准化示范场、养殖小区。洪湖流域畜禽养殖发展很快，但主要是分散养殖方式，因此，要渐进有序地开展养殖小区（规模场）建设，降低农户散养规模，同时，引进并消化应用废弃物处理技术，推行标准化无公害生态健康养殖。采取企业、经济合作组织担当主体、政府适当补贴、农民积极参与的方式，在养殖大县大力培育扶持龙头企业和合作社等组织，在养殖专业村，大力推进建立规范化、标准化畜禽养殖小区，带动农民专业化、标准化养殖，逐步使畜禽养殖从低水平、分散性养殖向规模化、集约化养殖发展。新建规模化畜禽养殖场要严格执行环境影响评价和"三同时"制度。在养殖小区积极推广生态养殖技术，实行雨污分流、清洁生产、干湿分离，实现畜禽粪便能源化、肥料化利用，加快推进规模化畜禽养殖场和养殖小区的污染治理。根据种植业土地面积，确定适宜的养殖规模。

畜禽散养户推广沼气。对分散养殖户，结合户用沼气池建设，大力发展"养殖业-沼气-种植业"的农业循环经济模式，通过农村户用沼气池建设对养殖粪污进行处理。特别是在不适宜建联户沼气池的居住较为分散村庄，要推广户用沼气池建设，处理散养畜禽粪便的污染。

（3）推广生态养殖和废弃物综合利用技术。

发展养殖废弃物综合利用和以沼气工程为主的农业循环经济。在散养高密度区域通过建立畜禽粪便收集处理中心，利用畜禽粪便稳步发展有机肥料厂，生产有机肥。农村户用沼气池建设与农户"改水、改厕、改圈、改厨"相结合，推广"养殖业-沼气-种植业"等能源生态模式，开展沼气、沼液和沼渣综合利用，实现畜禽养殖废弃物资源化利用和零污染排放。加快推广清洁养殖模式，主要包括：150 养猪模式、452 肉鸡养殖模式、蛋鸭 325模式等。

7.2.2　城乡人居环境生活污染治理

1. 生活污水处理

对城镇生活污水的治理主要采取统一规划，集中处理的措施。农村地区生活污水的处理应因地制宜，采取集中和分散相结合的治理模式，特别是应充分利用洪湖流域农村地区广泛分布的河塘沟渠，建立湿地等生态工程进行处理。

1）城镇生活污水处理

截至 2012 年，荆州市城区建成污水处理厂 4 座，已相继投入运行。洪湖流域主要乡镇污水处理厂建设全面启动，省政府投资 1 亿元，建成 16 个乡镇污水处理厂。但目前运营的污水处理厂大多存在污水收集管网不配套、未完全实行雨污分流等问题，生活污水实际处理率较低。

推动洪湖流域的县级以上中心城区生活污水治理工作，至 2015 年，均应建成规范化的污水集中处理厂和完善的污水收集管网。沙市区、监利县、江陵县中心城区污水处理厂必须配套建设污水收集管网，避免出现污水处理厂处理量不足的问题。荆州市中心城区、洪湖市、潜江市中心城区依据污水排放量增长按需求增建污水处理设施，重点是完善配套已建污水处理厂的污水收集管网，实现排水系统雨污分流，提高污水集中处理率。

积极推进重点乡镇污水集中处理设施建设步伐。近期，支持部分乡镇建成生活污水集中处理厂，采用成熟可靠的氧化沟法处理工艺，具有土地资源的乡镇可选择人工湿地和氧化塘工艺，使乡镇生活污水处理率达 50%。至 2020 年，大力推动乡镇生活污水的规范化治理工作，新增污水集中处理能力 4 万 t/d 以上，乡镇污水处理率达到 80%。

2）农村生活污水处理

根据《湖北省污染源普查报告》，洪湖流域内农村生活污水排放大于城镇生活污水排放量，洪湖流域的农村生活污水处理不容忽视。采取分散或相对集中、生物或土地等多种处理方式，因地制宜开展农村生活污水处理。在重要饮用水水源地周边、村庄规模大，人口密集的村镇，应建设污水集中收集处理设施，大力推广使用无磷洗衣粉，通过立法禁止使用含磷洗衣粉，禁止磷酸盐排入水体。位于城市周边地区的村镇，建议延伸城市生活污水收集管网，将污水纳入城市污水处理厂，统一处理。对居住比较分散、经济条件较差村庄的生活污水，可采用净化沼气池、小型人工湿地等低成本、易管理的方式进行分散处理。同时结合农村净化沼气池建设与改厕、改厨、改圈建设，逐步提高农村生活污水综合处理率。至 2020 年，新增农村生活污水处理能力 10 万 t 以上，使村庄生活污水处理率达 50%。

2. 生活垃圾收集处理

1）城镇生活垃圾收集处理

目前，洪湖流域内仅有荆州市中心城区、潜江市建有生活垃圾收集处理设施。荆州市中心城区建有日处理垃圾 80 t 的堆肥处理场和日处理垃圾 100 t 的填埋场，垃圾无害化处理量为 180 t/d，处理率 2.80%，潜江市建有日处理生活垃圾 340 t 的填埋场，总库容 248 万 m³，用改良型厌氧卫生填埋处理工艺和堆山造景工艺。其他县级以上的中心城区和乡镇均未建设规范的无害化垃圾处理设施，垃圾简易填埋等处理方式造成其中污染物随地表径流冲刷入水体，影响洪湖流域水环境质量。根据《湖北省污染源普查报告》，洪湖流域共排放生活垃圾 153.8 万 t，其中城镇生活垃圾排放量 67.5 万 t，农村生活垃圾排放量 86.3 万 t。参照洪湖流域目前垃圾无害化处理能力，处理率 12% 左右，远不能达到生活垃圾无害化处理目标。

在洪湖流域加快生活垃圾处理场的建设步伐，推进县以上城区建成生活垃圾处理场，近期分别在洪湖市、江陵县、监利县、荆州市中心城区建设至少 5 座无害化垃圾处理场及 10 座垃圾转运站，新增生活垃圾无害化处理能力 40 万 t/a 以上。

完善城镇垃圾收集系统，垃圾收集方式以垃圾桶定点收集方式为主，逐步实现垃圾袋装化和垃圾分类收集。在分类收集的基础上，城镇生活垃圾提高综合回收利用效率。规划在充分利用目前已有的废品回收站点基础上，建设集中规模化废旧物资分拣集散加工中心，负责废旧物资的集中清洗、处理和加工。要求各乡镇、办事处在规划期均至少建设一座废旧物资回收站，对资源垃圾进行分类收购和集中收集，同时要求回收站承担各区、镇废旧电子电器的收集任务。

2）农村生活垃圾收集处理

目前，洪湖农村地区村镇生活垃圾收运率不足 30%，村镇生活垃圾无害化处理率低于 10%，村镇生活垃圾治理设施急需加快建设。根据洪湖农村实际情况，建议实行"户分类、村收集、镇转运、县处理"的垃圾收集转运处理模式，提倡资源化利用或纳入镇级以上处置系统集中处理。实现定点存放、统一收集、定时清理、集中处置，提高农村生活垃圾收集率、清运率和处理率。在经济基础较差、交通不便的乡镇可采取堆肥或简易填埋；有条件地区应进行无害化处理，或纳入乡镇集中处置系统；组织当地农民群众对历史积存垃圾进行专项清理。同时在农村推广沼气工程，将农村的作物秸秆、粪便、垃圾等污染物送入沼气池中，改善农村的卫生条件和生活环境。到 2020 年，村镇生活垃圾收运率达 100%，村镇生活垃圾无害化处理率达 90%。

7.2.3　实施水土环境生态修复

1. 湿地生态修复

加强洪湖湿地的生态保护和恢复,充分发挥湿地的生态功能,促进湿地生物多样性恢复,同时改善和丰富流域湖泊及河流的滨岸景观。在湖滨、入湖河流自然堤岸等地区,加强生境改造、生态护坡或自然堤岸建设、建设生物墙、生态廊道等。通过生态修复,逐步把洪湖、长湖建成集自然保护、科研教学、旅游休闲于一体的湿地生态保护示范区。

1）植被恢复

根据洪湖湖滨带分布特征,构建湖滨带防浪林和湖滨带防护林建设,同时依托湖堤种植绿化带。为有效地削减湖滨带的面源污染输入量以及恢复湖滨带植被,在有湖滨带农田区域设置农田径流氮磷生态拦截沟渠,对沟渠水体中氮、磷等物质进行拦截、吸附净化水质。

湖心水质恢复。通过微生物和藻类调控水质,重建和改造沉水植物群落来改善和保持湖心水域水质。禁止网箱养鱼,采用微生物制剂、水生植物浮床、生物操纵等技术提高透明度。通过有害物种移除（金鱼藻等）和先锋物种栽培等措施在深水区恢复沉水植物群落。

实施重点生态修复工程。包括洪狮垸生态芦苇荡建设工程、子贝洲-土地湖-小港沿线水生植物生态修复工程、洪湖总干渠入湖口人工湿地工程。在洪湖全部湖区实施动植物自然繁衍,进行湖泊生态系统修复,人工措施为辅,使得湖泊生态系统恢复到 20 世纪 80 年代初期水平。根据洪湖、长江水位关系,选取适当时机进行灌江纳苗,使得洪湖的洄游性鱼类、经济鱼类种群得到恢复,促进洪湖生态系统的结构、功能恢复。

2）底泥疏浚

在洪湖淤积比较严重的新堤排水河入湖口等地,实施湖底清淤,将其土方用于加固围堤堤身平台,增强防洪能力,解决湖区取土难的问题。同时移出部分淤泥,改善水质,增加湖泊调蓄能力;改善行洪通道和航运条件;结合退田还湖,在易围垦的地段,开挖深水道,使围湖垦殖失去支撑,起固定湖泊面积的作用。结合围堤加固取土需要,完成环湖水道。

3）生态引水

在满足洪湖防洪调度运用方案的基础上,利用现有洪湖新堤大闸,在江鱼洄游、苗化期择机对洪湖进行生态补水,达到灌江纳苗,补充洪湖生物量（多样性）,兼顾释污的目的。引水通过洪湖新堤大闸自流入洪湖,洪湖新堤大闸位于长江左岸。引水流量大小和引水时间长短视洪湖当时水位情况控制。

2. 河道水环境综合治理

加强东荆河、内荆河、洪排河等主要河流的治理,采用截污、清淤、换水等工程手段,改善重点水域环境质量。通过实行"两清一建"（清理淤泥、疏通水系;清理垃圾、改善环境;建立长效管理制度,巩固成果）,改善河道水质,恢复和强化河道生态功能。

1）河道治理

加大六大干渠水环境治理力度。六大干渠指总干渠、西干渠、东干渠、田关河、洪排河和螺山干渠。通过疏挖干渠保障河道排水通畅,降低总干渠上段和西干渠、东干渠洪涝水位,缓解中区福田寺以上区域的防洪排涝压力，同时进行河道清淤，修复河道干渠水环境。疏浚总干渠、西干渠、东干渠高场以下段和洪排河半路堤-福田寺段，完成田关河整治和下内荆河涿头沟裁弯取直工程。完成下内荆河疏挖整治，疏浚田关河、洪排河福田寺-高潭口段和螺山干渠。

荆州水系水环境治理。荆州城区水系是洪湖流域水系的一部分，是荆州城区主要的纳污水体，城区污水通过护城河、荆沙河、荆襄河、豉湖渠和西干渠汇流，进入下游。荆州城区水系的治理范围为护城河和荆沙河，整治内容包括城区水系生态补水；护城河景观生态建设，包括九龙洲公园水域和护城河小北门至马河段，九龙洲公园水域以造景为主，兼顾水体污染修复；护城河小北门至马河段主要通过修复水生态系统，重建景观和改善河流水质；荆沙河生态修复。

2）河道生态引水

通过引清调度，恢复河流的连续性和流动性，提高水环境容量。针对沙市区水体污染严重，城区排水改流豉湖进入总干渠，限制总干渠和西干渠流动性的问题，规划长湖-洪湖区间以长湖为中心进行引清调度，由长湖保障生态供水，水量不足时，通过江湖联通进行外江补水。近期在维持流域现有工程布局的基础上，通过从沮漳河和汉江向长湖引水，由习家口闸向总干渠放水；中远期兴建引江济汉和雷家垱闸等工程，使长江、长湖和西干渠连成一体，解决总干渠和西干渠水体流动不畅问题。

3）河流水环境管理

洪湖流域水质污染严重，生态问题突出，在限排总量的基础上，应强化水环境管理工作。对水资源开发、利用、节约、保护和供水、节水、排水、治污、排污、中水回用等进行一体化管理。在水量方面，需统筹兼顾、综合利用、发挥水资源多种功能；在水质方面，必须减少和消除有害物质进入水环境，加强对水污染防治的监督和管理。加强水源涵养与保育，建设水源涵养林，保证河流、湿地、湖泊的生态环境用水。水环境治理要充分发挥亲水、防洪和旅游功能的结合，重视城市水体保护，强调水环境治理和保护性开发，营造人水和谐氛围。

3. 土壤污染修复示范

1）开展土壤污染调查与监测

开展土壤污染状况评价。江汉平原是国家开展土壤污染调查的重点区域之一。把重污染企业周边、工业遗留或遗弃场地、固体废物集中处理处置场地、采矿区、主要蔬菜基地、污灌区、大型交通干线两侧以及社会关注的环境热点区域作为重点，在全国土壤污染调查工作基础上，开展污染土壤风险评估，确定土壤环境安全等级，建立污染土壤档案。

建立土壤环境质量常规监测制度。对重要地区和人口稠密区的土壤进行长期定点监测，避免土壤进一步污染，防止土壤重金属元素活化，对可能的土壤地球化学灾害进行预测分析。进一步加强对城市郊区、工矿企业区、基本农田保护区等重点区域的土壤环境污染状况的例行监测、产出的主要农产品污染检测及主要灌溉水系水质的监测，为开展土壤污染治理与修复提供科学依据。

2）土壤污染防治与示范

土壤污染综合防治措施。土壤重金属污染具有不可逆性，目前的一些治理方法成本较高，通常通过调整种植品种来加以回避。另外，应加强对重污染企业"三废"治理和排放监管，防止土壤进一步污染。因农民使用农药、化肥不规范等原因造成的农药残留物污染、亚硝酸盐污染，可通过建立完善的农药和化肥的使用制度，尤其要禁止使用剧毒农药来加以防治。根据土壤环境质量现状，开展农业生产环境规划，合理布局农产品生产。

建立土壤污染综合治理试点。在开展土壤环境质量调查评价工作基础上，针对不同土壤污染类型（重金属、农药残留、有机污染等），选取有代表性的典型区开展土壤污染治理试点工作。可在土壤污染比较严重的地区率先建设小规模的修复示范工程，根据当地土壤污染原因与特点，借鉴国内外目前较成熟的技术模式，进行试点研究。

7.2.4　社会经济发展调控

洪湖流域的污染负荷对洪湖生态环境保护压力巨大，洪湖流域的各污染负荷大多超过其环境容量，因此总结国内外湖泊生态保护经验，以资源承载力、水环境容量为约束，以湖泊生态安全保障为目标，结合洪湖流域经济结构现存的问题和洪湖流域社会经济与生态环境的特点，研究适宜的洪湖流域经济社会调控措施，分析洪湖流域经济社会发展的优化模式，提出洪湖流域人口规模和布局、产业结构和空间布局的调控要求，形成洪湖流域经济社会调控方案项目，实施洪湖流域经济、社会发展模式的调控，注重强调绿色洪湖流域和绿色发展、绿色生产和绿色消费，并提出相应可操作项目。

1）产业结构与规模调控

设置水资源消耗和污染物总量限值，控制新建项目质量；调整高水耗、高污染产业类型，淘汰落后产能；探索研究洪湖流域内产业结构优化组合方案。研究洪湖流域内不同产业的环境效应尤其是其单位产品的资源消耗水平和单位产品的水污染物排放水平，确定洪湖流域内现有产业结构及规模下的水资源消耗水平和水污染物排放水平，在此条件下依据洪湖流域水资源承载能力和水环境容量确定合理的产业结构和规模，并据此确定洪湖流域产业发展路径和方案。产业资源消耗水平和环境效应一般用产业单位产出所消耗的资源量和污染物排放量来核算，考虑到洪湖流域产业结构调整和优化控制的根本目的是为了防止洪湖流域水体污染，而资源约束方面最大的要素应该是水资源，因此，进行洪湖流域产业结构优化调控的主要目标，就是要控制洪湖流域产业水资源消耗水平和产业污染物排放水平。

2）产业空间布局调控

立足于洪湖流域，进一步优化区域产业空间布局；加快推进产业集中，提高产业规模化水平。解析洪湖流域产业集中度、产业规模化水平、产业布局等与洪湖流域资源消耗水平与水污染物排放水平之间的关系，在此基础上运用情景分析法研究不同产业集中度、不同产业规模化水平和不同产业布局条件下的资源消耗水平和水污染物排放水平，据此确定洪湖流域合理的产业集中度、产业规模化水平和产业布局方案。

3）资源节约与循环经济调控

研究洪湖流域经济社会系统尤其是经济系统的资源生产力和生态效率，确定单位经济产出的资源消耗水平，识别洪湖流域资源利用效率较低的主要环节，并探讨造成这些环节资源利用效率低下的原因，在此基础上从提高资源利用效率的角度提出实现洪湖流域资源节约和循环利用的途径和方案。

7.2.5　环境监管能力建设

1. 加强环境监测体系建设

1）加强各级监测站标准化建设

根据《全国环境监测站建设标准》完善城乡环境监测网，重点建设二级站，逐步加强三级站，从仪器设备、人员素质和管理水平三个方面加强各级环境监测站能力建设。重点加强农村水环境和土壤环境监测。荆州市、潜江市、洪湖市、监利县环境监测站均按照二级站标准建设配置，配备常规监测仪器、应急监测仪器、水质自动监测系统、数据传输分析信息系统、采样交通工具等。江陵县环境监测站按照三级站标准建设，配置常规监测仪器及应急监测仪器。

二级站形成对重点污染源和环境质量定期监测以及对监测成果的综合利用能力，对各三级站加强业务考核和技术指导；三级站根据所在地城市规模、经济发展水平、环境状况以及监测任务需要逐步加强建设。至少每两年开展一次监测人员业务培训，通过各种途径提高监测人员业务水平。

2）完善面源污染监测体系

通过延伸已有监测网络、扩展功能，尽快建立完善面源污染监测网络，提升面源污染的监控能力，以荆州市环境保护监测站为主体，联合潜江市、江陵县、监利县和洪湖市环境监测单位，形成洪湖流域水环境监测网络。在洪湖流域主要湖泊、河流汇水口附近和县级行政辖区进出水断面优化布设监测点，掌握水质状况。在洪湖水域至少设置 8 个省控水质监测点，主要河流汇水口和行政分界处均应设置省控水质监测断面。在污染源集中分布的重点区域，加密布设水体和土壤监测点。对基本农田、菜篮子基地等农产品主要产区，布设土壤监测点，掌握土壤环境状况，保障农产品质量安全。

（1）农业土壤环境质量监测：加强农业土壤环境监测，在洪湖流域主要乡镇的水田、旱田均应设置监测点，于每年夏季和冬季各监测 1 次，重点监测 pH、Hg、As、Cu、Pb、Cr 浓度等指标，对流域农业土壤环境现状进行及时掌握、分析和处理。

（2）种植业及水产养殖排水口监测：洪湖流域内沿长江、汉江、内荆河、东荆河、西荆河等河流水系的排水口均设置监测点，根据种植业及水产养殖排水特点，在每年的秋、冬季对 pH、COD 浓度、NH_3-N 浓度、TN 浓度、TP 浓度等水质参数进行监测。

（3）畜禽养殖污染源监测：在洪湖流域大型规模化畜禽养殖场（生猪存栏 3 000 头以上）排水口及纳污水体设置监测点，每个季度监测一次，全年共 4 次，重点对 pH、COD 浓度、BOD_5 浓度、NH_3-N 浓度、TP 浓度、TN 浓度、粪大肠菌群浓度等指标进行监测。

（4）农村生活污染源监测：对人口规模较大的乡镇和集镇（常住人口 3 万人以上）生活污水及纳污水体进行布点监测，每个季度监测 1 次，重点对 pH、COD 浓度、NH_3-N 浓度、TP 浓度、TN 浓度、石油类浓度、粪大肠菌群浓度等指标进行监测，掌握农村生活污水排放现状及对水质影响。

（5）地下水环境质量监测：在地下饮用水水源的取水口设置监测点，加强地下水环境质量监测，确保饮用水质达标。每个监测点于每月监测 1 次，分别对浅层和深层地下水采样测定水温、pH、DO、COD、NH_3-N、TP、TN、Cu、Zn、F、Se、As、Hg、Cd、Cr^{6+}、Pb、挥发酚、石油类、阴离子表面活性剂、硫化物浓度、粪大肠菌群、SO_4^{2-}、Cl^-、Fe、Mn 等指标。

2. 城乡环境保护监管能力建设

1）充实环境保护机构人员与硬件设施

按照标准化建设的要求，推动荆州市、潜江市、洪湖市、监利县、江陵县环境保护机构建设逐步规范化。荆州市、潜江市、洪湖市、监利县环境监测站均按照二级站标准建设配置，配备常规监测仪器、应急监测仪器、水质自动监测系统、数据传输分析信息系统、采样交通工具等。江陵县环境监测站按照三级战标准建设配置，配置常规监测仪器及应急监测仪器等。各监察机构要定期为监察人员进行培训，鼓励监察人员参加社会上其他相关的在岗学习和培训，以提高监察人员的专业素质。

2）加强环境监管能力

洪湖流域地跨荆州、潜江二市，流域面源污染控制涉及环保、水利、渔业、农业、卫生、林业等多个管理部门，各地区和有关部门的环境管理责任主体不明确，未能形成有效的监管合力，这种跨区域环境监管不到位制约了洪湖流域水环境管理效率。建议建立洪湖流域水环境保护目标责任制和责任追究制度，将洪湖流域水污染整治目标和环境保护目标分解到流域地方政府，纳入流域地方政府干部考核体系，作为组织、人事部门考核干部政绩的依据之一。实行监测数据定期报送制度，各地监测数据定期报送荆州市环境保护监测站，由该站综合分析整理后，分别报送荆州市环境保护局和湖北省环境保护厅。

3）加大应急预警能力建设

加强对突发水污染事件的应对处理能力，按照突发环境污染事件可控性、严重程度、影响范围和紧急程度，突发环境污染事件可分为四级：特大环境污染事故（I）、重大环境污染事故（II）和较大环境污染事故（III），一般环境污染事故（IV）。

针对不同级别的突发性环境污染事件采取不同级别的应急响应。各县市区政府按照有关规定，全面负责属地内突发性水污染事件应急处理工作，并建立环境污染事件应急处理联动体系。III、IV 级应急行动由乡镇政府组织，启动突发环境污染事件的应急预案，III 级应急响应根据污染源的范围由各县市区环保局组织实施，达到 I、II、III 级重特大环境污染事故，必须在 1h 内向湖北省人民政府与环保部门报告，必要时启动更高一级应急处理预案。在更高一级的应急处理预案启动的情况下乡镇级预案自动停止，以避免程序间的冲突和重叠，产生误操作。在更高一级预案启动后，乡镇级的所有参与事故处理的人员和物资、器材皆归上级程序指挥和调动。

突发性重大水污染事件应急处理指挥组为各县市区环保局。下辖应急事故调查组、应急事故监测组、环境污染受理中心，信息收集联络组、专家顾问组及相关网络单位。此外，还要进一步开展农村环境污染事故风险源调查（危险品仓储、工业污染源的污染事故隐患、饮用水源地事故隐患等），建立风险源动态档案及其计算机查询系统，重要的风险源编制污染预防与应急预案。

建议率先在洪湖设立突发水污染事件应急指挥中心，完善应急指挥系统，配备应急装备，制定各种突发环境事件应急预案并进行演习，并逐步扩大环境应急监测预案范围，完善城乡农村地区应急装备的缺口，通过增加人员编制和环境监测车辆、设备等，使农村地区突发环境污染事件在环境监测和污染事故处理方面都得到保证。

3. 信息科技支撑体系建设

建设流域水环境监测数据采集系统，包括：①水环境自动监测网络。完善现有自动监测断面的管理和维护，力争在各区（市）县河流交界断面实现自动监测②重点工业污染源在线监测网络。尚未建立在线监测系统的乡镇重点工业污染企业，规划近期要建成在线监测系统。

建立洪湖流域面源污染监测数据网络、环境信息系统和档案库，形成洪湖流域环境信息管理平台。定期发布洪湖流域水环境信息，在湖北省政府官方网站、重要报纸或期刊上予以公布。建设区（市）县协同调度平台，完成各区（市）县环保局子网的建设，实现协同调度和信息共享，提高环境管理水平及应对突发性环境污染事故的能力。完善环境信息发布系统网络。完善各级环保部门网站；争取实现部分窗口业务的网上办理；实现对重大环境决策的网上公众调查。

7.3　综合治理对策及建议

7.3.1　流域水土资源的优化配置

洪湖流域水土资源的调控目标应以服务于洪湖流域社会经济发展和洪湖流域生态环境保护为前提。通过对洪湖流域内水土资源的调控实现最大限度的发挥洪湖流域水土资源利用的效率，促进洪湖流域产业结构的优化调整与经济发展方式的积极转变，提高洪湖流域生态环境的生态服务功能与自我恢复的能力，形成洪湖流域内以生态系统安全为优先保护目标的洪湖流域社会-经济-环境复合生态系统可持续发展的格局。

水资源优化配置工作应充分利用洪湖水资源保护部分工作的有关成果，对水功能区或控制节点的纳污能力与污染物入河控制量进行分析。对入河污染物量和水资源量进行区域与时间的调配。此外，在进行分区与节点的水量平衡时，应考虑水质因素，即供需分析中的供水应满足不同用水户的水质要求。对不满足水质要求的水量不应计算在供水之中。

土地资源优化配置工作应结合洪湖流域不同区域的生态功能定位、发展方向、发展现状和潜力、资源环境承载能力等，开展土地利用生态适应性分析。对洪湖流域土地利用结构和土地利用布局进行优化配置。例如在洪湖流域水源涵养区，研究清洁水资源综合治理方案。开展森林资源建设和改造工程，扩大森林面积，并对现有生态公益林进行改造，提高水源涵养和水土保持能力，从源头上提供清洁充足的水源；在洪湖流域经济开发区，研究减轻水源污染方案；开展退田还林，开展生态护岸林以及农田林网建设、村镇绿化建设；针对洪湖水体及周边地区，在湖滨带一定范围内，开展生态隔离带建设，洪湖缓冲区建设。

7.3.2　流域内点源污染的治理

严格执行洪湖流域各功能区的环境管制政策，依法完成所有排污单位排污许可证核发工作，对未达到排污许可证规定的企业要实施关、停、并、转。超标排放水污染物的企业逾期未完成的整改的，实行停产整治或依法关闭。严格新建项目环境准入制度，流域内经济发展、城乡建设、资源开发以及旅游、航运等各类项目建设必须实行环境影响评价。严格控制洪湖环湖环境保护区内现有工业点源，对洪湖流域现有工业污染源进行清查，对违反环保法律法规和国家现行产业政策的工业企业一律予以取缔；对环保治理设施不完善、不能稳定达标的工业企业一律实行限期治理，治理仍旧不达标的企业一律关停。对洪湖流域区内已建设投产污染严重的项目，当地政府和环境管理部门应采取限期达标治理、关、停、并、迁的综合措施进行综合整治，实现污染物排放浓度和排放总量双达标，完善总量控制制度，进一步削减污染物排放量。由湖北省环保局制定洪湖水污染物排放总量核定管理办法，逐级下达水污染物总量控制指标及削减额度，以水质目标和总量控制目标的实现与否对各地政府进行考核，确保规划目标的实现。

推行清洁少废生产工艺，调整产业结构，逐步淘汰污染严重的项目或生产线。坚持"以新带老"的技改治理污染原则，做到增产不增污或增产减污，确保实现污染物总量控制目标。分期分批在重点行业推行清洁生产审核工作和 ISO 14000 国际环境管理标准体系，提高环境管理水平，持续改进不断提高对各类污染源的控制水平，减少污染物的排放量。

科学规划畜禽饲养区域，鼓励建设生态养殖场和养殖小区，通过发展沼气和无害化畜禽粪便还田等畜禽粪污综合利用方式，确保达标排放，对目前未能达标排放的规模化畜禽养殖场要抓紧进行治污改造。在洪湖环湖环境保护区 12 个乡镇范围内暂停审批新建、改建、扩建规模化畜禽养殖场，划定畜禽禁养区，全面清理已建畜禽养殖场，限期关闭不能达标排放的规模化畜禽养殖场。在上游集水区推广健康养殖技术、使用安全、高效环保生态型饲料和先进的清粪工艺、饲养管理技术，实现污染"源头控制"。应积极推行种养结合、雨污分离、清洁生产、干湿分离、实现畜禽粪便资源化，推进规模化养殖场的技术改进和污染治理。

7.3.3　流域内面源污染的治理

在洪湖流域内城镇新建、在建污水处理厂必须要配套建设脱氮除磷设施，保证出水水质达到一级排放标准；已建的污水处理厂要完成脱氮除磷改造，出水水质达到规定的排放标准。流域内常住人口 5 000 人以上的集镇必须因地制宜建设污水处理设施或污水处理厂。严格执行城市排水许可制度，加强对排入管网污水的水质监管。城镇垃圾无害化处理场渗滤液必须做到达标排放。加快推进沼气工程、发酵、综合利用技术的完善，新型沼气池具有更高的技术含量，将秸秆、垃圾、粪便等污染物送入沼气池通过厌氧发酵产生沼气，可有效改善农村卫生条件和农民生活质量，同时也将这些本来是垃圾的污染物变废为宝。结合环境保护部开展的"农村环保小康活动"，建立"三位一体"生态沼气池（即养殖-沼气-种植一体化），集中处理人和畜禽粪便、生活垃圾、剩余庄稼秸秆等。

　　洪湖流域内各级人民政府要因地制宜开展农村污水、垃圾污染治理。大力发展环湖环境保护区、上游集水区农业清洁生产，加强农业企业清洁生产审核，积极引导和鼓励农民使用测土配方施肥、病虫草害综合防治、生物防治和精准施药等技术，采取灌排分离等措施控制农田氮磷流失，推广使用生物农药或高效、低毒、低残留农药，促进农业企业节能减排。在湖泊最高水位线外 300 m 范围内严格控制种植蔬菜、花卉等单位面积施用化肥量大的农业生产，严禁施用高毒、高残留农药。

　　控制旅游业和渔业船舶污染。洪湖湖泊保护区推行游船废油收集，外运集中处置。科学规划湖泊周边旅游业，防止超环境容量过度发展，洪湖环湖保护区内停止审批新建临水住宅或房地产开发；停止审批水上餐饮及污染型水上游乐项目。湖泊周边度假村、旅游宾馆饭店等必须安装污水处置设施，并确保达标排放。

7.3.4　发挥渔业资源优势

　　发展生态旅游在今后的渔业生产中要改善湖泊水产养殖结构和管理方式，促进湿地生态系统的良性循环；狠抓名特优水产苗生产精养池塘、稻田养殖和大中水面综合开发等环节，进一步提高水面产出率；以土著鱼类的优良基因改良经济物种，进行商业性开发；倡导科技兴渔、健康养殖，合理利用渔业资源，建立生态渔业模式；努力延长渔业生产的产业链，提高洪湖流域周边农民收入。

7.3.5　发展生态旅游

　　旅游是洪湖发展潜力较大的产业，洪湖旅游业的发展必须坚持严格保护、科学规划、统一管理、永续利用的原则，防止因旅游开发不当，造成建设性破坏。洪湖旅游业的发展方向应走生态旅游的路子，发展的重点应以休闲观光为主。涉水休闲应以水上运动、乘游艇（船）观光和滨湖度假等为主；涉湖休闲以观赏为主，交通工具必须采取环保清洁型，以减少对湖水的污染。涉水旅游休闲项目须经荆州市洪湖湿地自然保护区管理局组织相关部门（机构）评估论证，审批后方可实施。景区景点的居住、商业建设必须符合生态旅游的标准，不得随意侵占水面，严禁打着旅游旗号进行房地产开发，确保公共性的生态资源提供公益性的社会服务。

　　生态旅游是在利用自然资源供人们观赏的同时，又对自然环境进行保护的一种活动。洪湖具有秀丽的自然风光和丰富的动植物资源，是生态旅游的理想场所。因此需要在整个旅游过程中倡导节水节电、减少垃圾、不过量奢侈消费等一系列绿色消费观念。使游客从传统的旅游者转为对目的地生态环境和经济发展等负有责任的生态旅游者，如当地行政管理部门要根据当地生态的状况进行立法保护，引进的旅游开发项目要在保护当地生态的框架内进行开发。除了对游人还要对当地人进行生态知识的宣传，针对湖泊的生态特征，对当地人可以开展专门的生态知识宣讲表演、知识讲座和竞赛等措施，将生态的观点引入湖泊旅游开发中来，这既满足了对当地资源的合理利用又解决了相对而言湖泊生态系统的脆弱性问题。

7.3.6　加强流域综合管理

　　洪湖湖泊生态系统的问题，不仅是单个湖泊水体的研究，而是整个流域内"水"与"土"相互整合结构的管理。把洪湖流域作为一个整体系统，应把湖泊的整体开发和保护上升到湖泊流域的高度看待。湖泊环境问题往往涉及社会各方面的利益。洪湖湿地生态系统与流域其他生态系统以及社会经济系统之的关系和相互作用，积极吸收和应用现代流域管思想和成功经验，做好整个流域的生态环境保护规划，在此基础上制定不同空间位置子系统的项目规划，按照协调统一的原则，不同区域采取相应的保护和治理措施，加强流域的综合管理，减少进入洪湖的污染物，为洪湖生态恢复创造良好的外部条件。保护湖泊水质和改善湖泊生态环境对洪湖萎缩、湖区生态平衡被破坏的问题有积极作用。首先，加强对湖泊水资源的保护和对湖泊水体污染的防治，防止和减缓现有湖泊的进一步退缩和恶化。控制污染源，坚持内源和外源同治，点源面源并重控制的原则。点源污染实行总量控制计划，妥善处理向湖泊排污问题，严格控制排入湖泊的污水量，对城镇生活、生产污水集中处理，对旅游景点污水进行控制，集中或搬迁乡镇企业，改善污水处理能力。重视并降低非点源污染，洪湖非点源污染显著，尤其是农田暴雨径流影响明显，因此要防止农田的水土流失和尽量减少农药使用，调整农作物布局和农作物结构用水。其次要加强对湖区水资源的涵养，要保护适当的湖泊水位，严禁在湖区滥垦滥伐，破坏植被。要在湖泊径流区内，大力植树绿化面山，提高植被覆盖度，保护湖区周边自然生态平衡；禁止乱砍滥伐和在沿岸区开山取石、任意垦荒，尤其是陡坡开荒，以防止水土流失，从而加强湖泊水量的补给，并有计划地对湖淤严重区进行拦沙清淤和疏浚工作。

7.3.7　完善洪湖流域监测体制和体系

　　以荆州市环境保护监测站为龙头，联合荆门市、潜江市、江陵县、监利县和洪湖市环境监测部门，形成洪湖流域水环境监测网络，在洪湖流域 2 个湖泊、主要河流汇水口附近和县级行政辖区进出水断面优化布设监测点，依据《地表水环境质量标准》（GB 3838—2002）的规定和本规划指标要求，河流水质监测项目为水温、pH、DO、COD_{Mn}、COD、$NH_3\text{-}N$、挥发酚、氰化物、砷、六价铬、BOD_5、TP、TN、石油类、铅、镉、铜、锌、氟化物、硫化氢、硒、汞、阴离子表面活性剂、叶绿素 a、透明度、粪大肠杆菌群 25 项，其中主要监测项目为 DO、COD_{Mn}、COD、$NH_3\text{-}N$、挥发酚、氰化物、砷、六价铬、TP、TN、石油类、铅、镉 13 项，湖泊增加叶绿素 a、SD、TN 指标。实行监测数据周报制度，各地监测数据定期报送荆州市环境保护监测站，主要河流汇水口和行政分界处均应设置省控水质监测断面。

7.3.8　积极推进河（湖）长制

　　河湖管理保护是一项复杂的系统工程，涉及上下游、左右岸、不同行政区域和行业。2016年 12 月，中共中央办公厅、国务院办公厅印发了《关于全面推行河长制的意见》，基本组织形式为全面建立省、市、县、乡四级河长体系。意见要求紧紧围绕统筹推进"五位一体"总体布局和协调推进"四个全面"战略布局，牢固树立新发展理念，认真落实党中央、国务院决策部署，坚持节水优先、空间均衡、系统治理、两手发力，以保护水资源、防治水污染、改善水环境、修复水生态为主要任务，在全国江河湖泊全面推行河长制，构建责任明确、协调有序、监管严格、保护有力的河湖管理保护机制，为维护河湖健康生命、实现河湖功能永续利用提供制度保障。

加强水资源保护。落实最严格水资源管理制度，严守水资源开发利用控制、用水效率控制、水功能区限制纳污三条红线，强化地方各级政府责任，严格考核评估和监督。实行水资源消耗总量和强度双控行动，防止不合理新增取水，切实做到以水定需、量水而行、因水制宜。坚持节水优先，全面提高用水效率，水资源短缺地区、生态脆弱地区要严格限制发展高耗水项目，加快实施农业、工业和城乡节水技术改造，坚决遏制用水浪费。严格水功能区管理监督，根据水功能区划确定的河流水域纳污容量和限制排污总量，落实污染物达标排放要求，切实监管入河湖排污口，严格控制入河湖排污总量。

加强河湖水域岸线管理保护。严格水域岸线等水生态空间管控，依法划定河湖管理范围。落实规划岸线分区管理要求，强化岸线保护和节约集约利用。严禁以各种名义侵占河道、围垦湖泊、非法采砂，对岸线乱占滥用、多占少用、占而不用等突出问题开展清理整治，恢复河湖水域岸线生态功能。

加强水污染防治。落实《水污染防治行动计划》，明确河湖水污染防治目标和任务，统筹水上、岸上污染治理，完善入河湖排污管控机制和考核体系。排查入河湖污染源，加强综合防治，严格治理工矿企业污染、城镇生活污染、畜禽养殖污染、水产养殖污染、农业面源污染、船舶港口污染，改善水环境质量。优化入河湖排污口布局，实施入河湖排污口整治。

加强水环境治理。强化水环境质量目标管理，按照水功能区确定各类水体的水质保护目标。切实保障饮用水水源安全，开展饮用水水源规范化建设，依法清理饮用水水源保护区内违法建筑和排污口。加强河湖水环境综合整治，推进水环境治理网格化和信息化建设，建立健全水环境风险评估排查、预警预报与响应机制。结合城市总体规划，因地制宜建设亲水生态岸线，加大黑臭水体治理力度，实现河湖环境整洁优美、水清岸绿。以生活污水处理、生活垃圾处理为重点，综合整治农村水环境，推进美丽乡村建设。

加强水生态修复。推进河湖生态修复和保护，禁止侵占自然河湖、湿地等水源涵养空间。在规划的基础上稳步实施退田还湖还湿、退渔还湖，恢复河湖水系的自然连通，加强水生生物资源养护，提高水生生物多样性。开展河湖健康评估。强化山水林田湖系统治理，加大江河源头区、水源涵养区、生态敏感区保护力度，对三江源区、南水北调水源区等重要生态保护区实行更严格的保护。积极推进建立生态保护补偿机制，加强水土流失预防监督和综合整治，建设生态清洁型小流域，维护河湖生态环境。

加强执法监管。建立健全法规制度，加大河湖管理保护监管力度，建立健全部门联合执法机制，完善行政执法与刑事司法衔接机制。建立河湖日常监管巡查制度，实行河湖动态监管。落实河湖管理保护执法监管责任主体、人员、设备和经费。严厉打击涉河湖违法行为，坚决清理整治非法排污、设障、捕捞、养殖、采砂、采矿、围垦、侵占水域岸线等活动。

7.3.9　加强环境保护宣传教育

坚持以党的十九大精神和科学发展观为指导，以公众参与环境保护为主线，以提高全民环境意识为目的，以创新环境宣传教育形式为手段，充分利用多种宣传形式，激励和动员全市人民积极参与到环境保护事业中来，提高洪湖流域广大公众对生态资源和环境保护的积极性和主动性，建立广大群众共同参与洪湖流域管理的良好机制，进而为各项环保工作任务的顺利完成营造了良好的舆论环境和社会氛围。

环境保护宣传教育的主要建设方向有：①做好不同人群的培训工作，包括党政领导干部、企业负责人和普通人民大众；②提高环保宣传品的艺术感染力，增强艺术性，扩大覆盖面，提高影响力；③打造环保公益活动品牌。充分发挥环境日、世界地球日、国际生物多样性日等重大环保纪念日独特的平台作用，精心策划，组织全市联动的大型宣传活动，形成宣传冲击力。深入推进环保进企业、进社区、进乡村、进学校、进家庭活动，培育绿色生活方式。

参 考 文 献

陈萍，2004. 洪湖近 1300 年来的环境演变研究[D]. 武汉：中国科学院测量与地球物理研究所.

郭怀成，刘永，贺彬，1995. 流域环境规划典型案例[M]. 北京：北京大学出版社.

郭永彬.，2006. 基于 GIS 的流域水环境非点源污染评价理论与方法：以汉江中下游为例[D]. 武汉：中国地质
　　大学（武汉）.

国家环境保护局，1994. 水质 湖泊和水库采样技术指导：GB/T 14581—1993 [S]. 北京：中国标准出版社.

国家环境保护总局，2002. 地表水环境质量标准：GB3838—2002 [S]. 北京：中国标准出版社.

国家环境保护总局，2009.水和废水监测分析方法[S]. 北京：中国环境科学出版社.

国家环境保护总局《水和废水监测分析方法》编委会，2002. 水和废水监测分析方法. 北京：中国环境科学
　　出版社.

国家技术监督局，1992.水质采样样品的保存和管理技术规定：GB/T 12999—1991 [S]. 北京：中国标准出版社.

胡鸿钧，魏印心，2006. 中国淡水藻类-系统、分类及生态[M]. 北京：科学出版社.

华丽，2013. "人-自然"耦合下土壤侵蚀时空演变及其防治区划应用：以湖北省为例[D]. 武汉：华中农业
　　大学.

黄应生，陈世俭，吴后建，等，2007.洪湖演变的驱动力及其生态保护对策分析[J].长江流域资源与环境，16（4）：
　　504-508.

蒋燮治，堵南山，1979. 中国动物志-淡水枝角类[M]. 北京：科学出版社.

朗惠卿，1999.中国湿地植被[M]. 北京：科学出版社.

李伟，1995.洪湖水生植被及其演替研究[D]. 湖北：中国科学院水生生物研究所.

林伟，2011. 设施渔业养殖技术[M]. 北京：中国农业科学技术出版社.

刘毅，任文彬，舒潼，等，2015. 洪湖湖滨带植被现状以及近五十年的变化分析[J]. 长江流域资源与环境（s1）：
　　38-45.

刘永，郭怀成，戴永立，等，2004.湖泊生态系统健康评价方法研究[J]. 环境科学学报，24（4）：723-729.

卢山，王圣海，袁为柏，等，2009. 洪湖湖泊环境演变与湿地生态产业发展的思考[J]. 湿地科学与管理（4）：
　　46-48.

邱先俊，2016. 潜江市城市化进程中土地资源配置研究[D]. 武汉：华中师范大学.

沈嘉瑞，1979. 中国动物志-淡水桡足类[M]. 北京：科学出版社.

施成熙，1996. 中国湖泊概论[M]. 北京：科学出版社.

王辰，王英伟，2011.中国湿地植物图鉴[M]. 重庆：重庆大学出版社.

王茜，任宪友，肖飞，等，2006. RS 与 GIS 支持的洪湖湿地景观格局分析[J].中国生态农业学报，14（2）：
　　224-226.

吴后建，王学雷，宁龙梅，等，2006. 变化环境下洪湖湿地生态恢复初步研究[J]. 华中师范大学学报（自科
　　版），40（1）：124-127.

姚书春，薛滨，夏威岚，2005. 洪湖历史时期人类活动的湖泊沉积环境响应[J]. 长江流域资源与环境，14（4）：
　　475-480.

尹发能，2008. 洪湖自然环境演变研究[J]. 人民长江，39（5）：19-22.

赵家荣，2009.水生植物图鉴[M]. 武汉：华中科技大学出版社.

赵淑清，方精云，唐志尧，等，2001. 洪湖湖区土地利用/土地覆盖时空格局研究[J].应用生态学报，12（5）：
　　721-725.

中国环境科学研究院，2012. 湖泊生态安全调查与评估[M]. 北京：科学出版社.

中国科学院南京地理与湖泊研究所，2015. 湖泊调查技术规程[S]. 北京：科学出版社.

中华人民共和国城乡建设环境保护部，1983. 船舶污染物排放标准：GB 3552—1983 [S]. 北京：中国标准出版社.

KOLKWITZ R，MARSSON M，1909. Okologie dertierischen sapro-bien[J]. Hydrobiologia，2：145-152.

附 图

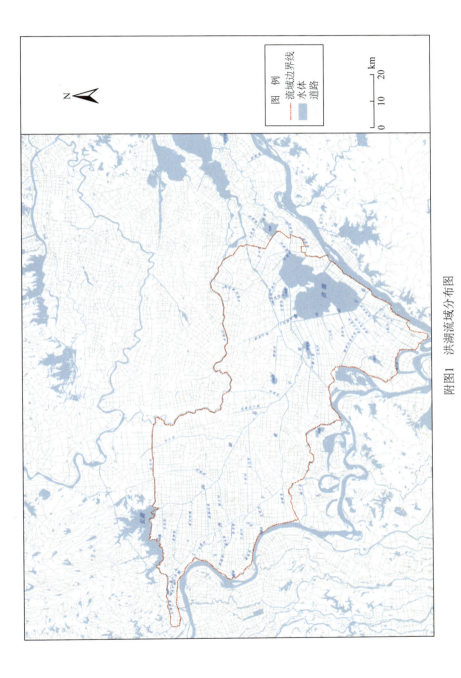

附图 1　洪湖流域分布图

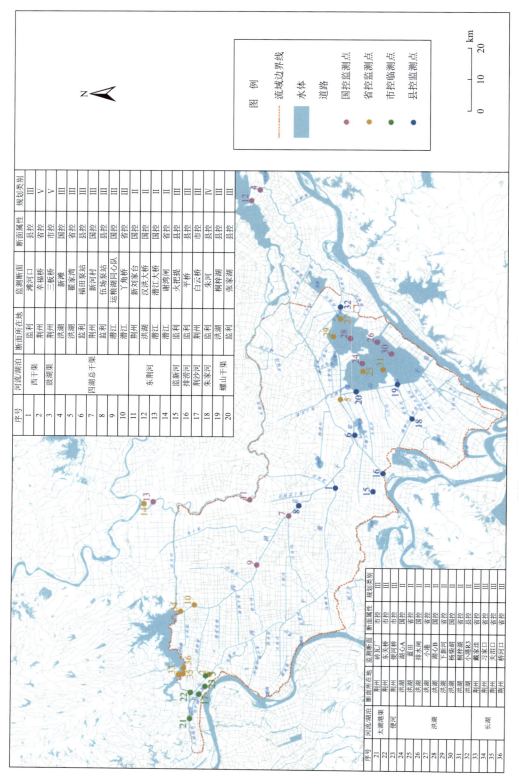

序号	河流湖泊	断面所在地	监测断面	断面属性	规划类别
1	西干渠	荆州	滩河口	县控	III
2	西干渠	荆州	辛福桥	省控	V
3	彼湖渠	荆州	三板桥	市控	V
4	彼湖渠	洪湖	新滩	国控	III
5		洪湖	瞿家湾	省控	III
6	四湖总干渠	监利	福田泵站	县控	III
7		荆州	新河村	国控	III
8		监利	伍场湖同心队	县控	III
9		潜江	运粮湖同心队	国控	III
10		潜江	丫角桥	省控	II
11	东荆河	荆州	新刘家台	国控	II
12		洪湖	汉洪大桥	国控	II
13		潜江	潜江大桥	省控	II
14		潜江	潜湾闸	县控	III
15	监新河	监利	火把堤	县控	III
16	排涝河	监利	平桥	市控	III
17	荆沙河	荆州	白云桥	县控	IV
18	朱家河	监利	朱河	县控	III
19	螺山干渠	洪湖	桐梓湖	县控	III
20		监利	张家湖	县控	III

序号	河流湖泊	断面所在地	监测断面	断面属性	规划类别
21	太湖港渠	荆州	碑瓦厂	市控	III
22	便河	荆州	东天桥	市控	III
23		荆州	便河新桥	市控	II
24	洪湖	洪湖	湖心A	国控	II
25		洪湖	盛田	国控	II
26		洪湖	排水闸	国控	II
27		洪湖	湖心B	省控	II
28		洪湖	小港	国控	II
29		洪湖	下新河	省控	II
30		洪湖	杨柴湖	省控	II
31		洪湖	桐梓湖	县控	II
32		洪湖	小港R3	省控	II
33	长湖	荆州	戴家洼	省控	III
34		荆州	习家口	省控	III
35		荆州	头咀口	省控	III
36		荆州	桥河口	省控	III

图 例
流域边界线
水体
道路
国控监测点
省控监测点
市控临测点
县控监测点

N

km
0 10 20

附图2　洪湖流域地表水水质监测断面示意图

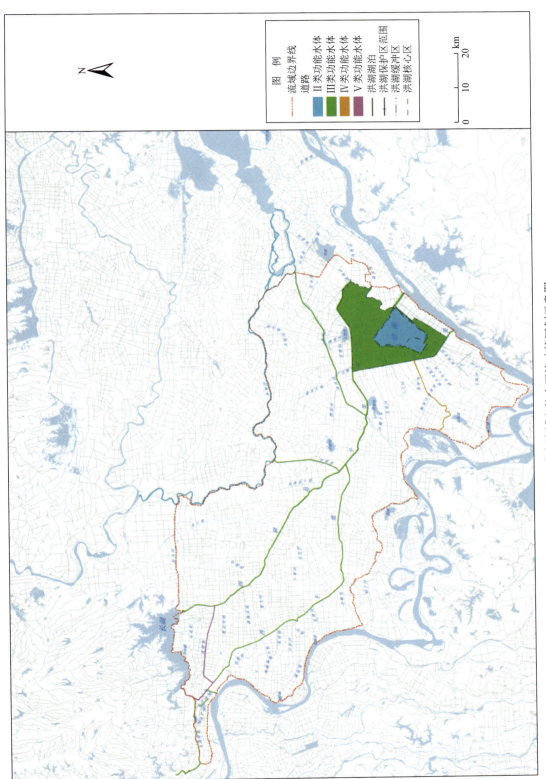

附图3　洪湖流域主体水环境功能区划示意图

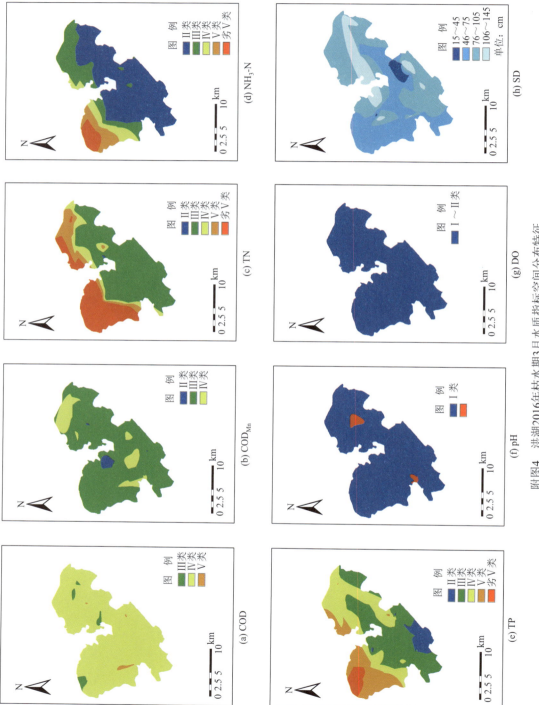

附图4　洪湖2016年枯水期3月水质指标空间分布特征

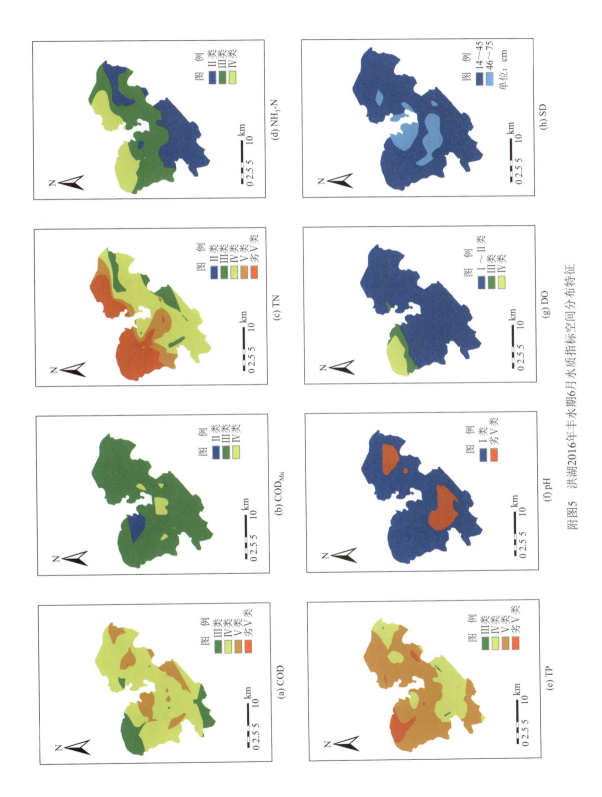

附图5　洪湖2016年丰水期6月水质指标空间分布特征

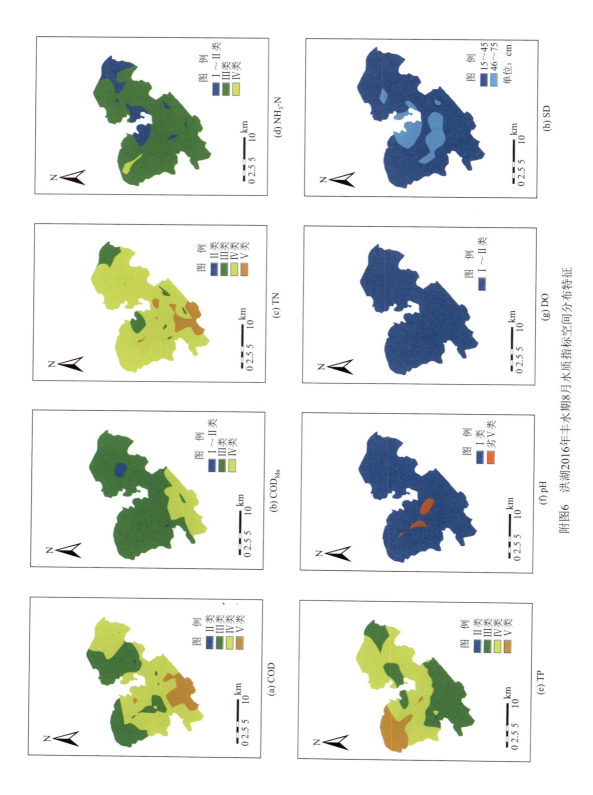

附图6 洪湖2016年丰水期8月水质指标空间分布特征

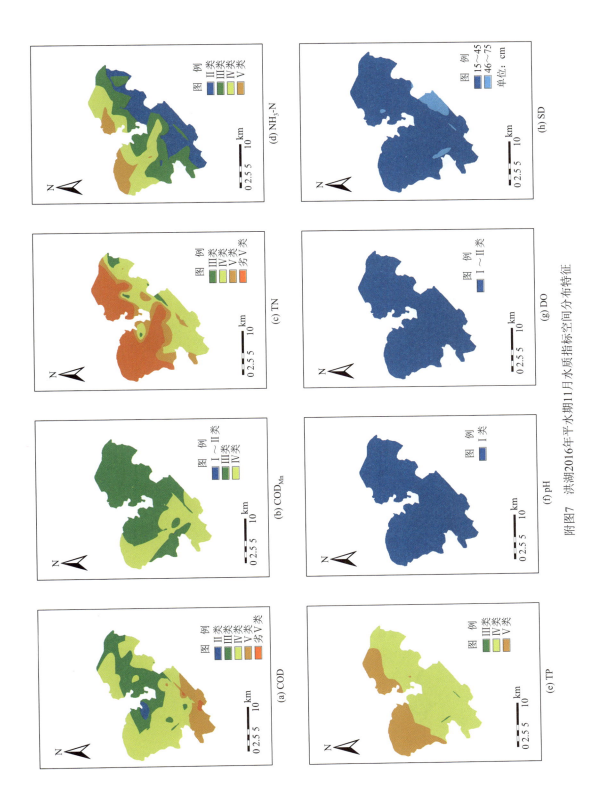

附图7 洪湖2016年平水期11月水质指标空间分布特征

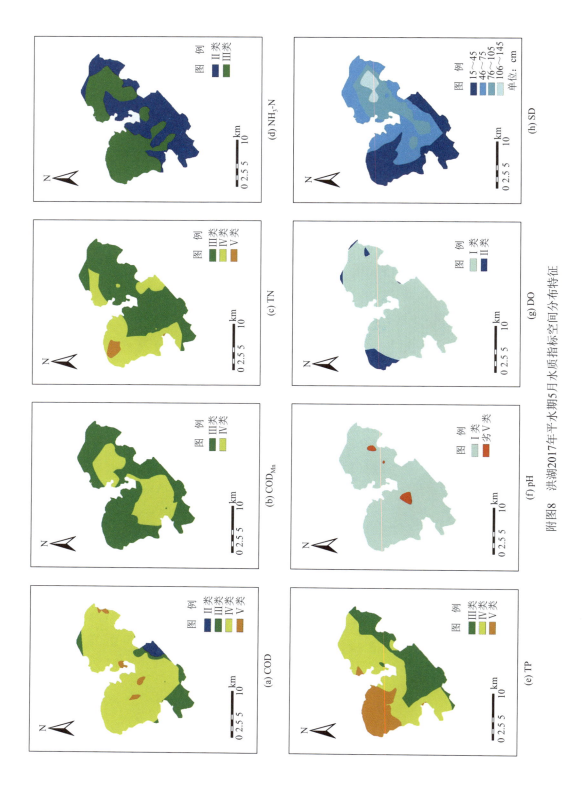

附图8　洪湖2017年平水期5月水质指标空间分布特征

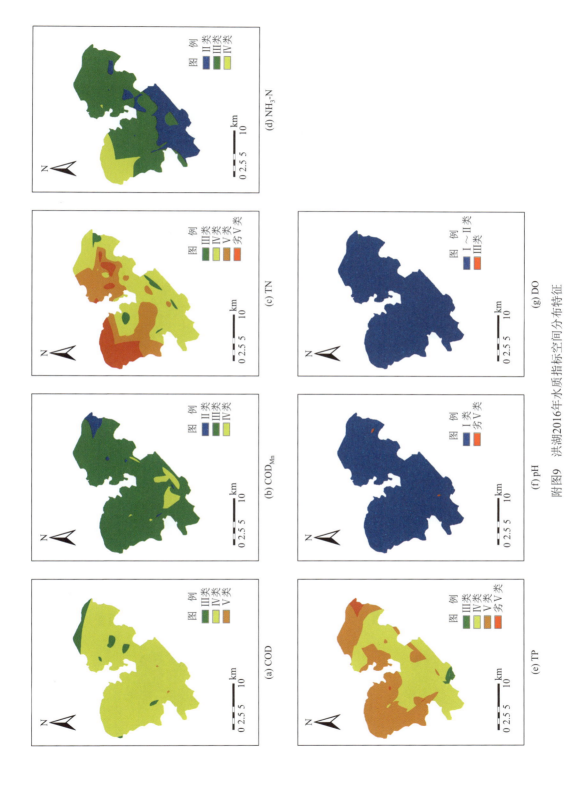

附图9　洪湖2016年水质指标空间分布特征

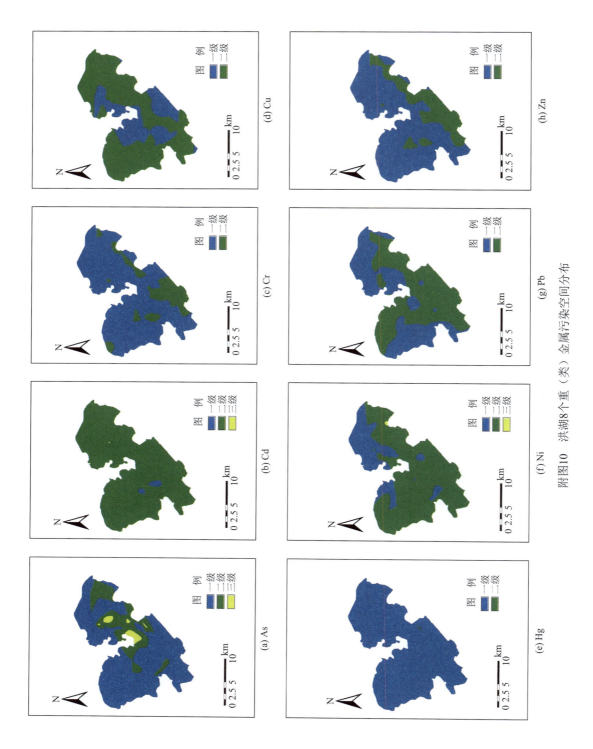

附图10　洪湖8个重（类）金属污染空间分布

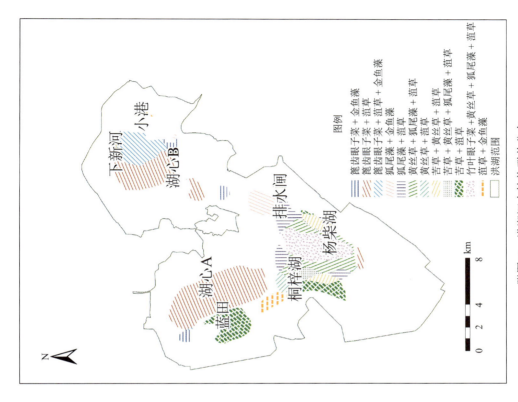

附图12　洪湖沉水植物群丛分布

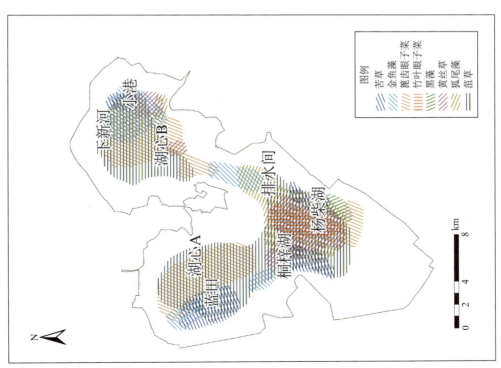

附图11　洪湖沉水植物分布

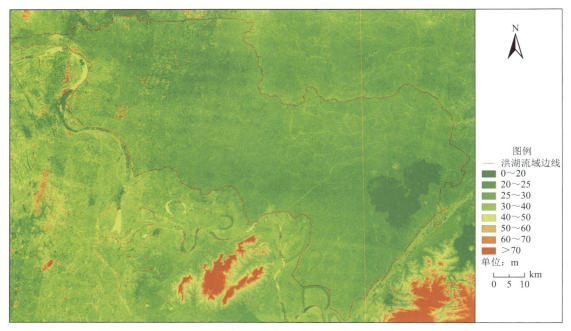

附图13　洪湖流域高程分析图

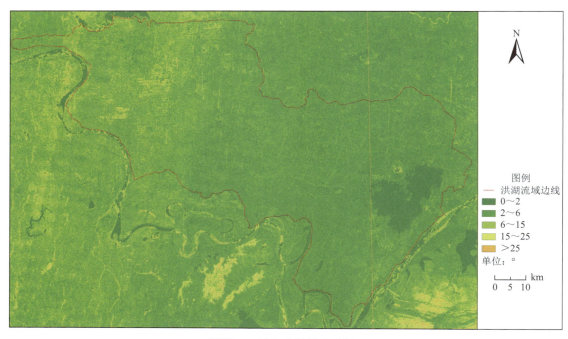

附图14　洪湖流域坡度分析图

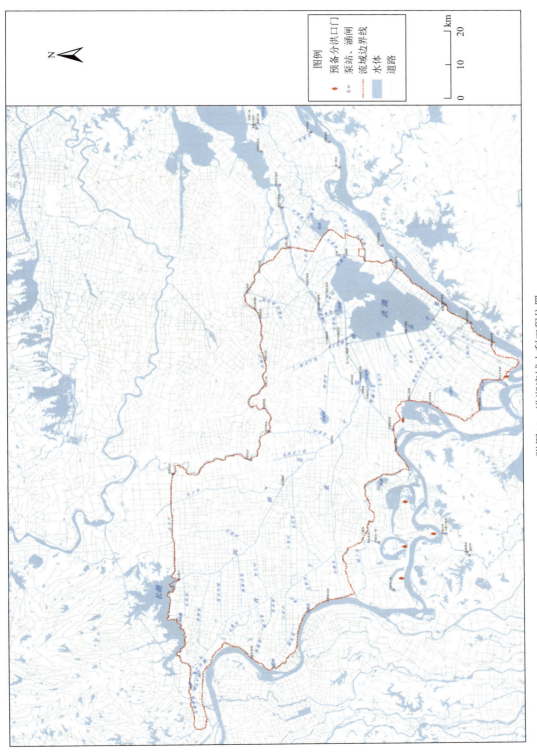

附图 15　洪湖流域水利工程位置

附　表

附表 1　洪湖水生态健康指数判断标准及结果

生态健康指数分级	很好	好	中等	较差	很差
EHCI×100	80～000	60～80	40～60	20～40	<20
颜色表征					
2015 年洪湖					
2012 年洪湖					

附表 2　洪湖各项生态服务功能的评价结果

功能种类	功能状态指数												功能状态
饮用水源地	挥发酚	铅	NH_3-N	COD_{Mn}	DO	BOD_5	TP	TN	汞	氰化物	硫化物		好
水产品供给	单位渔产量		异味物质			藻毒素		水产品质量					好
鱼类栖息地	鱼类种类数		水产品尺寸			候鸟种类		候鸟种群数量					不好
游泳与休闲	游泳				休闲娱乐								好
各功能综合	=（饮用水源地×0.35 + 水产品供给×0.2 + 鱼类栖息地×0.3 + 游泳与休闲×0.15）×20												好

附表 3　洪湖生态系统服务功能指数判断标准及结果

生态服务功能指数	很好	好	不太好	不好	很不好
TLES$_{indx}$	90～100	70～90	55～70	40～55	<40
颜色表征					
2015 年洪湖					
2012 年洪湖					

附表 4　洪湖社会经济压力指数判断标准及结果

社会经济压力指数	轻微	较轻	一般	较重	严重
指数	80～100	60～80	40～60	20～40	0～20
颜色表征					
2015 年洪湖					
2012 年洪湖					

附表 5　洪湖生态灾变指数判断标准及结果

生态灾变指数	无灾	轻灾	中灾	重灾	极重
综合评分指数	[0, 1.0)	[1.0, 2.0)	[2.0, 3.0)	[3.0, 4.0)	[4.0, 5.0]
颜色表征					

续表

生态灾变指数	无灾	轻灾	中灾	重灾	极重
2015 年洪湖					
2012 年洪湖					

附表 6　SESI 作为安全分级标准

安全状态	安全	较安全	一般安全	不安全	很不安全
预警颜色					
生态安全指数（SESI）	>100	(75，100]	(55，75]	(40，55]	<40

附表 7　ESI 作为生态安全综合评估方法的分级标准

安全状态	安全	较安全	一般安全	不安全	很不安全
预警颜色					
生态安全指数（ESI×100）	[80，100]	[60，80]	[40，60）	[20，40）	<20

附表 8　洪湖生态安全综合指数

生态安全指数	很安全	安全	一般安全	不安全	很不安全
ESI	[80，100]	[60，80）	[40，60）	[20，40）	<20
颜色表征					
2015 年洪湖					
2012 年洪湖					

附表 9　洪湖国家级自然保护区水功能分区拐点坐标一览表

序号	功能分区	X坐标（E）	Y坐标（N）	序号	功能分区	X坐标（E）	Y坐标（N）
1	核心区	113°18′29.697″	29°52′23.548″	15	缓冲区	113°16′43.080″	29°47′59.720″
2	核心区	113°17′2.850″	29°51′26.741″	16	缓冲区	113°16′53.498″	29°47′49.359″
3	核心区	113°17′17.644″	29°50′50.948″	17	缓冲区	113°15′27.997″	29°45′17.943″
4	核心区	113°21′59.682″	29°49′57.891″	18	缓冲区	113°17′24.487″	29°44′48.251″
5	核心区	113°23′50.958″	29°49′10.712″	19	缓冲区	113°17′6.997″	29°44′18.247″
6	核心区	113°17′0.718″	29°47′51.883″	20	缓冲区	113°18′38.052″	29°44′1.149″
7	核心区	113°18′29.941″	29°46′45.235″	21	实验区	113°24′1.822″	29°58′0.239″
8	核心区	113°17′53.183″	29°44′46.189″	22	实验区	113°26′7.335″	29°57′3.643″
9	核心区	113°18′38.272″	29°44′18.501″	23	实验区	113°27′14.109″	29°57′2.515″
10	缓冲区	113°18′28.729″	29°52′37.408″	24	实验区	113°27′33.525″	29°56′54.468″
11	缓冲区	113°16′47.867″	29°51′28.146″	25	实验区	113°20′31.162″	29°56′4.746″
12	缓冲区	113°22′7.740″	29°50′6.029″	26	实验区	113°21′19.881″	29°56′37.735″
13	缓冲区	113°17′3.924″	29°50′48.192″	27	实验区	113°28′7.840″	29°56′25.547″
14	缓冲区	113°24′10.954″	29°49′12.537″	28	实验区	113°28′12.454″	29°55′6.488″

续表

序号	功能分区	X 坐标（E）	Y 坐标（N）	序号	功能分区	X 坐标（E）	Y 坐标（N）
29	实验区	113°19′7.213″	29°55′55.060″	46	实验区	113°23′50.527″	29°51′28.964″
30	实验区	113°12′29.977″	29°55′52.301″	47	实验区	113°25′22.596″	29°51′26.349″
31	实验区	113°28′35.544″	29°55′51.660″	48	实验区	113°24′29.037″	29°51′17.796″
32	实验区	113°28′22.931″	29°55′33.923″	49	实验区	113°25′01.664″	29°51′11.227″
33	实验区	113°28′11.122″	29°55′28.582″	50	实验区	113°24′38.917″	29°51′01.319″
34	实验区	113°28′6.801″	29°54′36.985″	51	实验区	113°23′21.946″	29°50′39.340″
35	实验区	113°27′54.280″	29°54′26.946″	52	实验区	113°23′56.215″	29°49′51.419″
36	实验区	113°27′48.662″	29°53′43.823″	53	实验区	113°23′58.187″	29°49′20.838″
37	实验区	113°25′57.430″	29°53′27.908″	54	实验区	113°24′30.337″	29°49′09.778″
38	实验区	113°26′29.489″	29°53′22.271″	55	实验区	113°24′10.447″	29°48′59.189″
39	实验区	113°27′25.949″	29°52′59.630″	56	实验区	113°21′54.917″	29°46′04.551″
40	实验区	113°27′14.426″	29°52′48.197″	57	实验区	113°21′24.026″	29°46′27.785″
41	实验区	113°27′16.456″	29°52′37.465″	58	实验区	113°20′47.141″	29°44′24.798″
42	实验区	113°25′47.895″	29°52′29.711″	59	实验区	113°14′52.750″	29°43′15.150″
43	实验区	113°27′49.165″	29°52′28.255″	60	实验区	113°15′08.442″	29°42′59.374″
44	实验区	113°25′43.285″	29°52′14.237″	61	实验区	113°18′13.702″	29°41′07.464″
45	实验区	113°25′26.869″	29°51′55.463″				